集成电路技术丛书

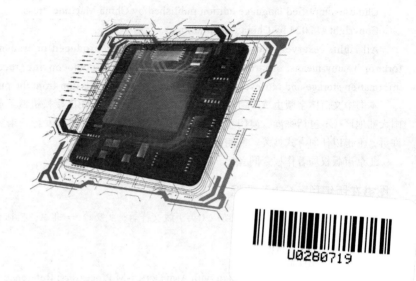

U0280719

System-on-Chip Design with Arm Cortex-M Processors
Reference Book

SoC设计指南

基于Arm Cortex-M

［英］姚文祥（Joseph Yiu） 著

吴勇 译

机械工业出版社
CHINA MACHINE PRESS

北京市版权局著作权合同登记　图字：01-2022-4637 号。

图书在版编目（CIP）数据

SoC设计指南：基于Arm Cortex-M /（英）姚文祥著；吴勇译. —北京：机械工业出版社，2023.9

（集成电路技术丛书）

书名原文：System-on-Chip Design with Arm Cortex-M Processors: Reference Book

ISBN 978-7-111-73809-1

Ⅰ.①S… Ⅱ.①姚… ②吴… Ⅲ.①集成电路–芯片–设计 Ⅳ.①TN402

中国国家版本馆CIP数据核字（2023）第168147号

机械工业出版社（北京市百万庄大街22号　邮政编码100037）

策划编辑：赵亮宇　　　　　　责任编辑：赵亮宇　　张秀华
责任校对：韩佳欣　　张　薇　责任印制：李　昂
河北鹏盛贤印刷有限公司印刷
2023 年 12 月第 1 版第 1 次印刷
186mm×240mm・19.5印张・346千字
标准书号：ISBN 978-7-111-73809-1
定价：119.00元

电话服务　　　　　　　　　网络服务
客服电话：010-88361066　　机 工 官 网：www.cmpbook.com
　　　　　010-88379833　　机 工 官 博：weibo.com/cmp1952
　　　　　010-68326294　　金 书 网：www.golden-book.com
封底无防伪标均为盗版　　　机工教育服务网：www.cmpedu.com

推荐序

如果要说有一项发明不仅革新了工业产品，而且改变了我们生活的世界，那一定就是 Jack Kilby 发明的集成电路。1958 年，世界上第一块采用全平面工艺研制的硅集成电路（IC）问世，由此揭开了人类社会进入"硅器"时代的序幕。随着半导体产业进入超深亚微米乃至纳米加工技术时代，在单一集成电路芯片上就可以实现一个复杂的电子系统。

集成电路的蓬勃发展依赖于两大动力：一是以晶片代工所形成的新兴产业供求链，二是自动化设计工具对芯片开发的有力支持。前者使得芯片设计和制造分离，进而造就了大批的芯片设计公司，这种产业供求链的重新合理布局，不仅令芯片产业释放出巨大的生产力，也奠定了今天无晶圆芯片制造的市场基础，打破了多年来半导体生产模式的垄断。

系统级芯片（SoC）正在迅速地进入主流产品的行列，由此引发的"芯片就等于整机"的现象对整个电子产业产生了重大的冲击。种种迹象表明，整个电子产业正在酝酿着一场深刻的产业重组，这将为许多新兴企业提供进入这一行业的最佳契机。目前，半导体供求链最大的瓶颈在于设计高复杂度芯片的难题。针对这一难题，一种行之有效的方案是将芯片设计环节进一步细化，并形成一个新的产业链。目前，以 IP（知识产权）授权为核心的 Arm 公司商业模式在行业中得到了广泛认可，该模式把芯片设计分成两部分：IP 模块设计和系统芯片集成。IP 模块设计关注芯片功能的需求及特性，系统芯片集成则围绕功能需求将各模块高效、可制造地集成在一起。

本书以 Arm Cortex-M 系列处理器相关内核为基础，重点阐述 SoC 的设计方法及系统的构成、设计、集成、应用等，内容翔实、实用性较强。译者既忠于原文，又巧妙结合自身的专业实战经验对书中很多内容进行了转译，语言流畅、通俗易懂。

IV

借鉴国外优秀企业经验展开前瞻性布局，才能不受制于人，实现我国长远、可持续的芯片自主创新发展。自主创新的精神绝不能动摇！自主创新不是"自己创新"，闭门造车行不通，开放合作才有出路，合作精神已经是微电子行业的血脉。

"不谋万世者，不足谋一时；不谋全局者，不足谋一域"，微电子行业发展的长远规划任重而道远。微电子是信息社会的基石和粮食，是国家战略性必争行业。中国微电子已迎来了黄金期，挑战和机遇并存，微电子人需要视野、格局、勇气和担当！

张玉明

2023 年 6 月

于西安电子科技大学微电子学院

译者序

本书是基于 Arm Cortex-M 内核架构开展 SoC 设计的优秀参考书。Arm 公司创造性地将处理器架构及相关技术成果同具体的处理器硬件产品分离，以知识产权（IP）产品的形式授权给半导体制造商，制造商使用这些 IP 产品并结合自身优势快速开展产品设计、制造并推广应用。实践证明：Arm 公司的上述做法取得了巨大的成功，加速了电子系统设计及应用领域的快速发展。模块化、标准化的 IP 设计思想为高性能电子系统的正确设计提供了保障，大大降低了 SoC 芯片设计难度，节约了时间与开支。

本书讲解了基于 Arm Cortex-M 处理器的 SoC 设计方法，重点对 SoC 的构成、设计、集成及应用进行了详细阐述，最后讨论了基于 SoC 的编程。第 3 章深入讲解了先进微控制器总线架构（AMBA）规范，这部分内容不局限于 Arm Cortex-M 处理器内核，相关的总线协议（如 AHB、APB 等）已经成为 SoC 设计的标准，被广泛使用；第 5 章深入讲解了 Cortex-M 处理器系统的调试集成组件，其中 JTAG 调试接口是行业最流行的标准调试接口，广泛用于芯片的集成测试、编程调试等方面；第 6 章讲解了 Cortex-M 处理器低功耗特性，阐述了 SoC 低功耗设计需要考虑的因素以及设计方法，对微控制器及外设的自主创新设计具有普遍的指导意义。

本书通篇围绕基于 Arm Cortex-M 的 SoC 设计主线展开，涉及的知识点很全，逻辑层次清晰，讲解深度适中，适合具有数字电路、模拟电路和嵌入式系统设计基础的读者参考，书中介绍的外设设计实例、SoC 设计实例等均有极高的实践参考价值。本书也可作为电子信息专业高年级本科生或研究生相关课程的教材，在教学和学习实践中，还要配以 FPGA 实验平台来完成 SoC 数字系统的设计、综合、验证及板级应用开发。

全书由吴勇翻译，张玉明教授审校。西安电子科技大学芜湖研究院集成电路工程中心张野、何滇带领组内同事及研究生同学为本书的翻译工作提供了很大的帮助，在此对他们表示衷心的感谢。万晶晶、姚熠熠参与了编辑、校对和资料整理工作，她们优秀的英文水平对本书中文版的成稿有重要作用，在此一并表示衷心的感谢。最后要感谢 Arm 公司提供的技术与支持，以及安谋科技教育计划宋斌先生对本书的支持。

本书涉及内容广、知识点众多，由于译者水平有限，书中难免有不妥和错误之处，敬请读者给予批评和指正。

译者

2023 年 6 月

于西安电子科技大学芜湖研究院

序

为什么要读这本书

现代生活中可能处处都有 Arm 处理器，但我们可能并不知道它们的存在。到目前为止，包含 Arm 处理器的芯片已经生产了 1450 亿颗，这相当于地球上人均拥有 19 颗。最令人惊讶的是，Arm 公司并不生产芯片，它只提供设计技术成果，通过将这些成果授权给不同的合作伙伴，再生产出不同的处理器芯片。

未来数年，为满足市场的海量需求，将生产大量的片上系统（System-on-Chip，SoC）芯片，尤其像物联网（Internet of Things，IoT）这样的产业更需要通过处理器将数以万亿计的设备互联。在目前市场上的 SoC 产品中，大多数使用的是 Arm 公司的 Cortex-M 处理器系列产品，它们具有面积小、功能强、能耗低的优点，广泛适用于众多应用场景，已经成为许多电子设备的核心。

本书讲解了基于 Arm Cortex-M 处理器相关内核的 SoC 设计方法，重点对 SoC 的构成、设计、集成及应用进行了详细阐述，最后讨论了基于 SoC 系统的编程。

Arm 公司简史

标志着个人计算机历史的疯狂年代始于 20 世纪 80 年代。Acorn 是一家英国公司，凭借 BBC 微型计算机取得了巨大成功，英国许多学校都使用了该计算机。该公司在进行新一代计算机研发的过程中，需要一颗功能更为强大的处理器，但在当时的环境下并没有现成的产品能够满足需要，无法简化计算机系统的复杂度并降低成本。Acorn 团队随后了解了简化指令集计算机（Reduced Instruction Set Computer，

RISC）的概念，并发现这种架构的计算机功能强大，能够适应新一代计算机的技术要求。

当时，市面上的 RISC 处理器仅用于高端计算机系统，这些系统的成本不是核心关注的问题。面对新一代计算机高性能、低成本的需求，这些处理器不能胜任。为此，Acorn 团队开始了自己的芯片设计之旅。

这个秘密项目被命名为"Acorn RISC Machine"（简称 ARM）。它的第一台处理器 ARM1 于 1985 年推出，是由 VLSI 技术（VLSI Technology）公司采用 3 μm 工艺制程生产的，可以在 6 MHz 的频率下运行。这种精简架构的处理器与同时代的 CPU相比功耗更低，因此处理器散发的热量更少，可以使用价格更低的塑料材料封装而不会发生熔化。

Arm 指令集作为该系列处理器的核心被逐步优化，因而新一代处理器获得了更佳的性能和效率，这是所谓的"架构"的关键元素。

Acorn 的几款计算机使用了 Arm 处理器。起初这些处理器芯片是在自己的工厂生产的，后来 Acorn 与 VLSI 技术公司签署了一份协议，将芯片转售给其他公司，这个协议就是第一个"Arm 授权许可证"。

1990 年，恰逢苹果公司（Apple Computer）的 Newton 项目需要一款新型处理器，经过与苹果公司的认真讨论，Acorn 公司决定分拆其处理器研发部门，并与苹果和 VLSI 技术两家公司共同成立一家合资企业。该团队随后将"Advanced RISC Machines"的首字母组合 Arm 定为公司的名称。

新公司的商业模式相较传统企业有着巨大的差异，即 Arm 公司拥有处理器设计方面的海量专业知识及处理器原创架构等独特的知识产权（Intellectual Property，IP）资产。传统的芯片制造企业既要面对制造、产量、质量、物流、销售渠道等精细而烦琐的工作，同时还要应对纷杂的市场需求。在这样的背景下，芯片制造商很难保持企业自身的竞争力，因为在生产制造、市场应用及持续快速技术创新等方面同时表现出色是非常困难的。出于产业分工最优配置的考虑，把芯片企业拆分成设计和制造两个相互独立又紧密配合的部分成为最佳选择，于是就诞生了 Arm 这样以知识产权为核心资产的新模式企业。

这家新公司革命性的想法是成为致力于处理器设计领域的研发专业公司。届时，Arm 公司将不再出售处理器架构相关的知识产权产品，而是将 IP 授权给半导体制造商，然后由制造商使用这些 IP 来设计芯片，并与专用产品结合加以推广。

Arm 的生态系统

　　Arm 一开始选择的 IP 模式要求它与那些使用 IP 的公司保持紧密的关系，因为 Arm 公司不生产芯片产品，其成功与否完全取决于芯片制造商将 Arm IP 集成到芯片后的结果。Arm 公司提供高性能的 IP 能够确保芯片制造商生产的产品具有更好的性能和效率，芯片制造商的成功产品的获利也能确保 Arm 公司受益，增收的一部分将用于改进具有核心竞争力的 IP。Arm 和合作伙伴通过版税模式巩固了这种共生关系，Arm 的收益在很大程度上取决于包含其 IP 的芯片的成功程度，这使得公司和客户之间建立了牢固的合作关系，而这种特殊关系的一个重要标志就是客户被称为"合作伙伴"（在公司成立 25 年后仍然如此）。

　　建立合作伙伴关系的好处是，每个半导体"合作伙伴"可以专注于不同的应用市场，在各个不同的细分领域内将自己的专业知识和"秘方"集成到产品设计中。这种商业模式可以创造出多样化的产品，越来越多的企业意识到使用 Arm 公司授权的先进 IP 和共享"生态系统"的方式开发产品能够有效降低成本、提高竞争力。那些把资金花费在处理器架构开发上的芯片制造商越来越难以与 Arm 公司竞争。

　　多家公司使用同一处理器 IP 核的另一个好处是，开发工具、软件代码和专业累积可以在不同型号的芯片之间复用。在开发包含处理器的产品时，需要使用代码编译器、程序调试器等开发工具，由于 Arm 架构的广泛应用，各开发工具供应商也乐于在自己的工具链中支持各种型号的 Arm 处理器。使用具有相同指令架构的处理器，软件开发人员更加容易进行操作系统、程序库、程序框架等代码复用或移植，不必每次更换芯片时都学习新处理器的知识，因而有利于他们积累专业知识，提高工作效率。

　　Arm 公司可以在这个生态系统中不断发展合作伙伴，并不断优化 Arm 的设计解决方案使其更具吸引力，助力合作伙伴成功开发产品，这种良性的业态循环成为 Arm 生态系统成功的关键。

软银收购

　　即使这种 IP 模式不停地被效仿，但没有任何一家企业能像 Arm 公司那样成功，这使得 Arm 公司在行业中一直处于领先地位。它的长期成功离不开对行业合作伙伴保持公平态度及维持生态系统所有合作伙伴平衡发展的理念。2016 年是 Arm 历史上的一个重要里程碑，那年，软银集团与 Arm 公司管理层达成协议，正式收购 Arm 公司，并承诺在加速公司发展的同时，继续推进公平合作的价值观。

市场和应用

基于 Arm 架构的处理器几乎应用于所有需要处理能力的应用程序中，正如 Arm 公司所述，即"所有计算发生的地方"。多年来，Arm 公司开发了一系列处理器产品，以满足多样化的需求，从应用于嵌入式领域的小规模 Cortex-M 系列处理器到应用于高性能服务器的大规模处理器，还有为世界上 95% 的移动电话提供动力的 Cortex-A 系列处理器。在这些处理器之间，功能复杂度和芯片面积甚至有百倍以上的差距。

中央处理器（Central Processing Unit，CPU）并不是 Arm 公司提供的唯一 IP，它已经开发或收购了各种各样的 IP，以满足不同产品应用场景的需求。Arm 公司还提供"系统 IP"，此类 IP 能够在处理器与系统的其余部分之间进行数据的存储和传输，执行电源和安全性管理，以及启用 / 关闭软件调试功能等。Arm 公司的另一条重要产品线与多媒体处理有关，Arm Mali 系列产品已经成为世界上"出货最多"的商用图形处理器（Graphics Processing Unit，GPU）IP。

今日科技赋能未来

Arm 公司的核心业务仍然是提供半导体 IP 授权，同时它也在开发越来越多的软件来与硬件设计配合使用。例如，从物联网产品应用中可以发现这一点。通过 Mbed 软件平台，Arm 公司不仅提供了最匹配硬件单元的软件，还提供了这些设备所需的许多标准功能，如安全管理、单元互连、固件更新或与云服务相关的功能。

Arm 公司专门设立一个部门来进行嵌入式软件基础组件的开发，并创建一个名为 Pelion 的云平台，用于连接和管理那些使用 Arm 处理器的嵌入式设备并将相关数据整合到企业数据系统中。

从提供 IP 授权到云服务，Arm 公司为合作伙伴提供了一个预集成的物联网解决方案，其中蕴含了 Arm 公司对未来产品算力和安全性的深刻理解。

Arm 公司持续推动技术变革，以保证其 IP 一直处于安全互联的数字世界的核心。Arm 公司的授权许可拥有不同的类型，如通过 Arm DesignStart 项目或者 Arm Flexible Access 业务，使用 Arm IP 启动技术开发更加容易。

从传感器到智能手机，再到超级计算机，Arm 公司促进科技创新发展，Arm 技术让灵智成为可能！

Mike Eftimakis
Arm 业务创新战略总监

前　言

在过去，除了微处理器和微控制器产品外，芯片设计很少集成内部嵌入式处理器，但这种情况从 Arm Cortex-M 系列处理器问世以后，发生了巨大变化。随着物联网产业的迅速发展，出现了越来越多的应用于不同场景的处理器产品。如今，Arm 处理器已经被应用于智能传感器、智能电池（如用于电池健康监测系统）、无线通信芯片组、电力电子控制器等。越来越多的芯片中开始集成嵌入式处理器，出现这种趋势的原因是现代产品需要更高的系统集成度、更丰富多样的功能、更高的系统可靠性以及更小的供应链依赖性。

SoC 设计是一个充满机遇、朝气蓬勃的行业。基于 Cortex-M 处理器的 SoC 产品应用范围包括消费电子、工业和汽车、通信、农业、交通运输、医疗保健等。随着物联网设备市场的不断扩大，SoC 芯片中集成嵌入式处理器的需求也在不断增加。

Cortex-M0、Cortex-M0+ 和 Cortex-M3 这类小规模 Cortex-M 处理器因占用面积较小，更易于集成到各种 SoC 设计中。得益于 Arm DesignStart 项目的支持，使用 Cortex-M 处理器的成本较低，这有利于众多小型和初创企业开展 SoC 解决方案开发，提供更好的差异化产品。在这样的背景下，行业急需大量 SoC 设计人员，同时 Arm DesignStart 项目也引起了学术界的强烈兴趣，一些大学也通过该项目的支持将 SoC 设计引入了它们的课程体系中。

除了业界流行的 Armv6-M 和 Armv7-M 处理器外，基于 Armv8-M 处理器（如 Cortex-M23 和 Cortex-M33 处理器）的最新 SoC/ 微控制器，提供了支持 Arm TrustZone 技术的增强安全解决方案。2019 年 2 月，Arm 宣布推出采用 Arm Helium 技术的 Armv8.1-M 架构，为 Arm Cortex-M 处理器带来了向量处理能力，这些技术改进使 Cortex-M 处理器能够在更广泛的领域内使用。

虽然互联网上有许多 Arm 芯片的软件开发的技术资源，但是基于 Arm 的 SoC 设计的信息非常有限，特别是关于集成 Arm 处理器和片上总线协议方面的内容。这本书正是为了填补这一空白而写的，它可以让初学者理解 SoC 设计的一系列技术概念。书中详细阐述了与 Arm Cortex-M 处理器设计集成相关的知识，还涉及系统组件设计、SoC 设计流程和软件开发等内容。

对于 SoC 设计的初学者，本书能够帮助读者获取 SoC 设计的相关知识，带领读者开展 SoC 或 FPGA 设计项目；对于有经验的芯片设计者，本书可作为一本极具价值的参考书。

享受这本书——尽情发挥你的 SoC 设计创意，Arm SoC 朝气蓬勃，市场前景无限！

免费下载示例代码和项目

本书的读者可以下载配套示例代码和项目，其中包括：

- 基于 Arm Cortex-M3 处理器评估版 DesignStart 的 Cortex-M3 系统设计实例；
- 实例系统的仿真平台；
- 针对 Digilent Arty-S7-50T FPGA 板和 Xilinx Vivado 2019.1 的实例系统设计的 FPGA 项目。

软件包可以从 Arm Education Media 网站 https:// pages.arm.com/socrefbook.html 的本书资源处注册下载。

免责声明

本书中 Verilog 设计实例和相关的软件文件是为了教学而设计的，并没有像 Arm IP 产品标准那样经过全面验证。Arm Education Media 和本书作者对上述内容不做任何保证。

关于本书范围的说明

本书重点介绍基于 Cortex-M0 和 Cortex-M3 处理器的系统设计概念。由于提供 DesignStart 项目和 DesignStart FPGA 的产品将随着时间的推移而变化，因此本文不会详细介绍使用这些软件包的全部细节，但本书中的系统设计概念和一些技术细节基本适用于大多数 Cortex-M 系统设计。

致谢

非常感谢编辑 Michael Shuff，他在本书的校对方面做了大量的工作，提出了很多有用的建议。还要感谢 Christopher Seidl、Chris Shore 和 Jon Marsh，他们为本书的编写提供了很多素材，同时也要感谢 Arm 公司营销团队对这个项目的支持。

ABOUT THE AUTHOR

作者简介

姚文祥（Joseph Yiu）是 Arm 物联网/嵌入式处理器产品营销团队的杰出工程师，专注于嵌入式应用的相关技术和产品，包括：

- Cortex-M 处理器产品技术开发；
- 嵌入式产品路线规划；
- 技术营销；
- 为各种内部和外部项目提供技术咨询，以及为 Arm 的产品团队提供技术支持；
- 与 EEMBC（https://www.eembc.org）合作开发基准测试项目，如 ULPMark。

他于 1998 年作为 IP 设计师开始参与 8 位处理器设计，2001 年加入 Arm 公司，参与了刚成立的 SoC 项目组第一个基于 Arm 的 SoC 项目。2005 年，他调到处理器部门，参与了一系列 Cortex-M 处理器和设计套件项目。在担任各种高级工程师 10 多年后，他进入了产品管理团队，同时继续参与 Arm 嵌入式技术项目。他的技术专长包括采用 Arm Cortex-M 处理器设计微控制器和 SoC 系统、应用程序编程、ASIC/SoC 设计、验证、FPGA 原型设计和实现［如低功耗设计和生产测试设计（DFT），以及射频电路设计等］。

作者编写本书之前已出版的相关著作如下：

- *The Definitive Guide to ARM Cortex-M3 and Cortex-M4 Processors*，第 1~3 版（Elsevier）；
- *The Definitive Guide to the ARM Cortex-M3*，第 1 版和第 2 版（Elsevier）。

CONTENTS

目 录

第 1 章
Arm Cortex-M 系列处理器简介

1.1 Cortex-M 系统设计

1.1.1 轻松开始 Cortex-M 系统设计

Arm Cortex-M 是目前物联网和嵌入式应用中使用最广泛的处理器架构之一。数字系统设计者开发的数字模块需要以某种方式与处理器进行交互，例如使用处理器进行操作流程控制。Cortex-M 系列处理器具有轻量化和易于使用的优点，将其集成到系统设计中能够降低整体方案的复杂度。

虽然在简单的数字应用系统中，可以使用状态机来实现控制功能，如编写 Verilog 或 VHDL 有限状态机（Finite State Machine，FSM）来实现，基本不需要使用处理器，但是当应用场景更为复杂时，有限状态机中的控制状态数也会随之增加。针对复杂系统设计中愈来愈高的灵活性要求，在系统中集成和使用处理器将势在必行。通过处理器运行控制代码来处理复杂的控制流，设计者可以轻松地进行软件修改和调试，因此嵌入式处理器被越来越广泛地使用在 FPGA 系统设计中。虽然使用单独的微控制器来控制基于 FPGA 的数字系统也是可行的，但除了会增加整个系统的组件数量，这还可能引发 FPGA 与处理器之间潜在的信号布线问题，如时序、PCB 信号布线、噪声和可靠性问题等。

总体来说，在 FPGA 中集成处理器有以下优点：

● 能够处理图形用户界面（Graphical User Interface，GUI）和文件系统中的数据存储管理等类似的复杂任务；

● 系统的硬件设计和应用程序的开发与更新可以各自独立进行，有利于提高系统开发的灵活性；

- 不需要单独的处理器芯片，从而减少了整个系统中组件的数量；
- 处理器与功能逻辑模块之间的信号布线可以由 FPGA 设计工具自动处理；
- 相比于复杂状态机，在技术成熟的处理器上调试软件更容易；
- 处理器与逻辑模块之间的接口限制性小；
- 相比之下，使用独立的处理器芯片可能对接口有限制，如引脚数量、协议选择和电气特性等；
- 程序代码存储在 FPGA 的配置闪存中，允许在应用程序执行的同时进行系统固件更新；
- 现阶段的 FPGA 开发工具大多支持嵌入式处理器，将处理器集成到 FPGA 中比使用单独的处理器芯片更加便利。

相比于市场上众多的处理器 IP，Cortex-M 处理器具有以下优势：

- 性能优异，在相同的条件下，芯片面积更小、功耗更低；
- 软件开发更容易；
- 技术更成熟。

基于 Arm Cortex-M 处理器的产品已于 2005 年问世。近年来，Arm 公司凭借其流程简便、响应快速、免认证费或低认证费的优势，助力众多预算有限的设计企业取得 Cortex 处理器 IP。例如，2019 年，Arm 公司推出 Flexible Access 业务，允许设计企业在产品量产之前广泛使用 Arm IP，用于开展技术评估或全功能片上系统（System on Chip，SoC）设计，此过程中 Arm 公司不收取任何费用，设计企业仅需负担芯片制造的开支；Arm 公司还推出了 DesignStart 项目，提供了一系列 Arm IP，帮助刚接触 Cortex-M 技术的设计者无风险地快速开展设计工作。设计者可以通过多种渠道获取 FPGA 开发解决方案，而购买 FPGA 开发板更直接有效，还省时省钱。通过与 FPGA 厂商合作，Arm 公司还提供了 DesignStart FPGA 设计包，其中包含可在特定 FPGA 平台上即时免费使用的 Cortex-M1、Cortex-M3 CPU IP 软核。凭借其在开发工具、软件和技术服务等方面领先的生态优势，Arm Cortex-M 系列产品已成为数字系统设计中最佳的嵌入式处理器。

1.1.2　基于 FPGA 的 Cortex-M 处理器系统

既然市面上已有很多基于 Cortex-M 的微控制器和 SoC 产品可供使用，为何还要在 FPGA 平台上搭建 Cortex-M 系统呢？原因如下：

- 教育方面——FPGA 对于许多高校数字系统设计的教学来说是完美的平台。高校在数字系统设计课程的教学中热衷于使用 Arm 处理器，如使用 Arm 处理器演示如何创建典型的 SoC 系统并为其开发应用程序。相比于真正耗时费钱的芯片设计，FPGA 数字系统开发平台在教学使用中更加合适。

- 产品开发方面——设计者在使用 FPGA 平台创建定制化数字系统时，需要用处理器对设计的数字系统进行操作控制。在一些应用场景中，现有的微控制器产品无法提供所需的数字功能，此时使用 FPGA 平台上的 Cortex-M 处理器将成为有效的替代方案。
- 操作性方面——Cortex-M3 软 CPU IP 现在易于使用，成本低，可以与来自不同 FPGA 供应商的 FPGA 设备一起使用。DesignStartFPGA 程序、Cortex-M1 和 Cortex-M3 软 CPU IP 与 FPGA 设计工具集成，使其更易于使用。此外，由于这些处理器与其他 Arm 处理器有许多共同的架构特征，学生们通过实验获得的知识和技能对于他们将来再次使用 Arm 处理器很有价值。
- 芯片或 SoC 系统原型设计方面——许多专用集成电路（Application Specific Integrated Circuit，ASIC）设计者使用包含 Cortex-M 处理器的 FPGA 平台来开展芯片或 SoC 系统的原型设计。它可以有效进行新产品理念的原型验证，并提供概念的展示与可行性评价方法。使用这些系统，软件开发人员可以重用他们对 Cortex-M 编程的知识来开发这些设备。

虽然 FPGA 厂商也提供一些处理器，但其中大多数架构都是专用的且仅限于特定的 FPGA 平台。相比之下，Cortex-M 处理器更加通用。大多数 Cortex-M 处理器（如 Cortex-M0 和 Cortex-M3）都针对 ASIC 或 SoC 进行了优化。Cortex-M1 处理器针对大多数 FPGA 器件进行了优化设计（如规模更小、操作频率更高），同时可以在不同类型的 FPGA 平台之间进行移植，并与其他版本的 Cortex-M 处理器向上兼容。例如，从软件的角度来看，Cortex-M1 中使用的指令集架构与时下流行的 Cortex-M0 和 Cortex-M0+ 处理器相同。如果需要更多指令功能，设计人员还可以升级到 Cortex-M3 或其他 Cortex-M 处理器。

由于在最新的 FPGA 设计工具中可直接使用 Cortex-M 处理器 IP，因此 Cortex-M 设计不再局限于 SoC 设计专业人员，学生、学术研究人员、电子爱好者等也都可以接触到 Cortex-M 系统设计。

1.1.3　Arm 处理器架构更易构建安全系统

为了确保传输数据的安全性和知识产权成果的私密性，系统与外设互相访问时，需要采用适当的方法加强数据传输的安全，这对保障企业在技术创新中知识产权成果持续获益非常重要。Arm 公司在行业领域内发起了一项名为**平台安全架构**（Platform Security Architecture，PSA）的倡议，受到了很多半导体厂商及产业生态合作者的支持，它们都寻求多方合作，共同致力于在系统设备互联访问安全标准方面达成一致。

尽管 PSA 框架是由 Arm 公司提出的，但它并不对处理器架构设置限制，即 PSA 与处理器架构无关，也就是说，互相兼容的设备都要遵从既定的 PSA 安全规范。PSA 资源包括编程接口（API）、实施指南、风险模型、开源的参考固件等。读者可通过访问网址 https://developer.arm.com/architectures/security-architectures/platform-security-architecture 获取更多资源。

1.2　Arm 处理器的分类

Arm 公司根据不同的应用场景及需求，开发了一系列可广泛应用的处理器产品，设计人员可以根据需求选择最适合他们的处理器。例如，智能手机和电机控制器的应用需求截然不同，因此设计时需使用不同类型的处理器。为了满足广泛的应用需求，Arm 公司还提供了多样化的 Cortex 处理器系列产品：

- Cortex-A系列——面向复杂系统的处理器，如 Cortex-A53。Cortex-A 系列可作为智能手机、PDA、机顶盒等高性能应用的处理器，支持 Linux、Android、Microsoft Windows 等操作系统。
- Cortex-R系列——面向实时、高性能系统的处理器，如 Cortex-R52。Cortex-R 具有高性能、低延迟，以及鲁棒性的特征，典型的应用场景有硬盘控制器和基带通信设备。
- Cortex-M系列——面向微控制器应用的处理器，如 Cortex-M3。Cortex-M3 应用于深度嵌入式和低成本领域，并且可以提供良好的性能和快速中断响应，典型的应用包括工业控制、电子消费产品（如便携式音频设备和数码相机等）。

表 1.1 总结了 Cortex 处理器的关键特征。

表 1.1　Cortex 处理器的关键特征

	Cortex-A	Cortex-R	Cortex-M
架构类型	支持 64 位和 32 位 Armv8-A、32 位 Armv7-A 和更早的架构	支持 64 位和 32 位的 Armv8-R、32 位 Armv7-R 和更早的架构	只支持 32 位

（续）

	Cortex-A	Cortex-R	Cortex-M
时钟频率范围和流水线	针对高时钟频率应用，做了长流水线优化	中等长度流水线（如 Cortex-R5 处理器使用 8 级流水线）	针对低功耗系统使用中短长度流水线（2～6 级）
虚拟内存支持（Linux 需要）	支持	Armv8-R 架构支持，但目前的 Cortex-R 处理器不支持	不支持
虚拟化支持	支持	仅 Armv8-R 架构支持，如 Cortex-R52 系列	不支持
Arm TrustZone 安全扩展机制	支持	不支持	Armv8-M 架构支持，Armv6-M 和 Armv7-M 架构不支持
中断处理	基于多核和虚拟化支持的通用中断控制器（Generic Interrupt Controller，GIC），中断响应速度不确定	老版本 Cortex-R 处理器使用向量中断控制器（Vectored Interrupt Controller，VIC），新版本则使用基于多核和虚拟化支持的通用中断控制器，中断响应速度快	基于处理器内嵌套向量中断控制器（NVIC），易于使用，中断延迟低
用于数字信号处理（Digital Signal Processing，DSP）加速的指令集架构（Instruction Set Architecture，ISA）	基于先进 NEON⊖ SIMD⊖ 技术（支持 128 位的向量运算）。最新的 Armv8.3-A 架构支持可伸缩向量扩展（Scalable Vector Extension，SVE）	Armv8-R 架构支持先进 NEON SIMD 技术，在 32 位向量运算时也支持传统 SIMD 技术	在 Cortex-M4、Cortex-M7、Cortex-M33 和 Cortex-M35P 处理器中进行 32 位向量运算时，支持传统 SIMD 技术

⊖ NEON 是一种基于 SIMD 思想的 Arm 技术，相比于 Armv6 或之前的架构，NEON 结合了 64 位和 128 位的 SIMD 指令集，提供 128 位的向量运算。NEON 技术从 Armv7 开始被采用，目前可以在 Arm Cortex-A 和 Cortex-R 系列处理器中采用。NEON 在 Cortex-A7、Cortex-A12、Cortex-A15 处理器中被设置为默认选项，但是在其余的 Armv7 Cortex-A 处理器中是可选项。NEON 与 VFP 共享同样的寄存器，但它有自己的执行流水线。——译者注

⊖ SIMD（Single Instruction Multiple Data）顾名思义就是"一条指令处理多个数据（一般是以 2 为底的指数数量）"的并行处理技术，相比于"一条指令处理几个数据"，运算速度将会大大提高。它是 Michael J. Flynn 在 1966 年定义的四种计算机架构之一（根据指令数与数据流的关系定义，其余还有 SISD、MISD、MIMD）。

许多程序都需要处理大量的数据集，这些数据很多都是由少于 32 位的位数来存储的，比如在视频、图形、图像处理中的 8 位像素数据，音频编码中的 16 位采样数据等。在诸如上述的情形中，很可能充斥着大量简单而重复的运算，且少有控制代码的出现，SIMD 就擅长为这类程序提供更高的性能。

在 32 位处理器（如 Cortex-A 系列）上，如果不采用 SIMD，则会将大量时间花费在处理 8 位或 16 位的数据上，但是处理器本身的 ALU、寄存器、数据深度又是主要为了 32 位运算而设计的，因此 NEON 应运而生。——译者注

Cortex-A 处理器支持 Linux 操作系统，Xilinx 和 Intel（前身是 Altera）这两家公司都有可内置 Cortex-A 处理器子系统的 FPGA 产品。Cortex-M 处理器则更加适用于实时性要求高的小型嵌入式系统。

Cortex-M 处理器有不同类型，可以分为三个产品系列，如表 1.2 所示。

表 1.2   不同架构的 Cortex-M 处理器

	Armv6-M 和 Armv7-M 架构	Armv8-M 架构 （支持 TrustZone 安全扩展机制）
高性能	Cortex-M7 处理器采用 Armv7-M 架构	已推出
主流处理器	Cortex-M3 和 Cortex-M4 处理器采用 Armv7-M 架构	Cortex-M33 和 Cortex-M35P 处理器
精简架构处理器	Cortex-M0、Cortex-M0+ 和 Cortex-M1 处理器均采用 Armv6-M 架构	Cortex-M23 处理器

使用 Armv6-M 架构处理器能够进行一般数据处理和控制，可满足多种使用需求。

- Cortex-M0 处理器是最小的 Arm 处理器，最低配置仅需 12 000 门，采用 3 级简单流水线的冯·诺依曼总线架构，不使用特权等级分离技术，也没有存储器保护单元（Memory Protection Unit，MPU）。
- Cortex-M1 处理器是类似于 Cortex-M0，但针对 FPGA 应用优化过的处理器。它提供紧耦合存储器（Tightly-Coupled-Memory，TCM）接口以简化 FPGA 系统内存的集成，并提供更高的时钟频率。
- Cortex-M0+ 处理器同样基于 Armv6-M 架构，具有特权等级分离和可选的存储器保护单元。它具有可选的单周期 I/O 接口，用于连接需要低延迟访问的外设寄存器，还具有低成本指令跟踪模块——被称为微跟踪缓冲区（Micro Trace Buffer，MTB）。
- Cortex-M23 处理器具有 Arm TrustZone 安全扩展机制，适用于安全性要求高的嵌入式系统。除此之外，Cortex-M23 处理器相比于其他 Armv6-M 架构处理器还有一些增强功能，例如：
  - 附加指令（例如硬件除法、比较和分支）；
  - 支持更多中断（高达 240 个）；
  - 使用嵌入式跟踪宏单元（Embedded Trace Macrocell，ETM）进行实时指令跟踪；

- 更多可配置选项。
- Cortex-M3 处理器采用 Armv7-M 架构，更适用于复杂数据处理的场景。Armv7-M 架构的指令集支持多寻址模式、条件执行、位域操作、乘法和累加（Multiply And Accumulate，MAC）等。因此，即使使用规模相对较小的 Cortex-M3 处理器，也可以拥有性能相对较高的系统。
- Cortex-M4 处理器支持 32 位 SIMD 操作并内建可选的单精度浮点单元（Floating-Point Unit，FPU），相比于 Cortex-M3 更适用于密集数字信号处理或单精度浮点数操作。
- Cortex-M7 处理器是当今性能最高的 Cortex-M 处理器，采用 6 级流水线和超标量设计，每个周期最多允许执行两条指令。与 Cortex-M4 类似，它支持 32 位 SIMD 操作并内建可选的 FPU。Cortex-M7 中的 FPU 可配置为支持单精度或单双精度并行的浮点运算。它还支持指令和数据缓存以及 TCM，在复杂的内存系统中能表现出优越的性能。
- Cortex-M33 处理器是一款中端的 Armv8-M 架构处理器，其器件规模与 Cortex-M4 相当，还增加了 TrustZone 安全扩展机制、协处理器接口和更新的流水线，以实现更高的性能。
- Cortex-M35P 处理器类似于 Cortex-M33 处理器，但增强了防篡改功能，可以防止物理安全攻击，如旁路攻击、故障注入攻击等。它还内建了一个可选的指令缓存。

对于初学者所参与的多数项目，特别适合选用 Cortex-M0、Cortex-M1 或 Cortex-M3 处理器开展工作。

1.3　Cortex-M 获取的开发资源

1.3.1　通过 Arm 公司 Flexible Access 业务和 DesignStart 项目获取 IP 授权

截至目前，Arm 公司通过以下方式向开发者提供 Cortex-M 处理器开发资源授权：

1. 访问 Arm 公司官方网站查询更多信息

Arm 公司提供了一系列开发资源授权方式，包括免费或低预付费用访问以及用于学术用途的免费访问等。请访问 www.arm.com/licensing 了解更多信息。

2. 通过 Arm DesignStart 项目

- Cortex-M0 和 Cortex-M3 处理器可通过 DesignStart 项目获得（注意，Cortex-A5 处理器也可通过该项目获得，但本书不涉及这一点）；
- 免费提供 Cortex-M1 和 Cortex-M3 处理器开发资源作为 CPU IP 软核，经过优化可轻松集成于 FPGA 内。

Cortex-M33 处理器作为 DesignStart FPGA on Cloud 提供（https://developer.arm. com/docs/101505/latest/designstart-fpga-on-cloud-cortex-m33-based-platform-technical-reference-manual）。

DesignStart 的每一个项目都有不同的资源渠道。目前，Cortex-M DesignStart 分为以下几种类型：

- 评估版 DesignStart——具有固定配置的不可读 Verilog，即时访问且免费，适用于评估、研究和教学；
- 专业版 DesignStart——提供完整的 RTL 源代码，可配置且需要简单的认证（零认证费和量产后支付版税模式）；
- 高校版 DesignStart——提供完整的 RTL 源代码，可配置且需要简单的认证，零认证费；
- FPGA 版 DesignStart——提供 FPGA 开发工具的软件包，即时访问且免费，适用于评估、研究、教学和商业用途。

有关 DesignStart 的最新信息和详细信息（包括认证条件），请访问 Arm 网站 https://developer.arm.com/products/designstart。

Cortex-M0 和 Cortex-M3 评估版 DesignStart 和专业版 DesignStart 包含的产品如表 1.3 所示。

表 1.3　Arm Cortex-M 评估版 DesignStart 和专业版 DesignStart 包含的产品

Cortex-M0 评估版 DesignStart	Cortex-M3 评估版 DesignStart	Cortex-M0 专业版 DesignStart	Cortex-M3 专业版 DesignStart
Cortex-M0 代码不可读版本	Cortex-M3 代码不可读版本	完整版 Cortex-M0 设计资源	完整版 Cortex-M3 设计资源
Cortex-M0 系统设计套件（Cortex-M0 System Design Kit, CM0SDK）	Corstone-100 基础 IP 包括 SSE-050 子系统	Cortex-M0 系统设计套件（CM0SDK）	Cortex-M 系统设计套件（CMSDK）、Corstone-100 基础 IP——包括 SSE-050 子系统和多个 IP 块，包括技术成熟的 TRNG（True Random Number Generator, 真随机数生成器）以保障安全性

（续）

Cortex-M0 评估版 DesignStart	Cortex-M3 评估版 DesignStart	Cortex-M0 专业版 DesignStart	Cortex-M3 专业版 DesignStart
	Cortex-M3 循 环 模型（1 年许可期）		Cortex-M3 循环模型（1 年许可期）
MPS2 FPGA 板的 FPGA 项目	MPS2 FPGA 板 的 FPGA 项目	MPS2 FPGA 板的 FPGA 项目	MPS2 FPGA 板的 FPGA 项目
限时使用的 Keil MDK 试用许可	限时使用的 Keil MDK 试用许可	限 时 使 用 的 Keil MDK 试用许可	限时使用的 Keil MDK 试用许可
不可 RTL 验证	不可 RTL 验证	可 RTL 验证	可 RTL 验证

IAR Systems 公司也提供了 IAR Embedded Workbench for Arm 开发工具的试用许可。

可以通过访问网址 https://arm.com/why-arm/how-licensing-works，进一步了解 Arm 公司 Flexible Access 业务和 DesignStart 项目的更多信息。

免责声明：上述 Arm 公司通过 Flexible Access 业务和 DesignStart 项目所提供的 IP 产品和商业条款在 2019 年 7 月前是准确的，未来可能会发生变化。

1.3.2 评估版 DesignStart——Verilog 代码不可读版本

评估版 DesignStart 的 Cortex-M0 和 Cortex-M3 处理器的开发资源是以不可读 Verilog 代码文件形式提供的。这些 RTL 文件虽未被加密，但其内部逻辑做了扁平化处理，信号名称也被替换为随机名称。可以使用标准 Verilog 仿真器对其进行仿真并将其综合到 FPGA 内部用于测试，但由于设计资源评估用途的限制，综合的结果不会被优化。处理器的顶层信号被保留为清晰的可读文本，以便于配置使用。评估版 DesignStart 开发资源对 FPGA 架构不做任何限制。

Cortex-M0 评估版 DesignStart 包括一个基于 Cortex-M 系统设计套件（CMSDK）产品的示例系统。示例系统是以 RTL 源代码的形式提供的，并给出了测试代码及仿真脚本。该开发资源中还包括了基于 MPS2（Microcontroller Prototyping System 2，微控制器原型系统 2.0 版）FPGA 平台的原型设计项目。

Cortex-M3 评估版 DesignStart 包括基于 CoreLink 系统设计套件 SDK100（CMSDK 的后续产品）的系统设计。示例系统也是以 RTL 源代码的形式提供的，并给出了测试代码及仿真脚本，开发资源中也包括了基于 MPS2 FPGA 平台的原型设计项目。

1.3.3   专业版 DesignStart——Verilog RTL 代码可配置版本

Cortex-M0 和 Cortex-M3 专业版 DesignStart 直接提供处理器的 RTL 源代码，允许设计人员通过对 Verilog 参数选项灵活设置，定制其所需的处理器功能。由于是以 RTL 源代码形式提供的，因此在综合过程中更易获得最佳优化结果。

专业版 DesignStart 还包括完整 CoreLink 子系统产品设计资源。

1.3.4   FPGA 版 DesignStart——FPGA 开发包版本

Cortex-M1 和 Cortex-M3 可以作为加密组件集成到 FPGA 厂商的开发工具链中，允许设计者对这些已经集成 TCM 模块的组件进行配置。一些开发包会将处理器原本的 AHB 总线接口转换为 AXI 总线接口，并只能用于特定 FPGA 厂商开发工具链所支持的部分器件。

1.3.5   文档

在进行 Arm 系统设计时，会遇到以下几种类型的文档：

- **架构参考手册**：这些文档规定了处理器架构的行为模型（如指令集、程序员开发模型），但并不规定特定处理器的实现细节（如流水线和接口）。 Armv6-M、Armv7-M、Armv8-M 处理器因架构不同（参考表 1.2），有各自的架构参考手册，可从 https://developer.arm.com 网站下载。

- **技术参考手册**（Technical Reference Manual，TRM）：描述处理器或系统级 IP 资源的规范。这些文档是公开的，可以通过 https://developer.arm.com 网站查找。

- **开发实施手册**（Integration and Implementation Manual，IIM）：描述设计资源的系统接口、配置选项和相关使用方法，例如测试平台的操作。这些文档是附在设计资源包内的机密文件。

- **使用指南**：详细记录了 FPGA 例程的使用方法。

- **版本注释**：Arm 公司所提供的设计资源都会提供版本注释，用于标注设计包中各组件的版本及前一版本所发现的问题和相应的修改。它还描述安装和测试这些设计资源的方法。这些文档是附在设计资源包内的机密文件。

- **勘误表**：勘误表文档描述了 Arm 产品的已知问题及对应的解决办法。

第 2 章
基于 Cortex-M 处理器的系统设计

2.1 概述

Cortex-M 处理器有很多优点，对于小型系统设计而言，最突出的就是系统可以较容易地进行 Verilog 代码仿真或者在 FPGA 平台上运行。开始工作之前，设计者需要学习一些 Cortex-M 处理器架构的基本知识，此外，如果使用的是 Verilog RTL 版本设计资源，还需要掌握 Cortex-M 处理器中使用的总线协议，如 AHB 和 APB 协议。

项目设计的第一步就是要明确应用的需求是什么，比如：

- 选择最适合的 Cortex-M 处理器类型；
- 确定存储器（ROM 和 SRAM）的大小；
- 确定系统的运行速度（如时钟速度）；
- 确定所需的外围设备。

将 Cortex-M 处理器设计为专用芯片（ASIC）时，还应考虑以下方面：

- 选择合适的半导体工艺节点；
- 选择工艺节点上可用的存储器类型（注意，在很多小尺寸工艺节点中不支持嵌入式闪存）；
- 确定非易失性存储器（Non-Volatile Memory，NVM）数据烧录方式；
- 确定芯片内部电源供电需求；
- 确定芯片封装形式；
- 确定芯片生产测试所需的可测试性设计（Design-for-Test，DFT）需求。

如果芯片面向物联网领域，设计者还应重点关注芯片的安全性和集成了无线通信接口 SoC 系统的其他挑战性工作。

抛开处理器外部电路，为了使 Cortex-M 处理器更好地工作，还应该重点考虑以下几个方面：

- 存储器的类型及大小；
- 外围设备；
- 存储器映射；
- 总线系统设计；
- 处理器配置；
- 中断管理和中断类型；
- 事件接口集成；
- 时钟和复位生成；
- 调试集成；
- 系统的电源管理功能；
- 顶层引脚分配和引脚多路复用等。

在本章后续部分，读者将了解上述部分领域的概述。

2.2　存储器

2.2.1　存储器概述

在典型 Cortex-M 处理器中，至少包含以下两种类型的存储器：

- 非易失性存储器（NVM）：存储程序代码和不变数据，通常使用嵌入式闪存技术或掩模 ROM；
- 随机存取存储器（RAM）：存储程序运行时的数据读写，包括栈（stack）和堆（heap）。

一些处理器芯片中还使用其他类型的存储器，比如用于存储引导加载程序（bootloader）和其他预加载固件的存储器；某些低功耗系统中还使用具有数据保持能力的静态 RAM（Static RAM，SRAM），用于在外设关闭等系统休眠状态下，保存少量数据，静态 RAM 中的数据不需要动态刷新。

大多数 Cortex-M 处理器使用 32 位 AHB 总线作为存储器接口，但也有例外情况，如 Cortex-M1 支持紧耦合存储器（TCM）接口，Cortex-M7 同时支持 TCM 和 AXI 接口。因此，存储器系统设计通常为 32 位，另外存储器还需要包含字节寻址功能，这意味着 RAM 也必须支持字节（8 位）、半字（16 位）和整字（32 位）的写操作。

如果基于 FPGA 平台进行项目开发，则可以使用 FPGA 内部的 SRAM 单元来实现程序代码存储和数据读写，因为大部分 FPGA 的初始化流程可以同时初始化 SRAM 的内容（见图 2.1）。因此，理论上可以在 FPGA 平台上实现 Cortex-M 处理器设计，仅使用内建的 SRAM 块一种存储器即可。

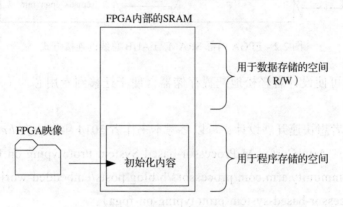

图 2.1　FPGA 内部的 SRAM 可以配置为 ROM 或 RAM 使用

FPGA 内部 SRAM 中的一段存储空间可被配置为程序存储器使用，并在初始化时直接写入内容，但是在 ASIC 或 SoC 设计中则大不相同，这样做的后果将导致 Cortex-M3、Cortex-M4 处理器的哈佛（Harvard）总线冲突，降低处理器性能。为了避免混淆，本书的其他示例中均使用两个存储器模块来分别实现程序存储和数据读写。

2.2.2　基于 FPGA 开发工具设计 Cortex-M 处理器的存储器

通过 DesignStart 项目开展 Cortex-M1 或 Cortex-M3 处理器设计，设计者可以非常轻松地通过 FPGA 开发工具生成存储器代码，但如果不使用 DesignStart 项目，则需要手动编写和配置相关代码来完成存储器集成。

早期的 FPGA 开发工具无法使用行为级的 Verilog 代码生成 RAM 块，在 FPGA 项目中需要通过手动实例化存储器宏来声明存储器。现在的 FPGA 开发工具已经支持该功能，但是需要用特定的方式书写 RAM 声明才能保证 FPGA 开发工具能够正确地识别。

在 Cortex-M0 和 Cortex-M3 评估版 DesignStart 项目中，路径文件 logical\cmsdk_fpga_sram\verilog\cmsdk_fpga_sram.v 中提供了针对 Cortex-M0 和 Cortex-M3 处理器的

可综合 SRAM 模型，该模型可用于大多数 FPGA 系统设计。可以通过配置使用 cmsdk_ahb_to_sram.v 文件将此 SRAM 模型与 AHB 总线连接，如图 2.2 所示，其中 logical\models\memories\cmsdk_ahb_ram.v 是数据存储器模型，logical\models\memories\cmsdk_ahb_rom.v 是程序存储器模型。

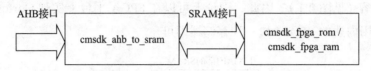

图 2.2 FPGA 内部 SRAM 与 AHB 总线的连接方式

这种方式可使设计者轻松地配置存储器，便于迁移到专用芯片（ASIC）架构设计等。

如果设计者想快速开展设计，可以参考本书作者 2014 年发表在 *Embedded World* 期刊上名为 "Arm Cortex-M Processor-based System Prototyping on FPGA" 的文章（https://community.arm.com/processors/b/blog/posts/embedded-world-2014---arm-cortex--m-processor-based-system-prototyping-on-fpga）。

下面给出了 AHBBlockRam 模块的示例代码。

```
module AHBBlockRam #(
// ---------------------------------------
// 参数声明
// ---------------------------------------
parameter AWIDTH = 12
)
(
// ---------------------------------------
// 端口定义
// ---------------------------------------
input HCLK, // 系统总线时钟
input HRESETn, // 系统总线复位
input HSEL, // AHB 外设选择
input HREADY, // AHB 就绪输入
input [1:0] HTRANS, // AHB 传输类型
input [1:0] HSIZE, // AHB hsize
input HWRITE, // AHB hwrite
input [AWIDTH-1:0] HADDR, // AHB 地址总线
input [31:0] HWDATA, // AHB 写数据总线
output HREADYOUT, // AHB ready output to S->M mux
output HRESP, // AHB 响应
output [31:0] HRDATA // AHB 读数据总线
);
parameter AWT = ((1<<(AWIDTH-2))-1); // 索引最大值
// --- 内存数组---
reg [7:0] BRAM0 [0:AWT];
reg [7:0] BRAM1 [0:AWT];
reg [7:0] BRAM2 [0:AWT];
```

```
reg [7:0] BRAM3 [0:AWT];
// --- Internal signals ---
reg [AWIDTH-2:0] haddrQ;
wire Valid;
reg [3:0] WrEnQ;
wire [3:0] WrEnD;
wire WrEn;
// ------------------------------------
//代码主体
// ------------------------------------
assign Valid = HSEL & HREADY & HTRANS[1];
// --- RAM 写接口 ---
assign WrEn = (Valid & HWRITE) | (|WrEnQ);
assign WrEnD[0] = (((HADDR[1:0]==2'b00) && (HSIZE[1:0]==2'b00)) ||
                   ((HADDR[1]==1'b0) && (HSIZE[1:0]==2'b01)) ||
                   ((HSIZE[1:0]==2'b10))) ? Valid & HWRITE : 1'b0;
assign WrEnD[1] = (((HADDR[1:0]==2'b01) && (HSIZE[1:0]==2'b00)) ||
                   ((HADDR[1]==1'b0) && (HSIZE[1:0]==2'b01)) ||
                   ((HSIZE[1:0]==2'b10))) ? Valid & HWRITE : 1'b0;
assign WrEnD[2] = (((HADDR[1:0]==2'b10) && (HSIZE[1:0]==2'b00)) ||
                   ((HADDR[1]==1'b1) && (HSIZE[1:0]==2'b01)) ||
                   ((HSIZE[1:0]==2'b10))) ? Valid & HWRITE : 1'b0;
assign WrEnD[3] = (((HADDR[1:0]==2'b11) && (HSIZE[1:0]==2'b00)) ||
                   ((HADDR[1]==1'b1) && (HSIZE[1:0]==2'b01)) ||
                   ((HSIZE[1:0]==2'b10))) ? Valid & HWRITE : 1'b0;

always @ (negedge HRESETn or posedge HCLK)
if (~HRESETn)
  WrEnQ <= 4'b0000;
else if (WrEn)
  WrEnQ <= WrEnD;

// --- RAM 实现 ---
always @ (posedge HCLK)
  begin
  if (WrEnQ[0])
    BRAM0[haddrQ] <= HWDATA[7:0];
  if (WrEnQ[1])
    BRAM1[haddrQ] <= HWDATA[15:8];
  if (WrEnQ[2])
    BRAM2[haddrQ] <= HWDATA[23:16];
  if (WrEnQ[3])
    BRAM3[haddrQ] <= HWDATA[31:24];
  // 读接口不使用使能信号
  haddrQ <= HADDR[AWIDTH-1:2];
  end
`ifdef CM_SRAM_INIT
initial begin
  $readmemh("itcm3", BRAM3);
  $readmemh("itcm2", BRAM2);
  $readmemh("itcm1", BRAM1);
  $readmemh("itcm0", BRAM0);
  end
`endif
// --- AHB 输出 ---
assign HRESP     = 1'b0; // OKAY
assign HREADYOUT = 1'b1; // 总是就绪
assign HRDATA    = {BRAM3[haddrQ],BRAM2[haddrQ],BRAM1[haddrQ],BRAM0[haddrQ]};
endmodule
```

使用 Keil MDK 或 DS-5 等 Arm 系统开发工具，设计者可以通过以下命令行调用 fromelf 工具来创建可被 $readmemh 指令访问的特定格式的十六进制文件，以完成 SRAM 初始化操作：

```
$> fromelf --vhx --8x4 image.elf —output itcm
```

对应以上 AHBBlockRam 模块，可以生成 itcm0、itcm1、itcm2 和 itcm3 四个十六进制文件，每个字节通道对应一个，这些字节通道会在 FPGA 综合时用到。这些初始化数据将通过 FPGA 综合工具合并到整体比特流文件中，用于在 FPGA 配置阶段初始化 SRAM 内容。

2.2.3 ASIC 设计中的存储器

在 ASIC 设计中，行为综合时无法从 Verilog RTL 源代码中生成 SRAM 和 NVM 块，通常需要使用存储器生成工具（如 SRAM 编译器）来创建 SRAM。如果使用嵌入式 flash 存储器，则需要手动编写和配置宏代码来实现。

在大多数情况下，使用 cmsdk_ahb_to_sram 模块连接 SRAM 和 AHB 总线，可能还需要添加一些处理信号协议转换关联逻辑的代码。当处理器需要低功耗支持时，还要考虑低功耗模式，甚至状态保持模式的相关设计。

嵌入式 flash 存储器和 AHB 总线连接时，还需要使用 flash 接口控制器，此控制器通常由专业厂商提供并与芯片制造工艺节点相关。Arm 公司已经与多家嵌入式 flash 供应商合作，共同制定了通用 flash 总线协议（简称 GFB），相关信息可访问 https://developer.arm.com/docs/ihi0083/a 网址，因此市面上大部分 flash 控制器都是通用的，只有一少部分 flash 控制器依赖于芯片制造工艺。Arm 公司提供了通用 flash 控制器 IP，随 Corstone-101 产品授权给开发者使用。

由于嵌入式 flash 存储器访问速度相对较慢，时钟频率 30~50 MHz，而许多 Cortex-M 处理器的运行主频超过 100 MHz，因此为了达到预期的高性能水平，需要在总线和 flash 控制器之间加入缓存。Arm 公司也提供了像 AHB flash cache 这样的缓存单元 IP，随 Cortex-M3 专业版 DesignStart 项目授权给开发者使用。

2.2.4 存储器字节顺序

在设计存储器系统时，需要注意字节顺序。当前大多数 Cortex-M 系统都基于小端序存储系统（见图 2.3），但 Cortex-M 处理器也支持大端序配置选项，所以也可能存在基于大端序存储系统（见图 2.4）的 Cortex-M 处理器，这就要求基于该处理器的应用程序开发者必须事先知晓，以便他们使用正确的软件编译工具开发项目。

位	[31:24]	[23:16]	[15:8]	[7:0]
0x00000008	字节 0xB	字节 0xA	字节 9	字节 8
0x00000004	字节 7	字节 6	字节 5	字节 4
0x00000000	字节 3	字节 2	字节 1	字节 0

位	[31:24]	[23:16]	[15:8]	[7:0]
0x00000008	字节 8	字节 9	字节 0xA	字节 0xB
0x00000004	字节 4	字节 5	字节 6	字节 7
0x00000000	字节 0	字节 1	字节 2	字节 3

图 2.3　小端序系统中的数据排列　　　　　图 2.4　大端序系统中的数据排列

注意，字节顺序配置只影响数据（包括只读数据）访问方式，而且指令总是以小端序编码，对专用外围总线（Private Peripheral Bus，PPB）的访问也总是以小端序进行。

2.3　外围设备的定义

一个实用的微控制器除了系统内核之外，还应该有各种外围设备（简称"外设"），如输入 / 输出接口以及像定时器这样的专用功能硬件控制设备等。大部分基于 Cortex-M 内核的一般处理器系统通常会用到以下数字外围设备：

- 通用输入 / 输出接口（General-Purpose Input/Output，GPIO）；
- 定时器；
- 脉宽调制器（Pulse Width Modulator，PWM）——通常用于电机或电力电子系统控制；
- 通用异步收发接口（Universal Asynchronous Receiver/Transmitter，UART）——用于串行通信；
- 串行外设接口（Serial Peripheral Interface，SPI）——用于连接如液晶显示模块（Liquid Crystal Display，LCD）这样的外部硬件；
- I2C/I3C[⊖]总线接口——常用于传感器。

除此之外，处理器内部还会集成一系列用于控制各种系统功能的寄存器，如时钟源控制、低功耗模式选择等。它们作为外围设备的一部分集成到处理器系统。出

　⊖　I2C 总线是由 PHILIPS 公司开发的两线式串行总线，用于连接微控制器及其外围设备；I3C 总线是由 MIPI 联盟组织为简化传感器系统设计架构提出的，该接口规范提供快速、低成本、低功耗的两线数字传感器接口，它向下兼容 I2C。——译者注

于系统安全性的考虑，这些寄存器需要精心地设计，通常情况下与系统管理功能相关的操作会被限制并仅允许特权访问。

更多关于数字外围设备的设计信息见第 8 章。

微控制器也有像模拟数字转换器（Analog to Digital Convertor，ADC）和数字模拟转换器（Digital to Analog Convertor，DAC）这样的模拟接口，但是许多 FPGA 器件并不支持此类外围设备，对于 ASIC 设计，ADC 和 DAC IP 通常需要从专业的 IP 供应商处采购。

2.4   存储器映射的定义

Cortex-M 处理器架构中定义了存储器映射，将地址范围分配到各个区域，可以通过简单的存储器存取指令访问像中断控制器、调试组件这样的内置外围设备，从而允许系统的许多功能可以通过 C 程序代码实现。通过预定义的存储器映射还可以优化 Cortex-M 处理器的性能，例如存储器开头的区域称为代码区（CODE），专门用作程序存储器，而 SRAM 存储器从 0x20000000 地址开始，专门用作数据存储器。在 Cortex-M3 处理器中，代码区（CODE）和数据区（SRAM）各自使用独立的访问总线，这能充分发挥哈佛总线架构的性能优势。虽然也可以通过其他方式来使用存储器，但是可能无法获得最佳性能。

存储器映射的总体布局如图 2.5 所示。

地址范围从 0xFFFFFFFF 到 0xE0000000 的 512 MB 空间内包含一个预留区域和专用外设总线（PPB）控制区域，区域地址如图 2.5 所示。地址范围从 0xE00FFFFF 到 0xE0000000 的区域被称作专用外设总线（PPB），PPB 的地址范围用于访问内置中断控制器和各种调试组件。在 PPB 存储器内，一个特殊的存储器范围（从 0xE000EFFF 到 0xE000E000）被定义为系统控制空间（System Control Space，SCS），它包含中断控制寄存器、系统控制寄存器、调试控制寄存器等。从地址 0xE0100000 开始的剩余的系统级存储器空间被保留。

对存储器映射进行预定义使得应用程序的移植变得更容易，因为所有的 Cortex-M 处理器系统都大致相似，并且对于 NVIC 和 SysTick 定时器设备均使用相同的地址区间。它还简化了引导代码，因为不需要编写系统程序来为不同的存储器或设备类型定义存储器属性。

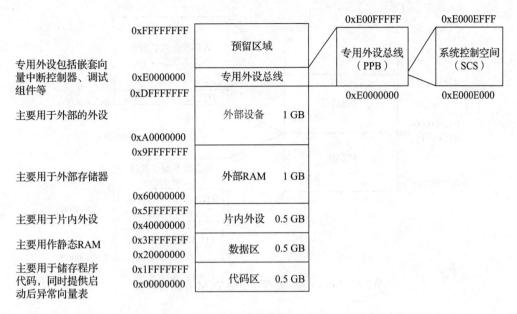

图 2.5　存储器映射

关于存储器映射还有一些限制：

- 在许多 Cortex-M 处理器（包括 Cortex-M0、Cortex-M0+、Cortex-M1、Cortex-M3 和 Cortex-M4）中，复位后的初始向量表地址必须为零。
- 在 Cortex-M3 和 Cortex-M4 处理器中，有一个可选的位带（bit band）特性，允许 SRAM 的前 1 MB 和片内外设区域的前 1 MB 可按位寻址。启用该特性后，位带别名区域将被重新映射到位带地址范围，因此位带别名地址范围不能用于数据存储或用作外设地址。
- 在 Cortex-M1 和 Cortex-M7 处理器中，指令 TCM 和数据 TCM 具有固定的存储器地址（TCM 大小可配置），并且这两种 TCM 都是可选配置的。

如图 2.6 所示，在 Cortex-M1 处理器中，有两个 TCM 接口：ITCM 接口和 DTCM 接口。ITCM 接口主要用于指令存储器，包括程序内部的数据访问，ITCM 底部别名区域初始地址从 0x00000000 开始，容量可以配置为 0 到 1 MB；ITCM 顶部别名区域初始地址从 0x10000000 开始，容量可以配置为 0 到 1 MB。DTCM 接口主要用于数据传输，初始地址从 0x20000000 开始，容量可以配置为 0 到 1 MB。当 TCM 容量大小设置为 0 时，表示不使用 TCM 接口，数据将直接在系统总线上传输。

Cortex-M1 处理器上的 TCM 接口是配合当前 FPGA RAM 块架构使用的，具备单周期访问能力，无须等待，访问容量区间被限定为最大 1 MB。

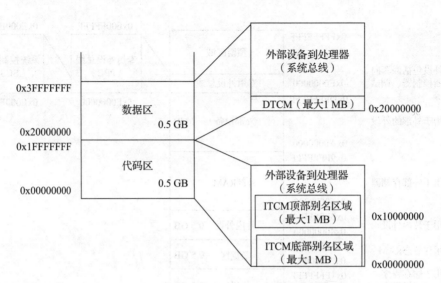

图 2.6   Cortex-M1 处理器中的 TCM 存储器映射

Cortex-M1 处理器的系统总线上可以添加额外的存储单元。Cortex-M1 系统总线是基于 AHB Lite 协议（AMBA 3）构建的，该总线具有通用性，且支持等待状态和 ERROR 响应模式。值得注意的是，不同 FPGA 设计工具中集成的 Cortex-M1 内核可能会针对特定的 FPGA 开发环境而进行定制化设计，因此可能会存在一些时序差异。

Cortex-M7 处理器上的 TCM 接口用于与 RAM 块一起进行 ASIC 设计，并支持等待状态，每个 TCM 的最大容量可配置为 16 MB，但在实际应用中，TCM 容量的大小会设置在 64～512 KB 之间，因为大容量的 TCM 会增加芯片面积成本，同时也可能降低芯片最高工作时钟频率。Cortex-M7 还可以在 AXI 总线主接口上添加额外的存储器。

片内外设的地址通常位于存储器映射的片内外设地址区间（0x40000000 到 0x5FFFFFFF）。在大多数设计中，片内外设会根据它们所处的总线区段分组到对应的地址范围，例如，基于 Cortex-M 处理器的系统中可存在多个 AHB 或 APB 外设总线，各总线桥单元可以控制对应总线以不同的时钟频率运行。

当使用 Cortex-M3 和 Cortex-M4 处理器时，可使用位带特性实现寄存器的按位寻址，这样能为程序的编写带来便利。如果外围设备需要使用位带特性，则必须将该设备的地址配置在位带别名区，即 0x40000000 地址开始的片内外设区前 1 MB 容量范围内。当数据区中的某些数据需要按位访问时，同样也可以使用数据区位带特性，即将该数据存储单元的地址配置在数据区（SRAM 区）的前 1 MB 内，即 DTCM 地址范围内。

当使用 Cortex-M23 和 Cortex-M33 处理器时，如果启用 TrustZone 安全扩展功能，那么存储器空间将被划分为安全范围和非安全范围两个区域，各自使用不同的访问方法。有关此主题的更多细节，请参见 3.5 节。

2.5　总线和存储器系统设计

设计 Cortex-M 处理器的总线系统时，需要考虑如下因素：

- 总线接口，不同的 Cortex-M 处理器总线接口并不统一，有的使用哈佛总线架构，有的使用冯·诺依曼总线架构。
- 存储单元的性能，如使用嵌入式 flash 存储器存储程序时，欲获得更快的访问速度和数据的正确性，就要考虑加入数据存取的缓存单元。
- 系统中其他总线主机的带宽，例如 USB 控制器可能有一个总线主机接口，并且到 SRAM 数据传输时需要高带宽，这就可能需要使用多个 SRAM 块，要求处理器和 USB 控制器能并行访问这些 SRAM 块所在的总线系统；另一种方式是使用总线主机的 DMA 控制器，这时无须软件干预，便可实现即时数据传输。
- 外设总线的时钟频率，处理器总线设计中可能用到多个不同时钟频率的外设总线，总线频率较低时能使外围设备进入低功耗模式，频率较高时能使外围设备访问性能更高，降低访问延迟。
- 安全因素，在使用 Cortex-M23 和 Cortex-M33 处理器系统 TrustZone 功能时，要确保总线系统中重要区域不会受到损害。对于其他没有 TrustZone 功能的 Cortex-M 处理器系统，则需要使用安全级别管理方式来对特权和非特权软件组件进行隔离。

本书将在第 4 章中介绍一些特定于处理器的总线系统设计概念。

2.6　TCM 集成

在 Cortex-M1 和 Cortex-M7 内核的处理器设计中，可以使用紧耦合存储器（TCM）接口连接存储单元与处理器内核。在大多数设计中，由基本 SRAM 生成的

SRAM 宏单元是通过简单的胶连逻辑连接到处理器的。

在基于 Cortex-M7 内核的微控制器设计中，处理器内核访问 TCM 时需绕过缓存，因此不能将嵌入式 flash 存储器等低速存储器模块连接到指令 TCM 接口。在 Cortex-M7 系统设计中，低速程序存储器通过 AXI 主接口连接。

有关 TCM 集成的详细信息，请参考产品包中的开发实施手册。

2.7　高速缓存集成

另一种需要集成的存储器类型是高速缓存（cache）。目前，只有以下 Cortex-M 处理器内核支持高速缓存：

- Cortex-M7 处理器内核支持可选内置指令和数据缓存；
- Cortex-M35P 处理器内核支持可使能配置的内建程序缓存，有时也称为指令缓存，但从技术上讲它可以缓存指令或只读数据。

有关这些处理器上缓存 RAM 集成的详细信息，请参阅产品包中的开发实施手册。

2.8　处理器的配置选项

Cortex-M 处理器的源代码是高度可配置的，可在模块实例化设计中通过修改 Verilog 参数配置。对较新的 Cortex-M 处理器，可使用配置脚本来进行模块功能配置。

在选择 Cortex-M 处理器配置选项时，设计者需要仔细研究开发实施手册（IIM）中直接及间接配置选项内容，以便根据设计需求选择正确的配置。如果设计资源的配置选项未被正确配置，则测试平台可能无法正确运行。

2.9　中断信号及相关事项

分配中断编号和连接外设与处理器之间的中断信号是处理器系统设计任务中最简单的工作。某些外围设备使用中断信号连接到处理器，它们各自具有唯一的中断编号，这些编号会以宏定义文本的方式书写在处理器开发工具的 C 语言头文件中，具体包括向量表定义和中断编号，它们对软件可见。

表 2.1 中列出了各种 Cortex-M 处理器支持的最大中断数。

表 2.1　Cortex-M 处理器支持的最大中断数

处理器	最大中断数
Cortex-M0、Cortex-M0+、Cortex-M1	32
Cortex-M3、Cortex-M4、Cortex-M7、Cortex-M23	240
Cortex-M33、Cortex-M35P	480

如果中断信号的数量超过了支持的最大数量，则可以使用门电路将多个中断信号合并为一个并共享中断服务程序（Interrupt Service Routine，ISR），在中断服务程序中可以通过查询的方式确定具体是哪个中断。

Cortex-M 处理器的中断信号具有以下特点：

● 高电平有效，且必须与处理器的系统时钟信号同步；

● 可电平触发或边沿触发。如果使用边沿触发，则边沿脉冲的持续时间必须至少为一个时钟周期。

处理器内未使用或空置的中断输入引脚应该被拉低到 0 电平，绝不允许这些引脚存在未知状态"X"，例如外设断电时，它的中断信号线上可能输出未知状态"X"，此时电路应该将其强制箝位为 0 电平。未知状态信号"X"的存在通常会影响仿真，在处理器内核 ASIC 或 FPGA 实例化时，可能会出现意想不到的结果。

如果外设中断是在不同的时钟域产生的，则需要如图 2.7 所示的同步电路，以消除潜在的亚稳态问题，并防止由于瞬变而形成意外脉冲。

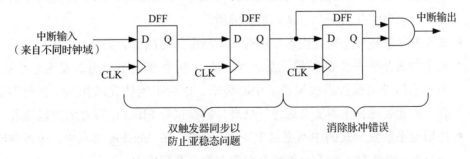

图 2.7　不同时钟域中断信号安全处理方法

Cortex-M 处理器还可使用不可屏蔽中断（Non-Maskable Interrupt，NMI），它具有更高的优先级，一定能够执行对应的中断处理程序，不会被系统运行忽略。在一般的嵌入式系统中，以下操作将产生不可屏蔽中断：

- 电压监控逻辑电路（也称为掉电检测器），监测到处理器供电电压低于某规定值时会产生不可屏蔽中断，对应的中断处理程序会采取系统安全关闭措施；
- 如果系统运行陷入混乱，看门狗定时器将产生不可屏蔽中断，此时对应的中断处理程序将执行补救措施。

通常，不可屏蔽中断不能作为常规外围设备的中断，处理器内建的中断控制器 NVIC 允许配置中断的优先级别，即可以通过中断的编号来配置外围设备中断的优先级，需要优先处理的中断应该被设置为更高的优先级。此外，在 NMI 处理程序中生成的故障可能导致处理器进入锁定状态，这对应用程序而言会存在隐患。常规中断处理程序中产生的故障将触发并执行 Hard Fault 程序，或其他编程者配置的故障处理程序。

NVIC 的另一个特点是它可以处理电平触发或边沿触发形式的中断请求。如果外围设备以边沿信号的形式产生中断请求，则该请求将在 NVIC 中呈挂起状态（对应的中断状态寄存器被设置），直到该中断请求被处理完，或通过编程手动将挂起状态清除（对应的中断状态寄存器被清除）。如果外围设备以电平信号的形式产生中断请求，进入对应的中断处理程序后，必须立即将外围设备的中断请求信号清除，以避免重复进入。

边沿触发形式的中断不需要对外围设备的中断请求信号进行清除，所以它可以节省 ISR 的运行时间。但电平触发形式的中断也会被广泛使用，因为：

- 对于不同时钟域的中断信号，采用电平触发形式能够轻松获取准确、清晰的中断触发信号；使用边沿触发形式，由于同步的延迟，两个连续的中断请求脉冲可能会合并成一个，从而造成混淆。
- 如果中断事件发生在处理器复位时，中断事件可能会丢失。
- 电平触发形式的中断被清除后，如果在中断处理程序中再次发生电平触发，则表明该外围设备再次发送了中断请求，因为中断优先级相同，此时不会嵌套，中断处理程序需要考虑进行处理，例如接收 FIFO 中额外的数据送入。
- 使用电平触发形式的中断更易于调试，例如，在 Verilog 仿真中，很难判断是否存在中断事件，除非事件信息保存在波形数据库中。
- 对于不支持边沿触发中断的处理器，外围设备的中断触发方式必须采用电平触发。

关于 Cortex-M 处理器的中断处理，还应注意以下方面：

- 中断优先级的数量——在 Armv7-M 和 Armv8-M 架构的主流处理器中，中断优先级寄存器可编程配置为 3 位到 8 位，通常会使用 3 位到 4 位，某些处理器也会支持到 5 位。但大多数应用程序并不需要很多中断优先级，因此八个级别（3 位）可能就够了。

- 唤醒中断控制器（Wakeup Interrupt Controller，WIC）——它是一个可选配置的功能模块，用于处理器在状态保持功率选通（State Retention Power Gating，SRPG）模式或时钟停止模式时进行中断监测与处理。一旦配置了 WIC 并启用，则处理器在进入睡眠模式之前，中断屏蔽信息会自动从 NVIC 转移给 WIC。之后 WIC 将接管 NVIC 进行中断事件监测，当检测到有中断事件发生时，会向系统中的电源管理模块发送唤醒请求。处理器被唤醒后，WIC 保持中断挂起状态，当处理器运行完全恢复时，中断请求控制权重新转回到 NVIC。当 NVIC 正常运行后，WIC 内部的屏蔽信息会被硬件自动清除。

2.10　事件接口

除了 Cortex-M1 处理器，所有其他 Cortex-M 处理器都有一个事件输入（通常称为 RXEV——接收事件接口）和一个事件输出（通常称为 TXEV——发送事件接口）。RXEV 输入接口用于在 WFE（Wait-For-Event）睡眠模式中接收信号以唤醒自身处理器，通过 TXEV 输出接口使用 SEV（Send EVent）指令向处在 WFE 睡眠模式中的另一处理器发送信号以唤醒该处理器。这些信号是高电平有效的单周期脉冲。

事件接口通常用于多核系统，让处理器在自旋锁期间唤醒另一个处理器。在 RTOS 信号量中，如果处理器正在等待自旋锁，那么它可以使用 WFE 进入睡眠模式以节省电力，若有中断服务或有来自另一个处理器的事件，它就会被唤醒。通过交叉事件接口信号（见图 2.8），双核系统中的处理器可以使用 SEV 指令从 WFE 睡眠模式中相互唤醒。

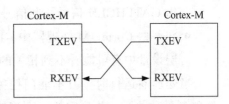

图 2.8　双核系统中事件接口的连接实例

事件信号也可以由外围设备或 DMA 控制器产生，但通常使用中断信号更加合适，这将有利于软件在 ISR 中对硬件事件做出响应处理。对于单处理器系统而言，需要将 RXEV 拉低到 0 电平，TXEV 悬空不接。

值得注意的是，Cortex-M 处理器上的事件接口与 RTOS 中的事件定义没有关联。在 RTOS 中，等待某个操作 X 执行的应用程序线程可以调用等待事件 Y 的操作系统

API，API 调用还将对应线程从就绪任务队列中删除。当指定的操作 X 已经执行时（例如，在另一个线程或 ISR 中），执行操作 X 的另一个线程或 ISR 可以调用另一个操作系统 API 来设置事件 Y，这会将所有等待操作 X 的线程放回就绪任务队列中恢复运行。

2.11　时钟生成

Cortex-M 处理器系列中的时钟信号因各处理器的设计方法不尽相同，所以对应的时钟和复位信号名称也存在差异。大多数现有的 Cortex-M 处理器提供以下时钟：

- 自由运行时钟，可通过门控关闭，关闭后处理器的所有逻辑停止工作，只能通过外部逻辑单元（如 WIC）来处理中断检测和唤醒；
- 系统时钟，在睡眠模式下可通过门控关闭；
- 调试时钟，包括用于调试接口的 JTAG 或串行线调试（Serial Wire Debug，SWD）时钟信号，以及用于内部调试组件的时钟信号，如果没有真正使用调试接口，则其对应的时钟可门控关闭。

自由运行时钟、系统时钟和调试时钟必须使用同步、同相信号，Cortex-M3/M4 处理器的调试接口和 DAP 接口的时钟信号是由外部调试器提供的。处理器内部各电路单元尽量使用独立的时钟信号，这有利于在电路不工作时通过门控关闭时钟，从而降低系统功耗。

- 在 Cortex-M0 和 Cortex-M3 处理器处于睡眠模式且在没有调试连接时，会输出 GATEHCLK 信号，此信号可用于门控关断系统时钟；
- 在一些 Cortex-M 处理器中，时钟门控逻辑是在处理器内部工作的，因此在顶层设计中有可能看不到相关的时钟信号。

当处理器运行时千万不能门控关闭系统时钟。在芯片应用的系统设计中，可以存在多个时钟源，并且需要一个稳定的时钟振荡电路。该电路置于处理器外部，与处理器内部的关联电路配合工作，具体还依赖于应用场景和芯片制造工艺节点。

在 FPGA 平台的处理器设计中，可以设计一个 FSM 来控制锁相环（Phase-Locked Loop，PLL），锁相环的配置改变时，需要门控关闭处理器的子系统时钟信号，如图 2.9 所示。

在上述实例中，系统时钟的生成及控制逻辑可使用 FPGA 设计工具生成，不需要开发者自己书写代码。

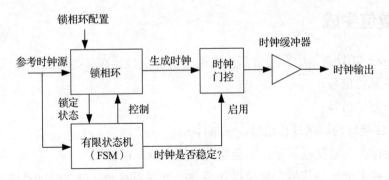

图 2.9　FPGA 平台芯片设计中的时钟配置实例

在 ASIC 设计中，可能用到以下时钟源：

- 中等速度（如 1 MHz 到 12 MHz）的外部晶体振荡器有可能在复位操作之后被默认关闭以节省电能。如果处理器需要更高频率的时钟，则不会直接使用高速晶体振荡器产生，通常采用锁相环倍频来生成，这样能够大大减少振荡器的运行功耗。
- 中等速度（如 1 MHz 到 12 MHz）的内部 RC 振荡器相比外部晶体振荡器功耗更低，但此种振荡器的频率精度较低。
- 用于实时时钟的外部 32 kHz 晶体振荡器，也可用于系统管理。

在 ASIC/SoC 设计实现中，系统可以从内部 RC 振荡器启动，需要时也可切换到外部晶体振荡器或锁相环作为时钟源，锁相环可以为高性能操作提供更高的时钟频率，如图 2.10 所示。

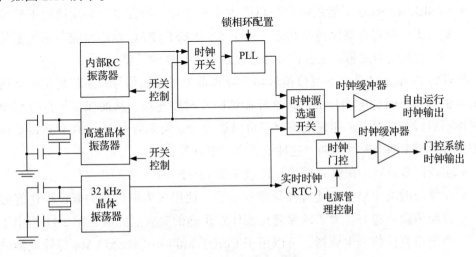

图 2.10　ASIC 系统设计中的时钟配置实例

2.12 复位生成

在 Cortex-M 处理器中，通常至少有两个复位信号，在某些情况下有三个：

- 系统复位信号；
- 调试复位信号；
- JTAG 接口的调试复位信号，如 nTRST。

还可能存在上电复位信号，它会复位系统和调试逻辑。

如果存在上电复位信号，复位操作后整个处理器系统（包含调试系统）都将被重置。设计时使系统复位信号和调试复位信号各自独立，允许处理器在不影响调试系统的情况下执行系统复位操作，这样能保证内核与调试器的连接，且断点、观察点等数据不会丢失。

处理器还输出一个名为 SYSRESETREQ 的系统复位请求信号，该信号受控于内部系统控制区（System Control Space，SCS）中的程序中断和复位控制寄存器（Application Interrupt and Reset Control Register，AIRCR）的某个寄存器位。通过该系统复位请求信号可进行以下操作：

- 可以通过编程进行系统复位操作，可用于程序运行出现故障时进行错误处理。
- 可以通过调试器进行系统复位操作，这对于处理器的调试至关重要。

关于系统复位请求信号，设计人员还必须知道以下两点：

- SYSRESETREQ 信号执行后，只进行系统复位，而不会发生调试复位，更不会发生上电复位。
- SYSRESETREQ 不能用组合逻辑产生系统复位，换言之，必须使用不被系统复位影响的寄存器保持其状态，由于 SYSRESETREQ 输出会随着系统复位清零，使用组合逻辑产生复位会导致复位信号出现的毛刺。

所有的 Cortex-M 处理器复位信号均为异步低电平有效信号，系统复位时会解除系统时钟和调试时钟的同步关联，这样能够防止时序违规，从而保证复位过程中系统时钟不运行的情况下，相应的寄存器可以被重置。大多数 Cortex-M 处理器系统复位需要持续至少两个时钟周期。这种设计有以下好处：

- 实现同步翻转，在双 D 同步复位触发器（DFF）中可以同步复位。
- 在复位时会出现时序违规并导致亚稳态，使用多周期形式的复位操作能够有效地清除亚稳态。为了确保复位操作在正确的时间点完成，图 2.11 给出了一个简单复位信号生成器，可以用于 Cortex-M0/M0+/M1/M3/M4 等处理器的复位电路。

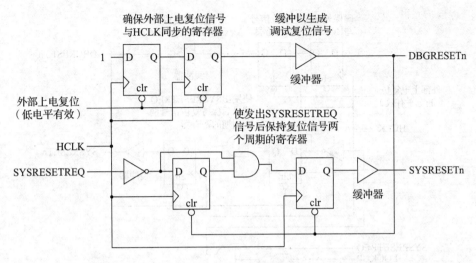

图 2.11　用于 Cortex-M 处理器的简单复位信号生成器

因各 Cortex-M 处理器的复位信号名称有所不同，这里仅以 Cortex-M1 处理器产生的 SYSRESETREQ 信号为例。Cortex-M1 处理器生成 SYSRESETREQ 信号。由于 Cortex-M1 处理器可由 SYSRESETn 复位，SYSRESETREQ 信号不允许使用组合逻辑驱动 SYSRESETn，否则会导致竞争，即 SYSRESETREQ 在产生后很短的时间内被清除，这可能会使处理器的部分逻辑复位，其他部分不会复位。因此，在用于生成 SYSRESETn 之前，SYSRESETREQ 信号必须由不受 SYSRESETn 影响的独立触发器锁存并保持。在图 2.11 示例中，来自 SYSRESETREQ 的复位请求保存在两个由 DBGRESETn 复位的寄存器中，对于 Cortex-M3/M4，也可使用 Cortex-M3/M4 的上电复位。

考虑到处理器系统锁定状态时的情况，还需要对复位信号生成器增加设计，以确保系统进入锁定状态时也可以执行复位操作，如图 2.12 所示。为了保证操作可控，在芯片系统设计时需要添加一个控制寄存器，用于指定在系统锁定状态下是否执行复位操作。Cortex-M 处理器中不提供此类寄存器，需要根据应用程序需求自行设计。在软件开发期间，该外部复位控制寄存器应被设置为 0 以防止系统自动复位；在芯片量产应用后，该外部复位控制寄存器应被设置为 1，以便在系统进入锁定状态时，自动激活 SYSRESETn。

在 FPGA 平台的 Cortex-M 处理器内核设计工具中，可能已经包含了系统复位控制器的相关设计，此时设计者就不需要重新开发了。

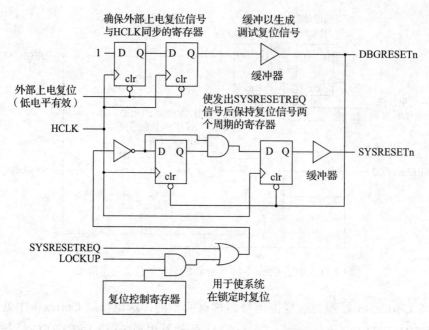

图 2.12　允许在锁定状态下自动复位的复位信号生成器

2.13　SysTick 定时器

Cortex-M 处理器中的 SysTick（系统滴答）定时器支持外部参考"时钟"。从技术上讲，参考"时钟"不是一个时钟信号，因为它是由 SysTick 单元内部的 D 触发器以处理器的时钟速度采样生成的。

SysTick 接口还提供了一个校准输入，可以通过设定表 2.2 中相应寄存器的值来完成校准操作。

表 2.2　SysTick 定时器校准值寄存器的信号

信号	SysTick 校准值寄存器	说明
STCALIB[25]	NOREF（第 31 位）	0——使用参考时钟 1——不使用参考时钟
STCALIB[24]	SKEW	0——TENMS 校准值是准确的 1——TENMS 校准值是不准确的
STCALIB[23:0]	TENMS	SysTick 10 ms（100 Hz）的校准值

SysTick 定时器的参考时钟和校准值是可选的，具体如下：

- 如果没有使用参考时钟，STCALIB[25] 需要设置为高电平，即逻辑 1。
- 如果不使用 10 ms 信号（TENMS），则 STCALIB[23:0] 全部设置为低电平，即都为逻辑 0，此时 STCALIB[24] 需要设置为高电平，即逻辑 1。

CMSIS-CORE 接口标准中提供了一种确定系统时钟速度的方法，即使用 System-CoreClock 变量记录处理器工作时钟频率信息，当处理器时钟被重新设置时，该变量应随软件初始化代码一起手动更新。

2.14　调试集成

调试集成功能通常包括以下若干接口：

- **调试连接接口**（JTAG 或 SWD）——将调试器连接到硬件目标以执行暂停、步进、重启、恢复、设置断点和观察点、访问内存和外围设备等操作；调试连接也可用于下载代码和 flash 编程。
- **数据跟踪接口**（用于将连接处理器和 ETM 的 ATB 数据传送到跟踪端口）——使调试器能够获取实时跟踪信息，使用包含多个数据位（通常是 4 位）和时钟信号的跟踪端口协议或使用单引脚跟踪输出协议进行低带宽的跟踪，如仪器（instrumentation）跟踪、事件跟踪。跟踪接口是可选的，并且在 Cortex-M1、Cortex-M0 和 Cortex-M0+ 处理器上均不可用。
- **CoreSight 时间戳生成**——CoreSight 时间戳特性将时间信息集成到跟踪包中，而且实时跟踪操作可以利用这一点允许调试器重构计时信息。为了实现该功能，一些 Cortex-M 处理器和 ETM（Embedded Trace Buffer）专门有相应的时间戳接口；通常使用简单的计数器来生成时间戳值。
- **调试认证控制**——Cortex-M 处理器提供硬件接口信号，以允许系统中的其他硬件模块控制是否进行调试和跟踪操作。调试认证由安全管理 IP 模块控制，采用基于证书的认证方案。对于 Armv8-M 架构的处理器系统，有单独的调试认证信号来定义安全环境和非安全环境的调试访问权限。
- **调试系统时钟、复位生成和电源管理**——这取决于使用哪种处理器，调试系统可以有自己的时钟和复位信号，并且在一些设计中如果不使用，可以关闭对应的调试逻辑和时钟门控。

关于调试接口的更多细节将在第 5 章中介绍。需要注意的是，这里只涵盖了单核设计，在多核设计中，调试集成应该由 Arm CoreSight 的 SoC-400/600 产品处理。

2.15   电源管理功能

除了 Cortex-M1 是专为 FPGA 平台设计的，其他 Cortex-M 处理器具有一系列低功耗特性：

- 睡眠模式——在架构上，处理器可以睡眠和深度睡眠，在睡眠模式下可以借助系统特定的寄存器进行扩展，以增加睡眠的程度。处理器有睡眠模式的状态输出信号，因此系统设计者可以使用这些信号来控制时钟门控和其他电源管理电路。

- 睡眠保持接口——在系统设计者已经使用睡眠模式信号关闭硬件资源（如程序 ROM）的情况下，唤醒系统需要一定的时间（数百到数千个时钟周期）。处理器的程序必须为唤醒过程延迟足够的时间，睡眠保持接口正是为此目的设计的。实际应用时，设计者可以通过设计一个简单的有限状态机（FSM）来处理运行软件与睡眠保持接口的握手。

- 唤醒中断控制器（WIC）——WIC 是一个可选的特性，当处理器在掉电状态、保持状态或处理器时钟被门控关闭时，可以检测中断或其他唤醒事件。系统设计人员可以定制实例 WIC 设计。

- 调试电源管理——调试接口模块提供握手信号来指示是否有调试器连接，系统设计人员在需要时可对处理器的调试系统进行电源管理，例如在 Cortex-M0、Cortex-M0+、Cortex-M7、Cortex-M23、Cortex-M33 和 Cortex-M35P 处理器中，有一个单独的调试电源域，在没有调试连接的情况下可以关闭该电源域。

系统设计者也可以为存储器模块、时钟生成和分配系统以及一些外围设备集成额外的电源管理功能。

2.16   顶层引脚分配和引脚多路复用

芯片设计者需要做的任务之一是定义处理器芯片的顶层信号，通常芯片上的许多引脚具有多种功能，例如可以将一个引脚配置为 GPIO 引脚、通信接口引脚或调试跟踪/引脚等，这可通过设置相应寄存器来配置。Cortex-M3 评估版 DesignStart 项目中给出了引脚多路复用的例子。

除了调试和跟踪信号，Cortex-M 处理器芯片的设计中通常不需要将内部接口直接输出到外部引脚。外部中断接收单元通常会和 GPIO 模块复用，即通过 GPIO 引脚来触发中断。在某些情况下，芯片设计者还可以允许处理器芯片接收片外电路的事件脉冲，以触发 WFE 指令执行，从而唤醒处理器，当然这样的操作并不普遍。

在顶层引脚设计规划时，需要考虑以下与 Cortex-M 处理器相关的几个方面：

- 在大多数情况下，调试接口（JTAG 或 SWD）需要通过引脚引出，以便调试访问。对于 Cortex-M3、Cortex-M4 和 Cortex-M33 处理器，调试接口模块支持动态协议切换，因此默认情况下可以只引出 SWD 的两个信号。如果需要使用 JTAG 调试接口，则要通过对相关设备的引脚多路复用（mux）控制寄存器进行设置，从而切换引脚功能，完成后即可启用 JTAG 接口开展工作。
- SWD 接口需要一个三态引脚，用于数据连接（SWDIO），当 SWDIEN 为高时启用。
- 如果调试接口与其他外设 I/O 引脚复用，则外设 I/O 操作可能会导致调试连接断开。
- 调试和跟踪接口提供了一系列状态信号以允许一些信号与功能引脚复用。也可以使用设备特定的可编程寄存器来帮助控制引脚复用。在这种情况下，设备供应商需要提供各种调试工具设置顺序的详细信息，以使它们能够正确地与设备一起工作。
- 当使用具有 TrustZone 功能的 Armv8-M 架构处理器时，调试连接可能包含安全信息，因此引脚复用逻辑需要防止非安全软件在调试连接中非法操作。

2.17 其他信号

Cortex-M 处理器还提供多种状态信号，以供设计人员使用。例如，图 2.12 中给出的 LOCKUP 状态信号表达处理器的锁定状态并可以用来在锁定时产生系统复位信号。每个处理器都有对应的若干状态信号输出，具体信息请参阅产品包中的文档。

较新的 Cortex-M 处理器支持输出 CPUWAIT 信号，它是在处理器复位后用于延迟启动的信号。在大多数单核系统中，这个引脚被设置为低电平，即逻辑 0；但在多核 SoC 设计中，当某个 Cortex-M 子系统程序在 SRAM 中运行时，可以使用 CPUWAIT 信号来延迟启动，以便不同的总线主机可以将程序映像传输到 SRAM 中。

当程序映像被成功加载后，会释放 CPUWAIT 信号，对应的 Cortex-M 处理器开始执行程序。

2.18 签署要求

对于使用 Cortex-M 处理器进行 ASIC/SoC 设计项目的人，请注意 Cortex-M 系列产品在产品包的 IIM 中有一些记录在案的签署要求，其中包含一个检查表，可以帮助设计人员将设计风险降到最低。

第 3 章
AMBA、AHB、APB

3.1 AMBA

3.1.1 AMBA 简介

先进微控制器总线架构（Advanced Microcontroller Bus Architecture，AMBA）是用在 Arm 处理器上的片上总线协议规范集，包含先进高性能总线（Advanced High-performance Bus，AHB）、先进外设总线（Advanced Peripheral Bus，APB）、先进可扩展接口（Advanced eXtensible Interface，AXI）等，专门用于 Arm 处理器内部模块之间的互连，如处理器与存储器、外围设备、调试单元等模块之间的通信。AMBA 总线协议由 Arm 开发，面向芯片设计行业开源，这就意味着设计者可以免费使用协议进行设计，因此 AMBA 已成为芯片设计行业的主流架构之一。许多公司都在自己的 IP 中使用与 AMBA 兼容的接口协议。

不同于外设组件互联标准协议（Peripheral Component Interconnect，PCI），AMBA 是一种芯片内部通信协议，能够降低芯片设计中的系统集成难度，具有以下特点：

- 使用同步操作方式，即与总线相关的信号仅在时钟上升沿触发，便于设计综合。
- 避免片上双向信号，无须使用三态缓冲器。

根据应用场景，经常使用以下三种总线：

- AHB——支持轻量级流水线传输，可满足高速嵌入式系统的低功耗和低延迟特性需求，广泛应用于 Cortex-M 系列处理器。
- APB——用于连接对带宽要求不高的简单外围设备。

- AXI——具有高性能、高带宽、低延迟特性，通常用于 Cortex-M7、Cortex-R 系列和部分 Cortex-A 系列处理器中。相比于另外两种总线，AXI 协议规定：
  - 提供了多个高时钟频率的并行数据通道，分别为读地址通道、读数据通道、写地址通道、写数据通道和写响应通道，这些通道可以在高时钟频率下同时工作。
  - 在一次数据传输未完成时，AXI 允许主机发出新的传输命令或者进行新的传输。
  - 支持非对齐数据传输，提供基于 TrustZone 技术的数据安全。

3.1.2 AMBA 历史

1996 年 Arm 公司发布了 AMBA 的第二版架构标准，成了芯片设计行业中的开源规范。AMBA 2 包含了 AHB、APB 和 ASB 三种总线类型，AHB 和 APB 主要用于片上系统设计，AMBA 2 之后的版本都对这两种总线协议进行了扩展，而 ASB（Advanced System Bus，先进系统总线）仅用于旧版本的 Arm 内核，目前已停止更新。

AMBA 总线架构标准发布之前，业界已经存在诸多总线标准，但这些标准过于关注电路的板级连接，如信号多路复用、配置检测、电特性控制等，无法完全满足片上系统的互连需求。Arm 公司基于以上需求制定了一个具有兼容性的开放总线架构标准，并以知识产权（IP）形式开放给设计企业使用。目前 Arm 公司发布的开源总线架构标准 AMBA 2（免税版）已成为 32 位嵌入式处理器中应用最广泛的接口标准，鉴于其开放性和简便性，AMBA 在相当一段时间内成为片上系统总线接口的标准。对于高速嵌入式系统核心处理器而言，使用 AMBA 总线架构能够降低数据传输开销和延迟，AHB 协议也支持一些流水线操作，这对于大部分设计来说至关重要。

3.1.3 各种版本的 AMBA 规范

多年来，AMBA 规范集一直在发展更新，每次更新都会对旧版本协议进行补充，但对于某些协议，比如 ASB，Arm 已不再对其进行更新。各 AMBA 规范版本的总线协议对比见表 3.1。

表 3.1　各 AMBA 规范版本的总线协议对比

	说明	AMBA 2	AMBA 3	AMBA 4	AMBA 5
ASB	用 ARM7TDMI，已过时	ASB	—	—	—
AHB	用于大多数 Cortex-M 处理器	AHB	AHB Lite	—	AHB5
APB	用于大多数 Arm 处理器系统	APB2	APB3	APB4	
AXI	用于高性能处理器	—	AXI3	AXI4 AXI4 Lite AXI4 Stream	AXI5
AXI 一致性扩展接口（AXI Coherency Extension，ACE）	用于有缓存一致性要求的高性能处理器	—	—	ACE ACE Lite	ACE5 ACE5 Lite
一致性中心接口（Coherent Hub Interface，CHI）	先进一致性管理	—	—	—	CHI
分布式传输接口（Distributed Translation Interface，DTI）	用于存储器管理单元（Memory Management Unit，MMU）	—	—	—	DTI
低功耗接口规范	用于电源管理	—	—	Q 通道和 P 通道	
先进跟踪总线（Advanced Trace Bus，ATB）	用于在调试期间传输跟踪数据	—	ATB	—	

AHB 和 APB 是在嵌入式微控制器以及 SoC 设计中应用最广泛的总线协议，所以本章重点讨论有关 AHB 和 APB 协议的内容，其他协议规范及参考资料可以从表 3.2 所示的 Arm 网站进行下载。

表 3.2　本书以外其他总线协议文档的访问地址

AMBA	https://developer.arm.com/architectures/system-architectures/amba
ACE	https://www.arm.com/files/pdf/CacheCoherencyWhitepaper6June2011.pdf
CHI	https://community.arm.com/processors/b/blog/posts/what-is-amba-5-chi-and-how-does-it-help

3.2　AHB 概述

3.2.1　AHB 版本

AMBA 2 规范中首次引入 AHB 总线，它是一种多主机、多从机的总线协议，应用于嵌入式处理器中，芯片面积开销更小、延迟更低。AHB 协议支持不同位宽的总线，典型宽度为 32 位或 64 位，目前大多数 AHB 系统的总线宽度都是 32 位。

AHB 标准经历了以下版本和阶段：

- AMBA 2 AHB——AHB 首次发布。该规范使用一对握手信号（总线请求和总线授权）在多个主机之间进行仲裁。
- 多层 AHB 设计——Arm 公司发布的 AMBA 设计套件，引入了一个 AHB 总线互连组件，它被称为 AHB 总线矩阵（Bus Matrix）。在高带宽多主机系统中允许总线并发传输，能够避免总线请求和授权信号的冲突，提高传输速率，该总线也被非官方地称为 AHB Lite。
- AMBA 3 AHB——AHB Lite 成为官方名称。AHB Lite 简化了 AHB 协议，取消总线请求和总线授权信号，被广泛用于各种 Arm 处理器系统。
- AMBA 5 AHB——对原有的 AHB 总线进行了更新，用以支持 Armv8-M 架构处理器的 TrustZone 安全特性，正式支持边带信号的独占访问，还对附加缓存属性支持、声明等进行了改进。

AMBA 5 AHB 也称为 AHB5，是 AHB 规范的最新版本，它在很多方面与其早期版本高度兼容，使用 AHB Lite 设计的总线从机可以应用在 AHB5 系统中。

3.2.2　AHB 信号

AHB 系统在内核时钟 HCLK 信号驱动下运行，该时钟信号还普遍用于驱动总线主机、总线从机和各总线段上连接的各个基础设施单元，所有在 AHB 总线上连接的寄存器访问均在 HCLK 的上升沿触发。AHB 总线信号中还包括一个低电平有效的复位信号 HRESETn，即 HRESETn 信号为低电平时，AHB 系统会立即复位。这种异步复位的好处是：即使时钟停止，也可以复位系统。为了避免竞争，HRESETn 信号应该和 HCLK 同步，否则，一旦 HRESETn 在 HCLK 上升沿时解除复位，就会出现有些寄存器无法被复位的情况。

对于典型的 AHB 系统，有表 3.3 所示主要信号。

表 3.3　典型 AHB 系统主要信号

信号名称	传输方向	信号说明
HCLK	时钟源→所有 AHB 块	通用时钟信号
HRESETn	复位源→所有 AHB 块	通用低电平有效复位信号
HSEL	地址解码器→从机	外设选择
HADDR[31:0]	主机→从机	地址总线
HTRANS[1:0]	主机→从机	传输控制
HWRITE	主机→从机	读写控制（1= 写入，0= 读取）
HSIZE[2:0]	主机→从机	传输位宽控制
HBURST[2:0]	主机→从机	传输突发类型控制

（续）

信号名称	传输方向	信号说明
HPROT[3:0]/[6:0]	主机→从机	传输保护控制。在 AHB Lite 中占 4 位，在 AHB5 中扩展到 7 位
HMASTLOCK	主机→从机	传输锁定控制
HMASTER[3:0]	总线组件→总线从机	指示当前总线主机标识[①]
HWDATA[31:0]	主机→从机	写入数据（通常为 32 位，但在 64 位系统上可以是 64 位宽）
HRDATA[31:0]	主机←从机	读取数据（通常为 32 位，但在 64 位系统上可以是 64 位宽）
HRESP[1:0]/HRESP	主机←从机	从机响应（HRESP 信号在 AMBA 2 中位宽为 2，在 AHB Lite 和 AHB5 中位宽为 1）
HREADY (HREADYOUT)	主机←从机 (HREADYOUT)，总线组件→其他从机 (HREADY)	当数据传输完成时，从机进入就绪状态。AHB 从机具有 HREADY 输入和 HREADYOUT 输出。HREADY：如果为高电平，则表明之前主模块和所有从模块之间的传输已经完成，该信号发送至主模块和从模块。HREADYOUT：如果为高电平，则表明传输结束；如果为低电平，则表明正在传输

① AHB3 没有 HMASTER，尽管大多数使用 AHB Lite 的 Cortex-M 处理器都提供了 HMASTER 信号。

AHB5 新引入了表 3.4 所示的信号。

表 3.4　AHB5 中定义的附加信号

信号名称	传输方向	信号说明
HNONSEC	主机→从机	TrustZone 支持下的传输安全属性
HEXCL	主机→从机	表示该次传输是独占访问
HEXOKAY	主机←从机	独占访问响应成功
HAUSER	主机→从机	地址区间信号的可选用户边带（该信号的实际定义是系统特定的）
HWUSER	主机→从机	数据区间信号的可选用户边带（该信号的实际定义是系统特定的）
HRUSER	主机←从机	数据区间信号的可选用户边带（该信号的实际定义是系统特定的）

旧版本的 AHB 系统（如 AMBA 2）使用 AHB 仲裁器来处理多个主机访问，有表 3.5 所示信号。

表 3.5　仲裁器连接的 AMBA 2 AHB 信号

信号名称	传输方向	信号说明
HBUSREQ	主机→仲裁器	总线访问请求
HGRANT	主机←仲裁器	总线授权
HLOCK	主机→仲裁器	传输锁定
HMASTLOCK	仲裁器←从机	传输锁定 在较新的 AHB 系统中，不使用仲裁器，HMASTLOCK 由总线主控或总线互连模块产生

以上信号大多是可选的。对基于 Arm Cortex-M0 处理器的最小 AHB 系统而言，仅使用以下信号即可完成系统搭建：

- HCLK、HRESETn、HADDR、HTRANS、HSIZE、HWRITE、HSEL、HWDATA、HRDATA、HRESP 和 HREADY。

3.2.3　AHB 基本操作

在单主机多从机总线的 Cortex-M 处理器设计中，可以参考图 3.1 所示的系统。

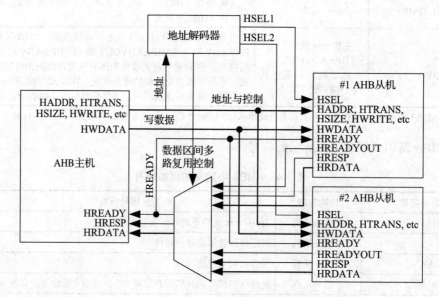

图 3.1　单主机多从机 AHB 总线系统实例

基于 AMBA 5 规范的 AHB 主机和从机的连接关系如下：主机多路复用器在仲裁器的控制下能够让多个主机共用一根总线。通过从机多路复用器将从机返回的数据和响应信号返回给主机。

AHB 总线信号包括"地址区间"信号和"数据区间"信号两组，具体如下：

- 地址区间信号包括 HADDR、HTRANS、HSEL、HWRITE、HSIZE；可选信号还有 HPROT、HBURST、HMASTLOCK、HEXCL、HAUSER。
- 数据区间信号包括 HWDATA、HRDATA、HRESP、HREADY（和 HREADYOUT）；可选的信号还有 HEXOKAY、HWUSER、HRUSER。

每次传输都由地址传输区间和数据传输区间组成，传输过程采用流水线结构，即当前传输的地址区间可以与上一次传输的数据区间重叠，如图 3.2 所示。

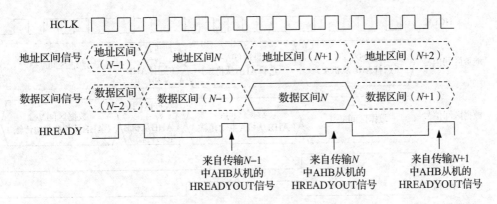

图 3.2　数据传输过程中的地址区间和数据区间时序

每个传输区间可由 HREADYOUT（HREADY）信号终止，该信号是由当前数据传输区间中活动的 AHB 从机发出的。来自 AHB 从机的 HREADYOUT 信号经从机多路复用器选择，用于生成系统的 HREADY 信号（见图 3.3）。多路复用器在数据传输区间工作，它的控制信号可以由 AHB 解码器生成，或通过 HSEL 信号及 HREADY 信号生成。

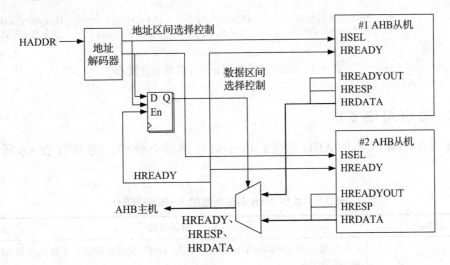

图 3.3　AHB 主从总线上由 HREADYOUT 信号生成 HREADY 信号

当某从机未被选中时，其 HREADYOUT 信号应被置为高电平，表示已处于就绪状态。从机只能在上一次传输完成后再次接受来自主机的数据传输，传输完成时 HREADY 信号置为高电平。例如，假设第 N 次传输选择 AHB 从机 A，第 N+1 次传输选择从机 B，第 N+2 次传输选择从机 C，则对应的时序波形如图 3.4 所示。

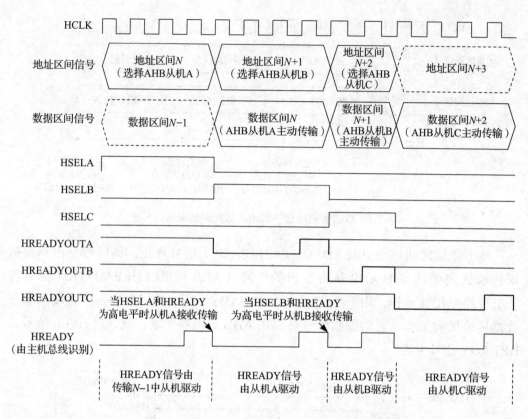

图 3.4　AHB 从机数据流水线传输时序波形

3.2.4　最小 AHB 系统

在单主机多从机的 AHB 总线 Cortex-M 处理器系统中，通常有表 3.6 所示的组件。

表 3.6　最小 AHB 系统所需的 AHB 基础组件

组件名称	组件说明
地址解码器	根据输入的 HADDR 生成 HSEL 信号，HSEL 信号会传输给总线从机和 AHB 从机多路复用器
AHB 从机多路复用器	将多个总线从机连接到单个 AHB 段
默认从机	这是一种特殊类型的 AHB 总线从机，当传输地址（HADDR）与其他一系列 AHB 从机地址不匹配时选中，这种情况只出现在系统运行错误时，如软件操作错误试图访问无效内存地址时。默认从机仅在访问时返回一个错误响应，忽略写入数据，并且在读取访问时返回 0。默认从机是可选的，如果对应地址空间被其他总线从机占用，则该默认从机将不再使用

地址解码器应根据系统设计，不同的存储器映射对应不同的解码模块，芯片设计者需要为每个总线从机创建相应的地址解码单元。HSEL 是通过对 HADDR 信号解码由组合逻辑生成的地址区间信号，因此在存储器映射的设计中要力求精简，降低 HADDR 信号解码的复杂度，否则可能会影响综合时序。

AHB 从机多路复用器的设计通用性较高，可从多种基于 Arm AHB 系统的 IP 包中获取。由于每个 AHB 从机都有独立的数据读出端口和响应输出信号，因此 AHB 从机多路复用器具备每个信号的多路选择能力，可以将当前活动从机的返回数据和响应信号传送到主机。

从机多路复用器由数据传输区间的 HSEL 信号来控制（延迟一个流水线周期）。如图 3.5 所示，从机多路复用器的选择信号可以通过将 HSEL 寄存为系统层级的 HREADY 来生成。在大多数情况下，AHB 从机多路复用器中已经包括延迟 HSEL 的功能，系统开发者只需将地址区间 HSEL 连接到 AHB 从机多路复用器即可。

一个 AHB 系统可以有多个地址解码器和多个从机多路复用器。一个 AHB 系统可拆分成多个子系统，每个 AHB 子系统可以只包含一部分内存空间，这种情况下子系统中的地址解码器还需要考虑来自顶层地址解码器的 HSEL 信号。

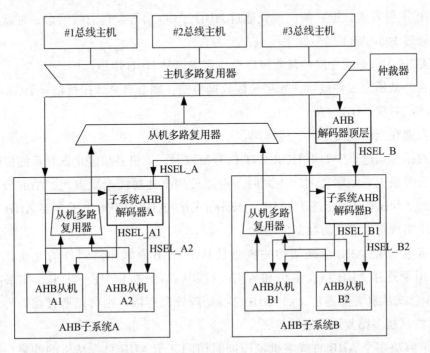

图 3.5　如果 AHB 系统分为多个子系统，则可能需要多个 AHB 解码器

3.2.5 多总线主机的处理

基于 AMBA 2 AHB 规范的主机和从机之间的连接如图 3.6 所示。总线仲裁器控制多个主机通过多路复用器共用一根总线。来自总线从机的数据和响应信号通过从机多路复用器进行多路复用，复用后将信号返回给总线主机。

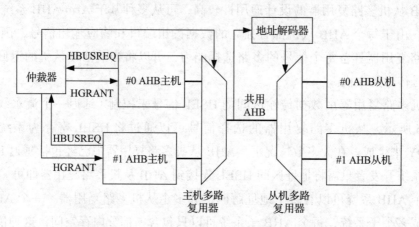

图 3.6   具有两个 AHB 主机和两个 AHB 从机的 AMBA 2 AHB 系统

AHB 主机发送数据之前，应先通过 HBUSREQ 信号发送总线请求，仲裁器授权后，会通过 HGRANT 信号握手回应：

- AHB 主机必须先向仲裁器发送总线请求信号 HBUSREQ。
- 在仲裁器完成仲裁后，如果允许数据传输，则会将总线授权信号 HGRANT 返回给对应 AHB 主机。
- 数据在当前连接总线上传输。
- 数据传输过程中如果 HGRANT 信号被取消，主机必须停止发起新的传输。

当系统最大总线带宽要求不高时，可以使用上述总线连接方式，Arm 公司在后续推出的 AMBA 设计套件（AMBA Design Kit，ADK）中给出了多层 AHB 总线架构，用于实现更大带宽的数据传输。

ADK 中多层 AHB 总线架构的核心是基于 AHB 总线矩阵组件的互连，它集成了多个用于连接 AHB 总线主机和 AHB 总线从机的端口。进一步讲，如果有更多的 AHB 总线从机需要连接，而 AHB 总线矩阵资源有限，则可以通过在矩阵外增加 AHB 总线从机多路复用器进行扩展。

为了解决多个 AHB 总线主机试图同时访问某个 AHB 总线从机的冲突，每个连接到 AHB 从机的主机端口都有一个仲裁器。如图 3.7 所示，如果某 AHB 总线主机欲传输数据到某从机，而该从机正在与其他主机进行数据传输，此时该主机会将数据保存到输入级缓冲器中，待该从机的传输结束后再进行传输。在这种情况下，不再需要使用 HBUSREQ 和 HGRANT 信号了。

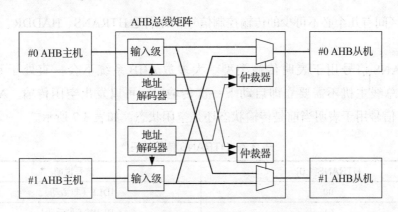

图 3.7   使用 AHB 总线矩阵的多总线主机系统

使用总线矩阵，不同的 AHB 总线主机可以同时访问不同 AHB 总线从机，这可以大幅提高数据传输带宽。

ADK 中的总线矩阵组件是可配置的，并且在后续推出的 Arm Cortex-M 系统设计套件（CMSDK）中得到了更新优化。在 Arm 后续版本的 IP 产品中，AHB 总线矩阵已经成为 Corstone 基础 IP/CoreLink SDK 的一部分。

对于不需要高数据传输带宽的系统，与 AMBA 2 中 AHB 简化版本类似，还可以使用 AHB 主机多路复用器开展设计。如图 3.8 所示，经过重新设计的 AHB 主机多路复用器有内部输入级和仲裁器，就像 AHB 总线矩阵一样，如果后端只连接一个 AHB 总线从机，则不需要内部地址解码器。

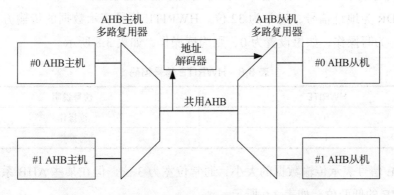

图 3.8   使用 AHB 主机多路复用器的多总线主机系统

3.3 AHB 详述

3.3.1 地址区间信号

地址区间有几个必不可少的传输控制信号，分别是 HTRANS、HADDR、HWRITE 和 HSIZE。

HTRANS 信号用于表明传输类型。大多数 AHB 系统不会一直处于数据传输状态，当总线主机不需要立即启动下一次传输时，可以发出空闲传输。AHB 中的 HTRANS 信号用于表明当前是传输状态还是空闲状态，如表 3.7 所示。

表 3.7 　HTRANS 信号编码

HTRANS[1:0]	信号说明
00	IDLE（非活动）
01	BUSY（非活动）
10	NSEQ（活动）
11	SEQ（活动）

当需要进行数据传输时，AHB 主机会发起非连续（Non-SEQuential，NSEQ）或连续（SEQuential，SEQ）传输。NSEQ 表示总线正处于正常传输状态或突发传输状态的起始阶段；SEQ 表示总线正处于突发传输状态的剩余阶段，即在突发传输状态下，NSEQ 和 SEQ 组成一个完整的突发传输周期。

IDLE（空闲）和 BUSY（忙碌）都表示系统处于非活动传输状态，即没有发生真正的数据传输。当总线处于突发传输状态时，某一时刻传输完成，但无法立刻执行下一次数据传输，在这种情况下，总线会在两次突发传输之间插入 BUSY 传输并在准备就绪时继续下一次连续传输，以保持突发序列的连续性。

HADDR 为地址信号，通常为 32 位。HWRITE 信号表示数据的传输方向，如果设置为 1，为写操作；如果设置为 0，则为读操作，如表 3.8 所示。

表 3.8 　HWRITE 信号编码

HWRITE	信号说明
0	读操作
1	写操作

HSIZE 信号表示传输数据的大小，通常位宽为 3 位，但在某些 AHB 系统中，仅使用 HSIZE 的低两位，如表 3.9 所示。

表 3.9　HSIZE 信号编码

HSIZE[2:0]	传输的数据大小
000	字节
001	半字
010	整字
011	双字（64 位）
100	128 位
101	256 位
110	512 位
111	1024 位

当 AHB 总线主机发起数据传输时，应确保数据对齐；当进行半字传输时，存储地址必须为偶数；当进行整字传输时，存储地址必须可被 4 整除。AHB 接口不支持非对齐传输，如果 AHB 总线主机需要进行非对齐数据传输时，则应将该次传输拆分为多个数据位宽较小的对齐传输。

Cortex-M 系列处理器支持以字节、半字或整字为单位的读写传输。在 Cortex-M3 和 Cortex-M4 处理器中，以整字为单位进行取指，而在 Cortex-M0+ 和 Cortex-M23 处理器中，以半字或整字进行取指，具体取决于指令地址的对齐方式。

除了最主要的 AHB 控制信号外，AHB 接口中还存在其他可选的附加信号（见表 3.10）。这些信号对处理器系统有其他作用，如提供特权级信息、控制突发传输等。但是，有些 AHB 系统可能没有这些信号。

表 3.10　地址区间中的附加 AHB 控制信号

信号名称	信号说明
HPROT[3:0]/[6:0]	保护信息（AHB5 有 7 位 HPROT，AHB 的早期版本有 4 位）
HNONSEC	安全属性（仅在 AHB5 中可用，在 TrustZone 安全扩展中必须使用该信号）
HBURST[2:0]	突发传输信息
HMASTLOCK	表明是原子传输序列，当该信号有效时，总线所有权被锁定
HMASTER[3:0]	表明哪个总线主机发起当前传输。 在某些 Cortex-M 处理器中，此信号用于表明传输类型，如传输是否由调试器发起。此信号的宽度可以根据系统要求自行定制
HEXCL	独占访问指示信号。该信号在 AHB5 中引入，以支持 Arm 处理器中的独占访问。总线从机通过 HEXOKAY（数据区间信号）响应独占访问
HAUSER[x-1:0]	AHB5 中新增加的用户自定义地址区间信号。它可用于传递有关传输的附加信息或地址区间控制信号的奇偶校验位

在 AMBA 2 AHB 和 AHB Lite 中，HPROT 信号包含 4 个功能位，如表 3.11 所示。

表 3.11   HPROT 信号编码

信号名称	功能	0	1
HPROT[0]	数据 / 指令	取指	数据访问
HPROT[1]	特权级	非特权级（用户）	特权级
HPROT[2]	可缓冲	当前传输必须在下一次传输之前完成	写入传输可以缓冲
HPROT[3]	可缓存	数据无法缓存	数据可以缓存

当访问某些存储器（非外设）时，HPROT[3:2] 可用于指定缓存（cache）类型，如表 3.12 所示。

表 3.12   AMBA 2 AHB/AHB Lite 的缓存类型

HPROT[3:2]	缓存类型
2'b00	不可缓冲设备
2'b01	可缓冲设备
2'b10	具有写通功能的可缓存存储器
2'b11	具有写回功能的可缓存存储器

AMBA 5 AHB 扩充了缓存属性信息，该版本的 HPROT 信号如表 3.13 所示。

表 3.13   AHB5 中的 HPROT 信号编码

信号名称	功能	0	1
HPROT[0]	数据 / 指令	取指	数据访问
HPROT[1]	特权级	非特权级（用户）	特权级
HPROT[2]	可缓冲	当前传输必须在下一次传输之前完成	写入传输可以缓冲
HPROT[3]	可缓存	数据无法缓存	数据可以缓存
HPROT[4]	查找	传输未缓存	传输必须在缓存中查找数据
HPROT[5]	分配	不需要分配缓存行	未命中时分配缓存行
HPROT[6]	可共享	数据不共享（无须保持数据一致性）或传输目标是不可缓存的设备	总线互连需要确保数据一致性

AMBA 5 AHB 的缓存类型如表 3.14 所示。

表 3.14   AMBA 5 AHB 的缓存类型

HPROT[6] （可共享）	HPROT[5] （分配）	HPROT[4] （查找）	HPROT[3] （可缓存）	HPROT[2] （可缓冲）	存储器类型
0	0	0	0	0	不可缓冲设备
0	0	0	0	1	可缓冲设备
0	0	0	1	0	不可缓存、不可共享存储器
0	0 或 1	1	1	0	写通、不可共享存储器
0	0 或 1	1	1	1	写回、不可共享存储器
1	0	0	1	0	不可缓存、可共享存储器
1	0 或 1	1	1	0	写通、可共享存储器
1	0 或 1	1	1	1	写回、可共享存储器

Cortex-M0 处理器不支持用户级访问，所以 HPROT[1] 始终为 1。由于 Cortex-M0/ M0+/M3/M4/M23/M33 处理器不支持内部缓存，因此缓存性信息很少被使用。

地址区间信号 HBURST 用于表示突发传输类型。当存储器设备能够被顺次快速访问时，可通过突发传输来获取更大的传输带宽。使用突发传输时，HBURST 信号用来表示突发传输类型。AHB 支持以下几种突发传输类型：

- 单次传输（非突发传输，每次传输都是独立的）。
- 递增突发传输（地址基于传输数据大小依次递增）。
- 回环突发传输。当地址未达到突发传输的边界地址时，每次传输的地址会以递增突发的方式递增。当地址到达边界地址后，地址会绕回到边界的开头重新开始。突发传输的块大小可以通过节拍数乘以每次传输数据的大小来确定。

突发传输序列由多个"节拍"组成。每个节拍的地址都与相邻节拍相关。在一个突发传输周期内，每次传输的数据大小、方向和控制信息必须相同。递增和回环突发传输都支持 4 拍、8 拍和 16 拍传输，递增突发传输也可以不指定步长。HBURST 信号如表 3.15 所示。

表 3.15   HBURST 信号编码

HBURST[2:0]	突发类型	信号说明
000	Single	单次传输（非突发）
001	INCR	未指定步长的递增突发传输
010	WRAP4	4 拍回环突发传输
011	INCR4	4 拍递增突发传输
100	WRAP8	8 拍回环突发传输
101	INCR8	8 拍递增突发传输

（续）

HBURST[2:0]	突发类型	信号说明
110	WRAP16	16 拍回环突发传输
111	INCR16	16 拍递增突发传输

缓存控制器设计中经常使用回环突发传输。例如，当处理器请求读取地址 0x1008 中的字数据时，缓存行大小为 4 个字的缓存控制器可能希望将地址 0x1000、0x1004、0x1008 和 0x100C 对应的数据读取到缓存存储器中。在这种情况下，可以使用起始地址为 0x1000 的 4 拍递增突发传输，或起始地址为 0x1008 的 4 拍回环突发传输。如果使用回环突发传输，传输会在一段固定地址中循环，该地址的范围是 4 个整字大小。因此，在传输至 0x100C 后，地址会自动绕回 0x1000。递增突发传输与回环突发传输的对比如图 3.9 所示。

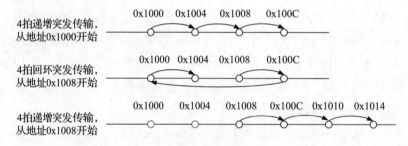

图 3.9 递增突发传输与回环突发传输的对比（一拍的数据大小为整字大小）

回环突发传输的数据与递增突发传输的数据相同，不过回环突发传输还有一个优点，它可以首先传输处理器所需的数据，从而减少处理器的等待时间。回环突发传输通常用于填充缓存行。它允许处理器内核尽快访问所需的数据，同时允许缓存行中的其余数据被缓存。与回环突发传输不同，从地址 0x1008 开始的递增突发传输不会获取 0x1000 和 0x1004 中的数据，这样会造成缓存行的数据不完整，因此它不适合用于缓存。

突发传输可以按照不同数据大小（字节、半字、整字等）进行传输。对于每个节拍，地址的计算应根据传输数据的大小进行调整。突发传输有一个限制，即 AHB 突发传输不能超越 1K 字节的地址边界。这是因为：

- AHB 设备设计更简单：为了优化突发传输的性能，AHB 主机和从机可能都要有内部计数器来监控突发操作，还可能要提前产生地址。通过将突发传输限制在 1K 字节地址边界内，即使第三方在系统中开发了一些区块，使用 10 位计数器也足以进行所有可能的突发传输。
- 防止突发传输通过多个 AHB 从机：如果突发传输超越第一个设备的存储边界，

则接收突发传输信息的第二个设备将把 SEQ 传输作为其第一个传输，这样会违反 AHB 协议。

对于原子访问序列，HMASTLOCK 用来表示总线所有权是否被锁定。当 HMASTLOCK 被设置为 1 时，总线基本构件（如仲裁器）在 HMASTLOCK 被设置为 0 之前不得切换总线所有权。HMASTLOCK 通常用于信号量操作，它在存储器空间的映射（锁定标志）用于表明资源被进程或处理器锁定。当处理器需要锁定资源时，它会发起一个锁定的传输序列，读取锁定标志，然后对其进行更新。由于读 – 改 – 写传输（原子级操作）会被锁定，其他总线主机无法更改两次传输之间的锁定标志，因此可以防止竞争情况的发生。

除 Cortex-M3 和 Cortex-M4 处理器外，大多数 Cortex-M 处理器不使用 HMAST-TLOCK 信号。在 Cortex-M3 和 Cortex-M4 处理器中，当进行位带写操作时，HMASTLOCK 用于原子级的读 – 改 – 写。对于其他 Cortex-M 处理器，如果处理器顶层没有 HMAST-LOCK，但是连接到具有 HMASTLOCK 的标准 AHB 组件，未使用的信号应被设置为 0。

在具有多个总线主机的系统中，仲裁器或主机多路复用器可以产生 HMASTER 信号，AHB 从机可使用 HMASTER 信号识别 AHB 主机的 ID。在大多数情况下，AHB 从机无须识别当前访问它的总线主机 ID，但在某些特殊情况下，当外设被不同的总线主机访问时，可能需要外设有不同的操作。在 Cortex-M 处理器中，通常使用 HMASTER 信号表明传输是由内部处理器生成还是由外部调试器生成。

3.3.2　数据区间信号

表 3.16 所示是从总线主机到总线从机的 AHB 数据区间信号。表 3.17 所示是从总线从机到总线主机的 AHB 数据区间信号。

表 3.16　从总线主机到总线从机的 AHB 数据区间信号

信号名称	信号说明
HWDATA[n-1:0]	写入数据。数据总线宽度"n"通常为 32 位，也可以是 64 位
HWUSER[x-1:0]	这是 AHB5 中引入的用户定义的数据区间信号，由总线主机连接到总线从机，可以用于写入数据的奇偶校验位

表 3.17　从总线从机到总线主机的 AHB 数据区间信号

信号名称	信号说明
HRDATA[n-1:0]	读取数据。数据总线宽度"n"通常为 32，也可以是 64
HRUSER[x-1:0]	这是 AHB5 中引入的用户定义的数据区间信号，由总线从机连接到总线主机，可以用于读数据的奇偶校验位

（续）

信号名称	信号说明
HRESP/HRESP[1:0]	总线响应类型。在 AHB Lite 和 AHB5 中，该信号为 1 位。在 AMBA 2 AHB 中是 2 位
HREADY/HREADYOUT	HREADYOUT 由总线从机生成。AHB 从机多路复用器合并总线从机的响应后，将结果 HREADY 返回到同一 AHB 段中的所有总线从机，以表明当前总线传输阶段的结束
HEXOKAY	如果总线传输表示为独占访问，那么允许独占访问。HEXOKAY 信号是在 AHB5 中引入的

1. HRDATA 和 HWDATA

AHB 系统上的数据总线通常为 32 位或 64 位。对于带有 AHB 接口的 Cortex-M 处理器，AHB 上的数据总线只有 32 位。除了整字传输之外，AHB 还允许字节和半字的数据传输，数据在总线上的具体位置取决于传输数据的大小和地址。例如，对于字节传输，总线上的数据位置如图 3.10 所示。

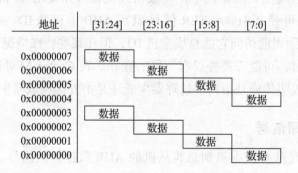

图 3.10 字节传输时 HWDATA/HRDATA 中的数据位置

同样，对于半字传输，数据在数据总线上的位置如图 3.11 所示。

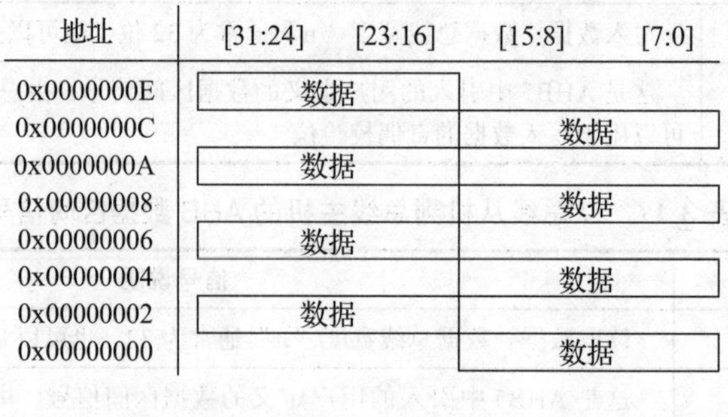

图 3.11 半字传输时 HWDATA/HRDATA 中的数据位置

对于整字传输，则使用全部的 32 位。

AMBA 2 AHB、AHB Lite 和 AHB5 仅支持对齐传输，不支持非对齐传输（ARM1136 处理器除外，因为它有额外的边带信号来支持非对齐传输）。对齐传输的地址是传输数据字节个数的倍数。例如，整字传输地址是 4 的倍数，半字传输地址是 2 的倍数，字节传输总是对齐的。

2. HRESP

HRESP 信号是来自 AHB 从机的响应。在 AMBA 2 的 AHB 中，HRESP 信号可以表示 OKAY、ERROR、RETRY 或 SPLIT 这四种状态，所以 HRESP 信号具有 2 位位宽。对于 AHB Lite 和 AHB5，HRESP 只能表示 OKAY 或 ERROR，所以位宽是 1。

当 AHB 从机检测到传输时，从机应按照 AHB 主机的请求执行相应的传输。如果需要，传输可以在数据区间中插入等待状态。正常情况下，AHB 从机会反馈 OKAY 响应，用 HRESP[1:0]=00 表示。

表 3.18　HRESP 信号编码

HRESP[1:0]	响应	信号说明
00	OKAY	传输成功
01	ERROR	发生错误
10	RETRY	AHB 从机无法立即执行传输。AHB 主机应重新尝试传输
11	SPLIT	AHB 从机无法立即执行传输。AHB 主机可以释放总线所有权，当 AHB 从机准备就绪时，可以再次请求总线所有权，以完成传输

OKAY 响应可以是单周期的，不需要等待状态，其他响应都是两个周期的，在响应完成之前可能存在额外的等待状态。对于 AHB 从机读取 – 写入 – 空闲的基本应用，总线信号的变化如图 3.12 所示。

要注意的是，只有在 HREADY 为高电平时，AHB 从机才能开始处理 AHB 总线的传输。在图 3.12 中，AHB 从机到 HREADY 为高电平（第四个周期）时才开始处理第二次传输请求，从第五个周期才开始进入第二次传输的数据区间。

如果从机出现错误，导致无法处理传输，那么它可以利用 HRESP 信号产生 ERROR 响应。ERROR 响应必须持续两个周期。如果图 3.12 所示的两种传输都发生 ERROR 响应，则总线接口信号如图 3.13 所示。

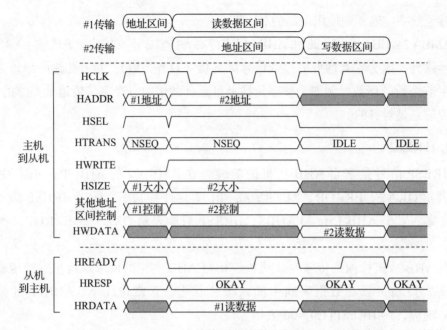

图 3.12   AHB 从机接口——具有 2 个等待状态的读操作和具有 1 个等待状态的写操作

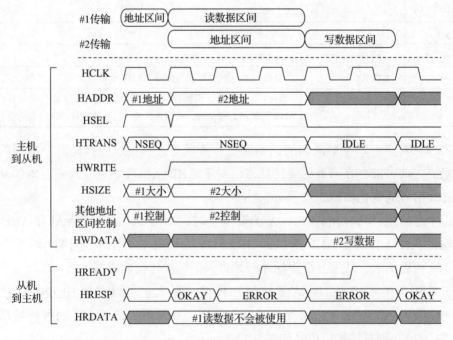

图 3.13   AHB 从机接口——具有 2 个等待状态和 ERROR 响应的读操作，
具有 1 个等待状态和 ERROR 响应的写操作

虽然 ERROR 响应必须要持续两个周期，但可以在 ERROR 响应产生之前增加带有 OKAY 响应的额外等待状态。ERROR 响应的最小数据区间为两个周期，单周期的 ERROR 响应是违例的（illegal）。

当接收到第一周期的 ERROR 响应时（HREADY 仍然为低电平），总线主机可以选择在下一个周期中继续请求传输，或者通过将 HTRANS 设置为 IDLE 来取消传输，这种传输方式取决于所使用的处理器类型。

如果 HTRANS 为 IDLE 或 BUSY，或者 HSEL 未使能时，AHB 从机必须在下一个周期立即产生 OKAY 响应。

RETRY 和 SPLIT 具有与 ERROR 响应相同的总线接口波形。当 AHB 从机没有在短时间内准备好去完成传输时，将使用这两个信号，它们要求总线主机释放当前传输并稍后重试。通过这种方式，如果系统存在多个总线主机，则 RETRY 和 SPLIT 会为其他总线主机提供获取总线所有权的机会，以防止总线被闲置。

对总线主机而言，对 RETRY 和 SPLIT 的处理方式不同。当某个总线主机收到第一周期的 RETRY 响应时，该主机将用 IDLE 传输替换当前传输，然后再次发起从机上次无法处理的传输。

当某个总线主机接收到第一周期的 SPLIT 响应时，通过将当前的传输替换为 IDLE 传输来取消该次传输，同时将 HBUSREQ 传递到总线仲裁器以进行总线所有权切换。当 AHB 从机准备接收传输时，会使用一个独立的边带信号——HSPLIT——向仲裁器申请将总线所有权交还给该总线主机，然后该总线主机可以再次发起传输。

由于操作复杂，系统中很少使用 SPLIT 响应和 HSPLIT 信号。2001 年发布的多层 AHB 总线架构更易于使用，可以防止单次传输降低系统其余传输的速度，满足更高的系统带宽需求，因此淘汰了 SPLIT 和 RETRY 机制。

Cortex-M3 和 Cortex-M4 等 Cortex-M 处理器的 HRESP 位宽为 2，当此类总线主机使用 AHB Lite 总线系统时，AHB 从机的 HRESP 位宽仅为 1（HRESP[1] 信号未使用）。这种情况只需要使用 HRESP[0]，HRESP[1] 可以固定为 0，即在 AHB Lite 总线系统中无须考虑 HRESP[1] 信号。

3. HEXOKAY

HEXOKAY 用于支持独占访问操作，该信号在 AMBA 5 AHB 中引入，由总线系统中全局独占访问监视器生成。独占访问序列的独占加载和独占存储针对的是相同的数据。独占访问监视器检测同一数据在加载和存储之间是否被另一个总线主机修改了。如果存在潜在的访问冲突，监视器将阻止存储操作，并使用 HEXOKAY 返回独占失败状态。

当进行独占存储操作时，如果全局独占访问监视器未检测到访问冲突，则在与 HREADY 相同的周期内 HEXOKAY 信号会被赋为 1，即高电平。否则，HEXOKAY 保持低电平（如果总线从机不支持独占访问，可能会导致独占访问冲突）。

HEXOKAY 赋值不能发生在 HRESP 为高电平（即 ERROR 响应）时。有关独占访问的更多信息，参见 3.4 节。

3.3.3　遗留仲裁器握手信号

如果使用多主机的 AMBA 2 AHB 协议，则可能需要处理遗留仲裁器的握手信号（通常，使用多层 AHB 总线架构可以提高系统性能，并且可与带有 AMBA 2 AHB 接口的总线主机一起使用）。

总线仲裁器要求每个总线主机都有一个 HBUSREQ（总线请求）输出和一个 HGRANT（总线授权）信号。总线主机还可提供一个可选的 HLOCK 信号，用于锁定当前传输。这些信号都要连接到总线仲裁器上，如图 3.14 所示。

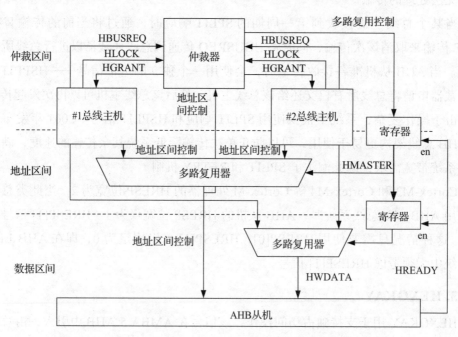

图 3.14　具有两个总线主机的总线仲裁器实例

仲裁区间基本在地址区间之前。如果地址区间是多周期的，则仲裁器会持续更新仲裁信息。当传输完成时，仲裁结果被寄存器捕获并成为 HMASTER 信号，该信号用于表示哪个总线主机拥有总线控制权。基于 HGRANT 信号，总线主机可以提前一个周期知道仲裁结果，因此 HMASTER 可以提前准备切换总线所有权，一旦 HMASTER 选中总线主机，就可以开始在 AHB 上进行总线主机到总线从机之间的传输了。

如图 3.15 所示，两个总线主机共享一条 AHB 总线，总线主机 A 连续发起总线传输，在总线主机 A 进行传输期间，总线主机 B 也请求总线传输，总线主机 B 有更高的优先级，因此仲裁器将总线控制权切换到总线主机 B，以允许总线主机 B 在当前传输完成时接管总线。当 HREADY 变为高电平，HGRANT #B 也为高电平时，表明当前传输已经完成，并且总线主机 B 得到总线控制权，这样总线主机 B 就可以在下一个周期发起传输。

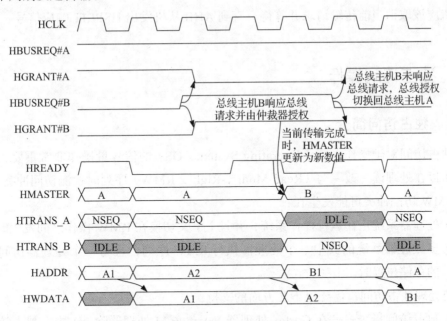

图 3.15　总线所有权切换实例

总线主机产生的控制信号可以通过 HMASTER 信号多路复用到 AHB 从机。HWDATA 是数据区间信号，并且是唯一需要特殊处理的信号。因此，需要寄存 HMASTER 信号以控制 HWDATA 的多路复用。

仲裁器可以使用多种仲裁方案，最常见的方案是"固定优先级"和"循环调度"，它也可以使用多种方案混合的方法。仲裁过程通常还要考虑当前 AHB 从机的传输类型。如果发生突发传输，仲裁器应等到突发传输完成后再切换总线所有权。此外，如果某个总线主机支持锁定传输（如 ARM7TDMI 处理器在执行 SWAP 指令时生成锁定传输），则总线仲裁器必须能够处理来自总线主机的 HLOCK 信号，并且如果处理器生成锁定传输，则总线所有权不得切换。

在使用总线仲裁器解决方案时，如果总线从机需要过长的时间来处理传输，那么总线从机会插入较长的等待状态，系统的带宽可能会大幅度减小。为解决此问题，AHB 从机可以生成 RETRY 响应。当总线主机收到 RETRY 响应时，会再次发起相同的传输请求。在总线从机能够完成传输之前，请求过程可能会重复数次。在此过程中，如果另一个总线主机需要进行传输，则总线仲裁器可以切换总线所有权，以便执行其他传输。

SPLIT 响应与 RETRY 响应非常相似，不同之处在于当发生 HSPLIT 响应时，总线主机应该取消当前传输请求并等待，直到 AHB 从机发出 HSPLIT 响应信号。

3.4　独占访问操作

3.4.1　独占访问简介

独占访问对于操作系统（Operating System，OS）的信号量操作非常重要，因为它们可以在处理读 – 改 – 写（Read-Modify-Right，RMW）序列时检测访问冲突。

RMW 访问冲突可能发生在：

- 处理器系统正在运行操作系统，并且上下文切换在 RMW 操作之间发生时。
- 多处理器系统的其中一个处理器执行 RMW 序列，且另一个处理器访问相同的存储位置时。

要处理独占访问，需要以下几方面的支持：

- 独占访问指令——在 Cortex 处理器（Armv6-M 处理器除外）中，独占访问指令（如 LDREX、STREX）可用于支持独占访问。
- 总线接口上的独占访问信号——AHB5 中引入了独占访问信号。以前的 Cortex-M 处理器（Cortex-M3/M4/M7）使用非标准化的独占访问边带信号来支持独占访问。
- 系统级支持——对于多处理器系统，需要总线级全局独占访问监视器来检测

多个总线主机之间的访问冲突。多个全局独占访问监视器可能用于检测不同
地址范围的访问冲突。

首先讨论冲突问题。例如，操作系统资源管理需要信号量，以确保不同应用程
序线程或任务不会同时访问相同的硬件资源（见图 3.16），如 DMA 通道。操作系统
使用内存中的数据变量来跟踪资源分配情况（例如数据变量可用于表示资源是否被锁
定），应用程序线程可通过调用可访问信号量数据的 API 来请求资源。

以信号量数据（P）为例，它表示分配了 DMA 通道。应用程序任务 X 调用 API
将此数据设置为 1：

- 读取 P，查看它的值是否为 0。如果值为 1，则表示 DMA 通道已被分配，返
  回失败状态。
- 如果 P 的值为 0（资源是自由的），则向其写入 1 以锁定资源所有权。

如果在读操作和写操作之间发生操作系统上下文切换，那么另一个任务 Y 可以
执行相同的 RMW 序列来将 P 设置为 1，当操作系统返回到任务 X 时，它恢复 RMW
操作并将 1 写入信号量数据。现在，任务 X 和 Y 都认为它们已经分配了 DMA 通道
资源。

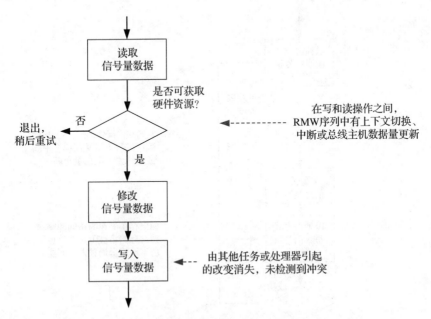

图 3.16　信号量数据访问与简单的读 – 改 – 写序列冲突

同样的问题也可能发生在应用程序线程和中断处理程序之间，或两个不同的处

理器之间。在两个处理器的情况下，可能会出现以下顺序：

- 处理器 X 读取信号量数据 P，得到 0；
- 处理器 Y 读取信号量数据 P，得到 0；
- 处理器 X 向 P 写入 1；
- 处理器 Y 向 P 写入 1。

现在，在处理器 X 和 Y 上运行的两个线程都坚信自己占据了 DMA 通道资源。

为了解决这个问题，像 ARM7TDMI 这样的传统处理器使用了锁定传输，以确保总线互连不会在 RMW 中间切换总线所有权。但是，在使用分离读写的高速总线协议中，无法实现锁定传输。因此，Armv6 架构中引入了独占访问概念（见图 3.17）。

一个简单的独占访问顺序如下：

- 处理器 X 使用独占加载指令读取信号量数据 P；
- 如果 P 的值为 0，则处理器 X 使用独占存储指令将 1 写入 P；
- 独占存储指令返回成功或失败状态。如果状态为"成功"，那么应用程序任务可以继续操作。如果状态为"失败"，则表示存在潜在的访问冲突，需要重新启动 RMW 序列。如果独占存储指令返回失败状态，则存储操作将被阻止。

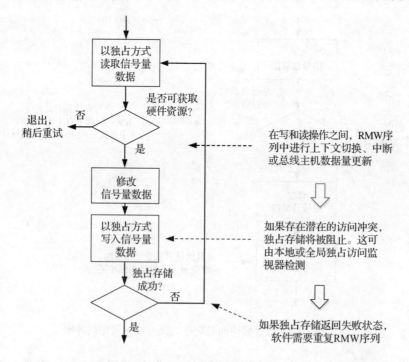

图 3.17　独占访问的概念

为了确定返回状态，系统包含两个独占访问监视器（见图 3.18）：

- 本地独占访问监视器——此硬件位于处理器内部，如果存在上下文切换（包括异常进入或退出），它将触发独占失败；
- 全局独占访问监视器——此硬件处于总线层级，如果某个总线主机试图访问已被独占访问标记的地址，监视器将触发独占失败。

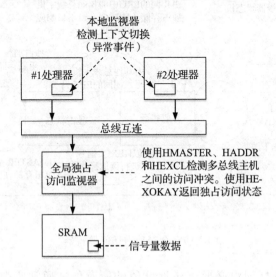

本地监视器
检测上下文切换
（异常事件）

#1处理器   #2处理器

总线互连

全局独占
访问监视器

使用HMASTER、HADDR
和HEXCL检测多总线主机
之间的访问冲突。使用HE-
XOKAY返回独占访问状态

SRAM   信号量数据

图 3.18 本地和全局独占访问监视器

当处理器执行独占存储操作时：

- 如果本地独占访问监视器返回失败状态——独占存储操作在到达总线接口层级之前被阻止，因此不会被执行；
- 如果全局独占访问监视器返回失败状态——独占存储操作被全局独占存储监视器阻止，因此不会更新内存；
- 如果本地或全局独占访问监视器返回失败状态，则不会执行写操作，处理器应重试 RMW 序列。

3.4.2 AHB5 独占访问支持

AHB5 为了支持独占访问操作，除标准 AHB Lite 信号外，全局独占访问监视器还需要以下信号：

- HEXCL；
- HEXOKAY；

- HMASTER。

为了生成独占访问响应，全局独占访问监视器（见图 3.19）至少包含一个有限状态机（FSM）和一个标记寄存器（可以包含多个此类组件）。

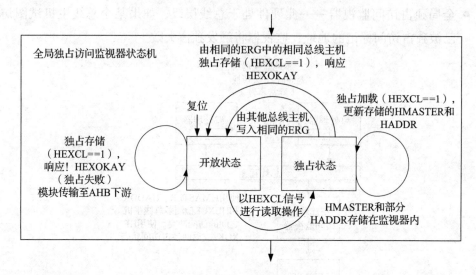

图 3.19　全局独占访问监视器

监视器中的地址标记没必要记录地址值的所有位。通常监视器可以舍弃地址的最低位，因为独占故障信息是可推测的：

- 数据可能以相同的值写入；
- 附近的数据可能被另一个总线主机访问。

如果全局独占访问监视器在这些情况下返回独占失败状态，则不会造成任何损害（额外执行周期和功耗成本除外），因为软件只需要重写 RMW 序列。

可以标记为独占访问的最小区域称为独占保留颗粒（Exclusive Reservation Granule，ERG）。在不同的平台上可以有不同的 ERG 大小，从 8 字节到 2048 字节不等。Arm 系统通常使用 128 字节的 ERG，这表明位 6 到位 0 不会存储在全局独占访问监视器的地址标记中。

3.4.3　Cortex-M3/M4/M7 处理器独占访问信号到 AHB5 的映射

Cortex-M3、Cortex-M4 和 Cortex-M7[⊖] 处理器是在 AHB5 规范可用之前设计的，但是同样支持独占访问指令。因此，这些处理器对独占访问操作使用非标准独占访

⊖　Cortex-M7 处理器使用 AHB Lite 作为外设 AHB 的部分外设区域。

问信号来定义。

- EXREQ——与 HEXCL 相同，是一种用于表明独占加载 / 存储访问的地址区间信号；
- EXRESP——数据区间的独占失败状态（在数据区间末尾响应，与 HEXOKAY 的极性相反）。

要将 Cortex-M3/M4/M7 处理器用于 AHB5 系统，需要使用胶连逻辑将 EXRESP 和 HEXOKAY 进行转换，如图 3.20 所示。

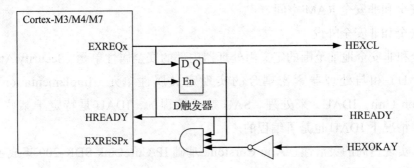

图 3.20   AHB5 系统中 Cortex-M3/M4/M7 处理器独占访问信号的胶连逻辑

将 Cortex-M23/M33 处理器连接到使用 EXREQ 和 EXRESP 的总线从机时，也需要使用胶连逻辑，如图 3.21 所示。

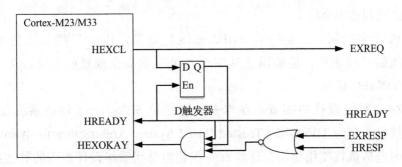

图 3.21   AHB5 系统中使用带有传统独占访问信号的总线从机的胶连逻辑

3.5   AHB5 TrustZone 支持

TrustZone 是 AMBA 5 AHB 的主要新功能之一。HNONSEC 信号是地址区间信号，表示传输的安全属性：

- 当 HNONSEC 为 1（非安全）时，如果传输地址指向安全位置，则总线互连模块必须阻止传输。
- 当 HNONSEC 为 0（安全）时，总线主机具有安全访问权限。

注意，在 Armv8-M 架构中，当处理器处于安全状态时，对非安全地址的访问标记为非安全（HNONSEC==1）。

具有 TrustZone 功能的 Cortex-M23/M33 处理器系统应具有：

- 安全和非安全程序空间。
- 安全和非安全 RAM 空间。
- 安全和非安全外设。

安全和非安全地址范围的定义由处理器内部的安全属性单元（Security Attribution Unit，SAU）和与处理器紧密耦合的实现定义属性单元（Implementation Defined Attribution Unit，IDAU）来处理。SAU 是可编程的，IDAU 是特定于某些系统的，但在某些情况下 IDAU 也是可编程的。

为了实现更高的灵活性，Arm Corstone 基础 IP/CoreLink SDK-200 集成了几个用于 TrustZone 安全管理的总线组件：

- 存储保护控制器（Memory Protection Controller，MPC）：用于将存储块划分为安全和非安全的地址空间。
- 外设保护控制器（Peripheral Protection Controller，PPC）：用于将外设分配到安全域和非安全域。
- 主机安全控制器：是一种 AHB5 总线包装器，用于某些不支持 TrustZone 功能的总线主机，能够阻止从安全地址到非安全地址的传输，生成正确的 HNONSEC 信号。

TrustZone 系统设计的细节不在本书的讨论范围内。为了帮助系统设计人员，Arm 公司提供了名为 TBSA-M（Trusted Based System Architecture for Armv8-M）的文档，其中包括最佳使用指南，还涉及一些超出总线系统设计范围的其他内容。该文档是 Arm 公司平台安全架构（Platform Security Architecture，PSA）的一部分。有关更多信息，请访问 https://developer.arm.com/products/architecture/platform-security-architecture。

注意，Cortex-M23 和 Cortex-M33 处理器上的 TrustZone 是可选项，因此在没有 TrustZone 功能的系统上使用 Cortex-M23 和 Cortex-M33 处理器是完全可以的。

3.6　APB 概述

3.6.1　APB 系统

APB 是主要用于外设连接的简单总线，其协议较为简单，首次出现在 AMBA 2 规范中，并在 AMBA 3 和 AMBA 4 得到了扩展，增加了等待状态、ERROR 响应和一些额外的传输属性（包括 TrustZone）。设计中通常使用 32 位的 APB 系统。尽管总线协议没有位宽限制，但基于 Arm 处理器的系统通常使用 32 位外设总线。

虽然可以直接将外设连接到 AHB，但使用 APB 有以下优点：

- 许多片上系统设计包含大量外设。如果它们连接到 AHB，由于高信号扇出和复杂的地址解码逻辑，它们可能会降低系统的最大频率，而连接到 APB 可以减小对 AHB 的性能影响。
- 外设子系统可以在不同时钟频率下运行，或者在不影响 AHB 的情况下关断外设。
- APB 接口使用更简单的总线协议，简化了外设设计并减少了验证工作。
- 由于 APB 传输不是流水线结构的，因此大多数为传统处理器设计的外设都可以兼容 APB 接口。

APB 系统使用的时钟信号被称为 PCLK。APB 主机（通常是 AHB to APB 总线桥）、APB 从机和 APB 基本构件都使用该信号。APB 系统中的所有寄存器都在 PCLK 上升沿触发，另外还有一个被称作 PRESETn 的低电平有效复位信号。当该信号为低电平时，将立即复位 APB 系统（异步复位）。这样即使时钟停止，也可以复位系统。与 AHB 中的复位信号（HRESETn）一样，PRESETn 信号应与 PCLK 同步，以避免竞争。

在具有 AHB 和 APB 的大多数系统中，PCLK 与 HCLK 来自同一时钟源，而且 PRESETn 与 HRESETn 来自相同的复位源。当然，在有些系统中，PCLK 与 HCLK 频率也可不同，在这种情况下，AHB to APB 总线桥必须能够处理不同时钟频率或跨时钟域的数据传输。

3.6.2　APB 信号和连接

典型的 APB 系统包含表 3.19 所示的大部分信号。

APB 规范有不同的版本，如表 3.20 所示。

表 3.19　典型 APB 系统信号

信号名称	传输方向	信号说明
PCLK	时钟源→所有 APB 外设	通用时钟信号
PRESETn	复位源→所有 APB 外设	通用低电平有效复位信号
PSEL	地址解码器→从机	外设选择
PADDR[n:0]	主机→从机	地址总线（总线宽度请参见下文）
PENABLE	主机→从机	传输控制
PWRITE	主机→从机	读写控制（1= 写入，0= 读取）
PPROT[2:0]	主机→从机	传输保护控制（AMBA 4）
PSTRB[n-1:0]	主机→从机	写操作的字节选通（AMBA 4）
PWDATA[31:0]	主机→从机	写数据
PRDATA[31:0]	主机←从机	读数据
PSLVERR	主机←从机	从机响应（AMBA 3 及以上）
PREADY	主机←从机	从机就绪（传输完成，AMBA 3 及以上）

表 3.20　APB 规范的各种版本

AMBA 版本	文件	特点和优化
AMBA 2	AMBA Specification 2.0	32 位读 / 写操作
AMBA 3	AMBA APB Protocol version 1.0	添加了等待状态（PREADY）和错误响应（PSLVERR）
AMBA 4	AMBA APB Protocol version 2.0	增加了保护信息（PPROT[2:0]）和写入字节选通（PSTRB）

APB 只占用一小部分存储空间，因此 APB 系统的地址总线通常小于 32 位。APB 不能改变传输数据的大小，所有传输都默认为 32 位数据传输。因为 APB 上的传输必须为整字对齐，所以通常不使用 PADDR 的低两位（位 1 和位 0）。

在大多数情况下，APB 系统有一个总线桥作为总线主机，用于连接 APB 和处理器主总线，此外还需要 APB 从机多路复用器和地址解码器，如图 3.22 所示。

与 AHB 不同，APB 操作不是流水线结构的。在 AMBA 2 中，一次 APB 传输固定为两个周期。对于读操作，数据必须在第二个时钟周期结束前保持有效，如图 3.23 所示。

对于 AMBA 2 APB 的写操作，来自 APB 主机的写数据必须在传输结束前的两个时钟周期内有效，如图 3.24 所示。

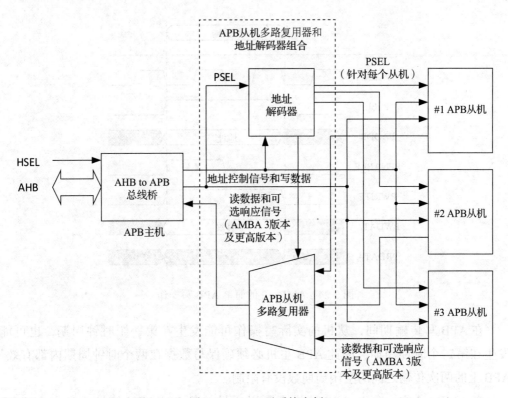

图 3.22　APB 子系统实例

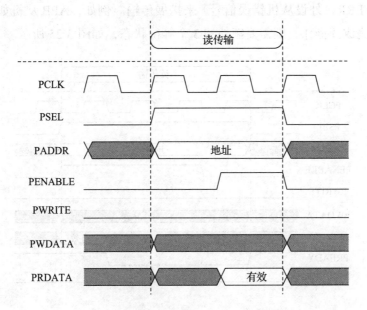

图 3.23　AMBA 2 的简单 APB 读操作

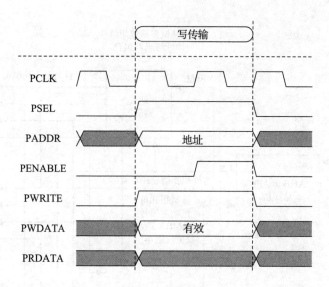

图 3.24 AMBA 2 的简单 APB 写操作

在 APB 写传输期间，从机的实际写操作可能发生在第一个时钟周期，也可能发生在第二个时钟周期，因此 APB 主机必须确保写数据在两个时钟周期内都有效。APB 上的两次传输之间的空闲周期数没有限制。

在 AMBA 3 中，每个 APB 从机都可以通过拉低 PREADY 信号或产生 ERROR 响应（PSLVERR，外设从机错误信号）来扩展传输。例如，APB 从机如果需要 4 个时钟周期来完成读操作，则需要额外的 3 个等待状态，如图 3.25 所示。

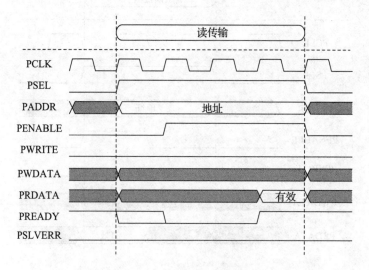

图 3.25 具有 3 个等待状态的 AMBA 3 APB 读操作

通过 PREADY 信号的拉高来表明读操作的结束。APB 传输的最小周期数为 2（与 AMBA 2 相同），在传输的第一个周期忽略 PREADY，因此即使其为高电平，传输仍需要至少两个周期。在图 3.25 中，APB 从机传输完成并反馈 OKAY 响应（PREADY 为 1，PSLVERR 为 0）。如果 APB 从机发出 ERROR 响应，则各信号波形如图 3.26 所示。

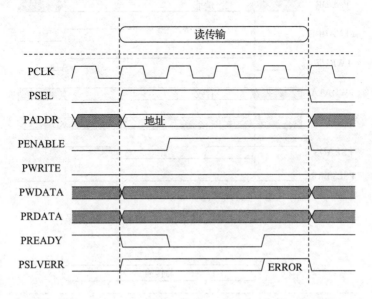

图 3.26　具有 3 个等待状态和 ERROR 响应的 AMBA 3 APB 读操作

生成 ERROR 响应时，从 APB 从机读取的数据不包含任何有用信息，因而会被舍弃。当 PREADY 为高电平且传输不处于第一个周期时，PSLVERR 才有效。例如，PSLVERR 和 PREADY 如果在第一个传输周期时都为高电平，则不会将其视为 ERROR 响应，因为 APB 传输至少有两个时钟周期。

AMBA 3 和 AMBA 2 的 APB 写操作非常相似。具有 OKAY 响应的写操作如图 3.27 所示。

对于带有 ERROR 响应的写操作，各信号波形如图 3.28 所示。

3.6.3　APBv2 中的附加信号

AMBA 4 中的 APBv2 增加了 PPROT 和 PSTRB 信号。

PPROT（见表 3.21）类似于 AHB 中的 HPROT，并在整个传输过程中有效，位宽只有 3 位。

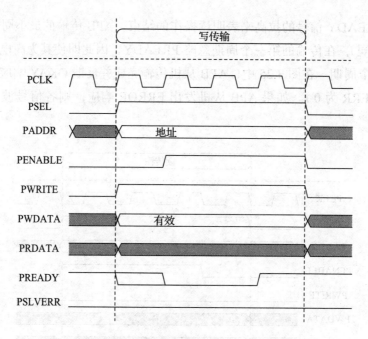

图 3.27 具有 3 个等待状态的 AMBA 3 APB 写操作

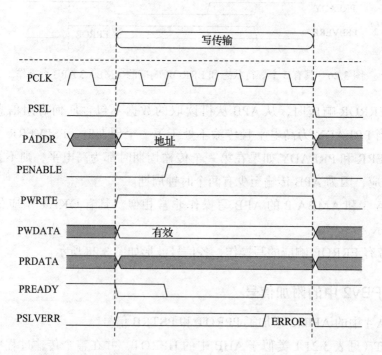

图 3.28 具有 3 个等待状态和 ERROR 响应的 AMBA 3 APB 写操作

表 3.21　PPROT 信号编码

信号名称	功能	0	1
PPROT[0]	特权级	非特权级（用户）	特权级
PPROT[1]	安全性	安全访问	非安全访问
PPROT[2]	数据 / 指令	数据读取	取指

该版本下，TrustZone 安全属性是使用 PPROT 来实现的，而 AHB5 中使用单独的信号来实现该属性。

AMBA 4 APBv2 还为写操作引入了字节选通信号。对于 32 位 APB 系统而言，PSTRB 信号为 4 位位宽——每字节占用一位，在整个传输过程中有效，如图 3.29 所示。

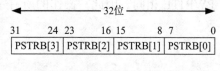

图 3.29　PSTRB 信号的字节通道映射

PSTRB 信号高电平有效，仅用于写操作。在读操作期间，APB 从机忽略 PSTRB 信号，读取完整的 32 位数据。

3.6.4　APB 上的数据

大多数 APB 系统都是 32 位的。由于总线协议不包括传输数据大小，因此所有传输都默认为最大（32 位），但在写操作期间使用 PSTRB 信号时除外。尽管有时只使用了数据总线的一小部分，比如使用 8 位数据端口访问外设时，但传输地址依旧应该按整字对齐。

在写传输过程中，APB 从机可以在传输过程中的任意周期对数据进行采样和寄存。通常 APB 从机在传输的最后一个周期对数据进行采样，特别是在使用 AMBA 2 APB 外设时。APB 主机从第一个时钟周期开始提供有效数据，所以在传输的第一个周期对数据进行采样也是可以的。

对于读传输，APB 主机应仅在最后一个周期，即当 PREADY 为 1 时，读取返回的数据。如果 APB 从机反馈 ERROR 响应，那么总线主机应舍弃读取到的数据。

3.6.5　不同版本 APB 组件的组合使用

APB 从机可以以 AMBA 2 为基础设计，同时与之相连的 APB 主机可以使用 AMBA 3 作为基础设计。在这种情况下，PREADY 可以固定为 1，PSLVERR 固定为 0。但是，如果 APB 从机以 AMBA 3 为基础设计，且需要支持等待状态或 ERROR 响应时，APB 主机不能使用 AMBA 2 APB 规范设计。

　　如果 APB 主机使用 AMBA 4 APB（APBv2）来设计，则从机根据应用场景来决定是否可以使用 AMBA 2/3。如果需要支持字节选通或保护信息，则使用 AMBA 2/3 APB 协议的从机必须修改其接口来兼容 AMBA 4 APB。

　　使用 AMBA 2 APB 设计的主机（如 AHB to APB 总线桥）不支持使用 AMBA 3/4 设计的 APB 从机，因为 AMBA 2 APB 不能处理等待状态。使用 AMBA 3 APB 设计的主机可以支持使用 AMBA 4（APBv2）设计的 APB 从机，前提是从机只存在 32 位写操作（不需要使用字节选通信号）。在这种情况下，PSTRB 信号可以固定为与 PWRITE 相同，因此写操作的所有字节都被选通。

第 4 章
搭建 Cortex-M 处理器的简单总线系统

4.1 总线设计基础

本章讨论 Cortex-M0、Cortex-M0+、Cortex-M1、Cortex-M3/M4 处理器的总线系统设计。总线系统把处理器与系统设计其他部分相连，设计时要考虑以下几个原则：

- 对于支持哈佛总线架构的处理器，使总线系统的设计同时满足并发指令与数据访问。
- 使用默认从机来检测对无效地址的访问，当访问无效地址时，系统将触发总线错误异常，并执行相关程序来处理错误。
- 在早期大多数的 Cortex-M 处理器设计中，向量表的初始地址为 0x00000000，上电复位后处理器默认从 0x00000000 地址处开始执行程序。
- 在没有高速缓存的情况下，存储器系统的等待状态数量过多会降低系统性能、增加系统功耗和中断延迟，所以应尽量使存储器中等待状态数量最少。一般来说，因为处理器访问片内外设的频率较低，所以片内外设对等待状态数量要求不高。
- 使主系统总线上总线从机的数量最少。

外设总线与系统总线分离有如下好处：

- 如果在主系统总线上挂载的从机太多，会降低最大时钟频率，也会增加总线互连的面积和功耗，因此需要采用外设总线和系统总线分离的设计方法。大多数外设可以通过总线桥（AHB to APB Bridge）整合后挂载在系统总线上，这样的设计可以优化系统总线的地址解码操作和总线切换逻辑的速度。
- 通过总线桥将外设总线与系统总线分离，可以在两个不同地址的总线段之间提供时序隔离，这种设计允许外设在不同的时钟频率下运行，同时可以使总线系统获得更高的最大时钟频率。

- 一般来说，外设总线的协议更简单，能够减少外设的逻辑门数和降低设计复杂性，同时减少开发和测试的时间。

综上所述，不需要低延迟访问的外设（如 SPI、I2C、UART 等）可以挂载在单独的外设总线上。一些对延迟要求较高的外设，如 GPIO 等，可以从低延迟访问中获益，所以 GPIO 模块可以挂载在系统 AHB 中或单周期 I/O 接口上，在 Cortex-M0+和 Cortex-M23 处理器上同样适用。

4.2　搭建简单的 Cortex-M0 系统

因为 Cortex-M0 对于整个存储器系统只有一个 AHB 接口，所以它是最容易上手的 Arm 处理器之一。图 4.1 展示了一个简单的 Cortex-M0 系统设计实例。

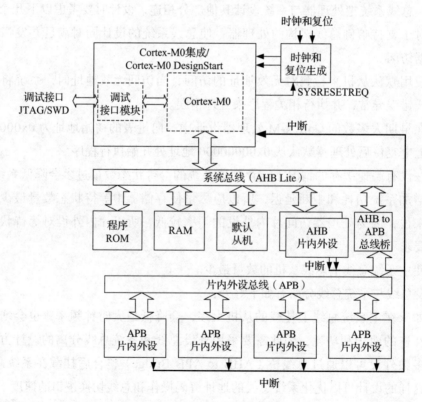

图 4.1　Cortex-M0 系统设计实例

在该系统中:

- 因为向量表初始地址固定在 0x00000000 处,所以 ROM(可以是嵌入式闪存或其他用于保存应用程序的非易失性存储器)也挂载在该地址处。对于 FPGA 设计而言,设计者可以使用具有初始化映像的片上 SRAM。理想情况下,ROM 应该是零等待状态。
- RAM 通常是具有零等待状态的同步静态 RAM,这种 RAM 具有出色的性能。通常将 RAM 放在地址 0x20000000 到 0x3FFFFFFF 区域内,即 SRAM 区。
- 一些片内外设可以直接挂载在 AHB 上,以降低访问延迟,例如,因为一些程序可能需要频繁访问 I/O 接口,所以 GPIO 应该挂载在 AHB 上。
- 大部分片内外设对访问速度的要求并不高,可以使用 APB 并通过 AHB to APB 总线桥进行连接,这种方式可以使外设总线在较低时钟频率下运行。
- AHB 和 APB 片内外设一般定义在 0x40000000 到 0x5FFFFFFF 地址空间内,具体的地址分配由系统设计者自行决定。
- 如果程序执行的过程中地址总线指向一个无效的地址,系统将选择 AHB 默认从机。
- FPGA/SoC 设计的顶层只需要引出时钟信号、复位信号、外设接口和调试接口。

4.3 搭建简单的 Cortex-M0+ 系统

Cortex-M0+ 系统(见图 4.2)的设计与 Cortex-M0 系统非常相似,但是有以下两个主要区别:

- 具有可选择的单周期 I/O(IO Port,IOP)接口,用于低延迟片内外设寄存器访问。
- 具有可选择的微跟踪缓冲区(Micro Trace Buffer,MTB)。

如果设计者决定将单周期 I/O 接口用于片内外设,那么:

- 片内外设可能需要被修改成支持单周期 I/O 接口。
- Cortex-M0+ 系统需要包括一个简单的 IOP 地址解码器,用来指定 IOP 的地址范围。此解码器包含对 32 位地址值进行解码的简单组合逻辑,能够向处理器反馈该段地址属于 IOP 还是 AHB。

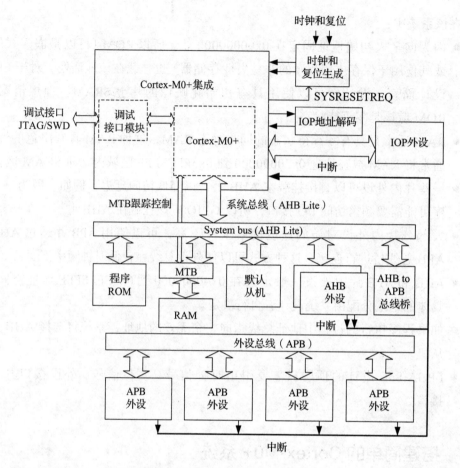

图 4.2   Cortex-M0+ 系统设计实例

MTB 用于低成本指令跟踪。MTB 位于 AHB 和 SRAM 之间，在一般操作中充当 AHB 到 SRAM 的桥接器。当用于指令跟踪时，调试器对 MTB 进行编程，以分配一小部分 SRAM 用于存储指令跟踪信息。MTB 有一个跟踪接口，用于从处理器接收指令跟踪信息，它还可以向处理器生成调试事件（停止请求）。

为了仅保留最近的历史信息，MTB 通常被配置为循环缓冲模式。虽然它没有提供完整的软件执行历史信息，但在调试软件时，它仍然是一个有用的特性，如能够提供刚刚出现故障异常前的程序流细节。

32 位 SRAM 接口可与大多数同步片上 SRAM 和 FPGA 中的 RAM 块配合使用。注意，它只支持零等待状态 SRAM。

因为 Cortex-M0+ 处理器支持特权和非特权执行级别的分离，所以如果用户想使用此特性，则应该考虑系统级安全性。设计者还可以考虑添加存储器保护单元（Memory Protection Unit，MPU）选项，用来支持特权和非特权级别的分离，这种操作可以防止非特权代码访问特权存储器。

作为安全考虑的一部分：

- 用于系统控制的外设寄存器（如时钟、电源管理、闪存编程的寄存器等）应属于特权访问。
- 如果某次 AHB 访问是非特权的，并且地址指向特权级片内外设，则系统中的地址解码器可以选择默认从机而不是目标外设，这样会产生系统异常（总线错误）。

与 Cortex-M0 处理器类似，初始向量表地址为 0x00000000，因此系统复位后必须保证 ROM 的 0x00000000 地址能够被正确访问。

4.4　搭建简单的 Cortex-M1 系统

如果开发者使用的是 Cortex-M1 的 FPGA DesignStart 项目，则不需要研究详细的总线布置，因为 FPGA 设计环境已经布局好总线。如果开发者要深入研究 Cortex-M1 的 Verilog RTL 源代码及相关知识，那么本节可能会有所帮助。在许多方面，Cortex-M1 系统的系统级集成与 Cortex-M0 系统类似：

- 处理器没有将特权和非特权操作分离。
- 只有一个 AHB 接口。

但是，它们也存在一些差异：

- Cortex-M1 处理器支持可选的 ITCM（紧耦合指令存储器）和 DTCM（紧耦合数据存储器）。
- 当前版本的 Cortex-M1 处理器不支持睡眠模式。

在基于 FPGA 实现的处理器系统中经常使用紧耦合存储器（Tightly Coupled Memory，TCM）。如果使用 TCM，则 Cortex-M1 处理器将提供两个 TCM 接口，一个用于 ITCM，另一个用于 DTCM。当使用 TCM 时，Cortex-M1 的 AHB 接口拥有额外的一级流水线，能够使其达到很高的运行频率，但是一般通过 AHB 访问存储器的速度较慢，所以此时处理器性能会有所降低。

TCM 可以通过 FPGA 内部的 RAM 块实现。在 FPGA 内部实现 RAM 块的细节取决于 FPGA 类型和所使用的 FPGA 设计工具。2.2 节给出了一个示例，你可以参考

FPGA 相关文档与对应设计工具的相关文档来掌握 TCM 的正确实现。

由于可以通过 TCM 接口连接程序 ROM（在 FPGA 中实际上是 RAM）和 RAM，因此可以简化 AHB 系统连接（见图 4.3）。

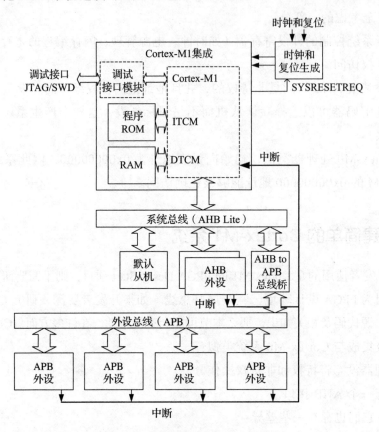

图 4.3　Cortex-M1 系统设计实例

Cortex-M1 顶层文件的源代码分为两个版本：

● 具有调试接口。

● 没有调试接口。

当包含调试功能时，调试接口有一组单独的 TCM 接口（使用块 RAM 作为双端口 RAM），这是为了使调试器能够以最大速度访问 TCM。在大多数现代 FPGA 架构中，存储器块可以用作双端口内存。因此，每个 TCM 块可以同时连接到处理器内核的 TCM 接口和调试 TCM 接口（见图 4.4）。

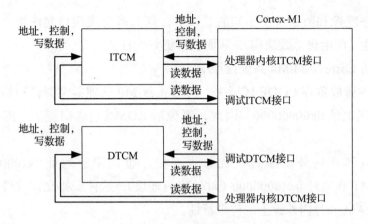

图 4.4　当使用调试选项时 Cortex-M1 TCM 连接

在大多数现代 FPGA 架构中，双端口 RAM 得到了广泛支持。

如果 FPGA 设计中未使用调试选项，则没有调试 TCM 接口。每个 TCM 只需要一个接口。在这种情况下，FPGA 内存是否支持双端口操作无关紧要。

如果 FPGA 上的 SRAM 内存不足以满足应用的需求，则可以在系统总线上添加一个 SRAM 接口作为 AHB 总线从机，并添加外部 SRAM 来扩展系统的总内存大小。除此之外，也可以使用 AHB 而不是 ITCM 和 DTCM 直接连接到 SRAM。

4.5　搭建简单的 Cortex-M3/Cortex-M4 系统

与 Cortex-M1 简单系统不同，Cortex-M3 和 Cortex-M4 处理器使用哈佛总线架构，具有三个 AHB 主机接口和一个基于 APB 的主机接口（见表 4.1）。

表 4.1　Cortex-M3 和 Cortex-M4 处理器上的总线主机接口

总线	传输类型	总线说明
I-CODE	CODE 区域（0x00000000 到 0x1FFFFFFF）的指令获取和向量获取	只读传输
D-CODE	CODE 区域（0x00000000 到 0x1FFFFFFF）的数据和调试读 / 写	
系统总线	所有不针对 CODE 区域、PPB 或内部组件（如 SRAM、外设、RAM 器件和系统 / 厂商特定地址范围，但不包括 PPB）的访问	
专用外设总线（PPB）	所有外部 PPB 范围（0xE0040000 到 0xE00FFFFF）内的访问，不包括内部组件，如 ETM、TPIU、ROM 表	仅限特权访问

如果程序映像和数据位于不同的总线上，那么多总线接口允许指令获取和数据访问同时发生（即哈佛总线架构），从而获得更好的性能。

在典型的 Cortex-M3/M4 系统设计中：

- 程序映像放置在 CODE 区域中。与 Cortex-M0 处理器类似，初始向量表地址固定在地址 0x00000000。因此，复位后 ROM（包含向量表）需要在此地址可见。

- SRAM 和片内外设通过系统总线连接，通常位于地址 0x20000000（对于 SRAM）和地址 0x40000000（对于片内外设），这种安排允许软件开发人员利用 SRAM 和片内外设上的位带特性。

Cortex-M3 系统设计实例如图 4.5 所示。

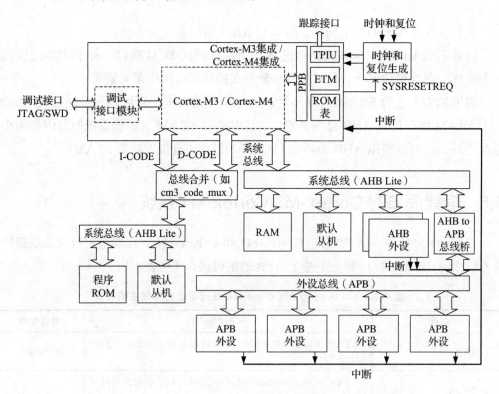

图 4.5   Cortex-M3 系统设计实例

因为有两个主要的 AHB 总线段，而且它们都有一些无效的地址范围，所以需要在每条总线上使用默认从机。

在系统中分离 I-CODE 和 D-CODE 是因为要在 D-CODE 总线上添加数据缓存，

这样即使由于闪存上的等待状态导致指令获取暂停，依旧可以读取数据。与现代微控制器相比，闪存速度通常非常慢（30~50 MHz），而现代微控制器的运行频率超过 100 MHz。在设计 Cortex-M3 处理器时，克服闪存性能问题的常用方法是使用带有预取缓冲区的更宽总线（例如 128 位）的闪存，以便在处理器取出预取缓冲区中的剩余指令时预取顺序指令（见图 4.6）。

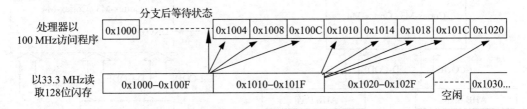

图 4.6　闪存预取指令可帮助消除顺序闪存访问中的等待状态

　　程序操作包含许多常量数据读取，这些读操作将导致非顺序访问，这将由于缓冲区中的数据不可用而暂停。如果数据访问发生在预取器开始预取之后，则闪存接口需要等待闪存读取完成后，才能从闪存中读取数据。例如，在图 4.7 中，处理器流水线需要在读取数据（地址 0x1048）后暂停，直到闪存返回数据（读操作到 0x1040-0x104F 结束）。

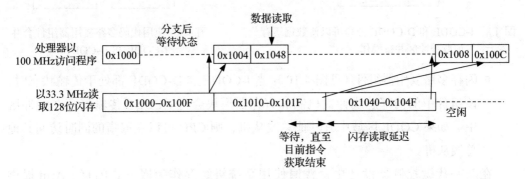

图 4.7　用预取器进行数据访问会降低系统性能

　　为了防止性能损失，一种方法是将数据访问连接到多条 AHB 上，并挂载一个小容量数据缓存，当发生小范围的数据读取循环时，不会在第一次循环后出现延迟状态，如图 4.8 所示。

　　对于许多使用系统级缓存的简单设计或系统，不需要这种闪存访问加速。系统设计者可以简单地合并 I-CODE 和 D-CODE 总线。Cortex-M3 和 Cortex-M4 产品包为此提供了两个组件：

● 代码多路复用器组件：这是一个具有最少门的总线多路复用器（见图 4.9）。要使用此组件，Cortex-M3/Cortex-M4 的 DNOTITRANS 输入必须设置为 1，这可防止在处理器 D-CODE 接口工作时，I-CODE 接口也向总线传输数据。

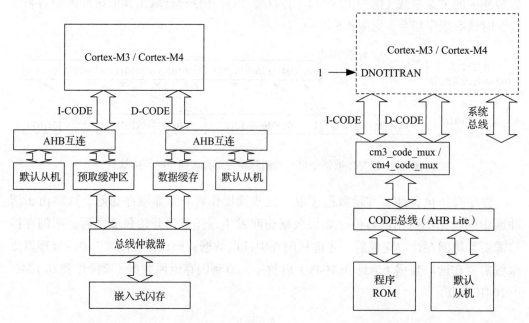

图 4.8 I-CODE 和 D-CODE 分离可以使数据缓存   图 4.9 使用代码多路复用器组件合并
与预取缓冲区并行操作   I-CODE 和 D-CODE

● 闪存多路复用器组件（见图 4.10）：当 I-CODE 和 D-CODE 都处于传输状态时，该组件中的内部总线仲裁机制和寄存器模块会将 I-CODE 传输保存在缓冲区中。如果 CODE 区域中有其他总线从机，则 CPU 可以在取指的同时访问其他总线从机。

在新一代微控制器设计中，普遍使用系统级缓存作为嵌入式闪存。Arm 提供了 AHB 闪存级缓存，它可与具有 AHB 接口的各种 Cortex-M 处理器一起使用（见图 4.11）。

对于此类系统，除了第一次执行代码序列外，在缓存中取指失败和数据缓存失败的可能性都相对较低，因此将 CODE 总线分离为 I-CODE 和 D-CODE 并不会带来很多好处。在最新版本的 Cortex-M 处理器（如 Cortex-M33 和 Cortex-M35P）中，I-CODE 和 D-CODE 已经合并，以降低系统集成的复杂性和功耗。

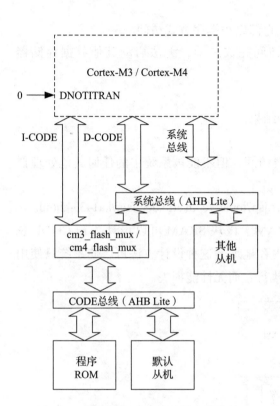

图 4.10　使用闪存多路复用器组件合并
I-CODE 和 D-CODE

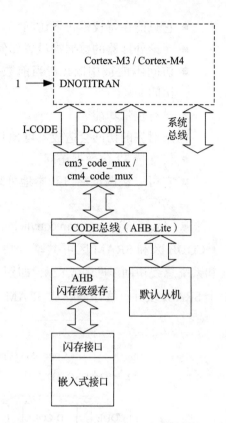

图 4.11　在 Cortex-M3/M4 处理器系统设计
中使用 AHB 闪存级缓存

AHB 闪存级缓存并没有将缓存模块与处理器紧密耦合，它呈现出以下优点：

- 闪存级缓存和闪存接口之间的 AHB 可以设计为 128 位宽的总线，这使得从闪存到缓存的数据传输速度更快，并且如果缓存未命中，则下一次闪存访问可以更早开始。
- 如果 CODE 总线上有其他总线主机，则闪存级缓存可以向其他总线主机提供缓存访问。

请注意：

- 对于 Cortex-M3 和 Cortex-M4 处理器，内部总线互连在指令获取接口和系统总线之间有一个寄存区间。因此如果通过系统总线执行软件映像，则系统的性能会降低。
- 外设应通过系统的 AHB 连接，或通过总线桥连接在 APB 总线上，而不是使用专用外设总线（PPB）连接。用于调试组件的 PPB 有以下限制：

- 它只能在特权模式下访问。
- 无论处理器的数据端设置如何，它都以小端序方式访问。
- 访问不能被中断（在当前数据访问完成之前，无法启动其他数据存储器访问）。
- 没有位带功能。
- 未对齐的访问会造成不可预测的结果。
- 仅支持 32 位数据访问。
- 它可以从调试端口和本地处理器访问，但不能被系统中的任何其他处理器访问。

来源：http://infocenter.arm.com/help/index.jsp?topic=/com.arm.doc.faqs/ka14334.html。

CODE 区和 SRAM 区可共享一块 SRAM，该块 SRAM 可以设计为被 CODE 总线和系统总线访问（见图 4.12），即别名内存地址。这种设计方法可以使系统只使用单个 SRAM 块并且程序能够从 SRAM 中执行，而无性能损失。

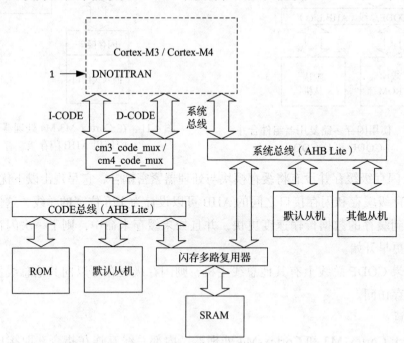

图 4.12   将单个 SRAM 放入 CODE 区和 SRAM 区

出于安全性考虑，需要谨慎处理以防止潜在问题。例如，如果一个存储区域仅允许特权级用户访问，那么两条总线都需要在该存储区域拥有特权级访问权限，或者令 RAM 同一时刻只能被某一条总线访问。

4.6　处理多个总线主机

在许多微控制器系统中，会有多个总线主机，例如：

- 直接存储器访问（Direct Memory Access，DMA）控制器。
- 需要高数据带宽的片内外设，如 USB 控制器和以太网接口。

在上述情况下，控制器模块都拥有总线主机接口并且可以发起传输，其内部寄存器可以通过总线从机接口进行配置。为了使多个总线主机能够访问 AHB 系统，Arm 提供了：

- 简单的 AHB 主机多路复用器，用以支持两个或三个总线主机访问单个 AHB 总线区域（共享带宽）。
- 可配置 AHB 总线矩阵组件（允许并行访问）。

第 3 章介绍了这些组件的概念。对于带有 DMA 控制器的 Cortex-M0 处理器系统，系统设计如图 4.13 所示。

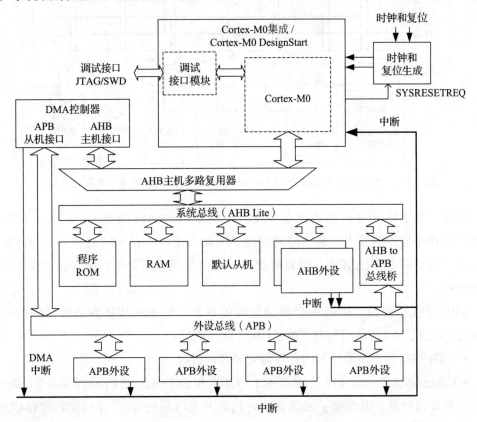

图 4.13　带有 DMA 控制器和 AHB 主机多路复用器的 Cortex-M0 处理器系统

　　图 4.13 所示的系统设计易于实现，处理器和 DMA 控制器都可以全局访问存储系统，但因为总线带宽是共享的，所以 AHB 主机多路复用器组件支持的总线主机数量通常为 2 个或 3 个。在此类系统中，因为处理器可以非常频繁地访问总线（取指和数据访问），所以通常 DMA 控制器拥有更高的优先级。

　　对于具有更高性能需求的系统，通常使用 AHB 总线矩阵组件（见图 4.14）。此外，还需要多个 SRAM 组，以供处理器和其他总线主机同时访问。否则，SRAM 访问的带宽可能受到限制。

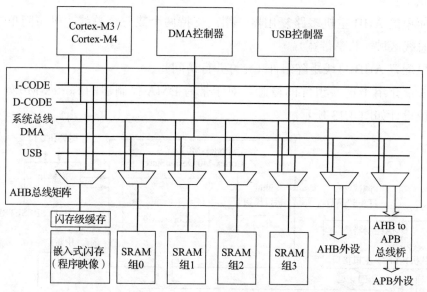

图 4.14　带有 AHB 总线矩阵的 Cortex-M3/Cortex-M4 处理器系统简化设计

　　此外，为了提供更高的数据总带宽，采用多组 SRAM 的设计，同时允许某些 SRAM 组在不使用时断电，从而降低功耗。因此当使用所有 SRAM 组时，虽然最大系统功率高于单个 SRAM 组，但具有更高的数据带宽，即整个系统的能效优于单个 SRAM 组。

　　AHB 总线矩阵设计中有一个稀疏连接的概念，它表示连接到总线矩阵的一些 AHB 总线主机不需要访问所有下游 AHB 区域。例如：

- USB 控制器不需要访问闪存存储器和片内外设。
- Cortex-M3/Cortex-M4 处理器的 I-CODE 和 D-CODE 总线不需要访问 SRAM 和片内外设，因为除了 SRAM 映射到 CODE 区域的情况，I-CODE 和 D-CODE 总线的传输仅限于 CODE 区域。

Arm 提供的可配置 AHB 总线矩阵支持稀疏连接，使用这种组件可以减少总线矩阵门数，并能够优化时序、提高速度。

Arm 的 AHB 总线矩阵中支持的另一个特性是拥有内部默认从机。由于 AHB 总线矩阵有一个内部地址解码器来选择访问哪块下游 AHB 总线区域，因此它可以检测对无效地址的访问，并将其指向内部总线矩阵，这意味着不需要额外增加系统级默认从机。

AHB 总线矩阵具有高度的灵活性，可以为系统设计带来许多优势。但是，在将总线区域从一个主机切换到另一个主机时，它也会带来延迟。通过自定义默认选定总线的逻辑或在总线空闲时强制将总线地址指定为特定值，可以优化总线矩阵，以减少不必要的总线切换。

当设计具有多个总线主机的系统时，从安全性角度来看，通常只对总线主机（如 DMA 控制器）的配置接口进行特权级访问。否则，如果非特权级组件可以对 DMA 控制器进行编程，则它可以使用 DMA 控制器访问仅限特权访问的存储器，这意味着要绕过存储器保护。

4.7　独占访问支持

Armv7-M 和 Armv8-M 架构处理器支持独占访问。为了支持多处理器系统上的独占访问，系统设计者应向系统中添加全局独占访问监视器。该监视器应位于 AHB 总线矩阵或 AHB 主机多路复用器的下游（见图 4.15），该多路复用器将合并来自不同总线主机的传输数据。总线互连还必须提供 HMASTER 信号，以允许全局独占访问监视器知道传输是从哪个总线主机发起的。

在图 4.15 中，有两块 SRAM，每个 SRAM 都需要一个全局独占访问监视器，因为它们位于单独的 AHB 区域上。在系统级设计中，当遇到以下情况时，总线仲裁后需要为每个 AHB 区域配备一个全局独占访问监视器：

- 连接到总线区域的总线从机包含信号量数据。
- 连接到总线区域的总线从机被多个总线主机访问，并且这些总线主机都可以发起对信号量数据的访问。

仅包含通用外设、闪存或其他类型的 NVM 的总线区域不需要独占访问监视器，因为这些总线中没有信号量数据。

在单处理器系统中，可以省略全局独占访问监视器，因为即使存在其他总线主机，如 DMA 控制器、USB 控制器等，软件程序也可以确保这些总线主机不访问信号量数据。因此，全局独占访问监视器通常只在多处理器系统上存在。

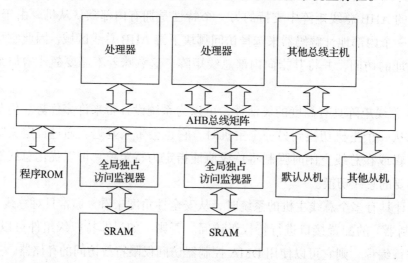

图 4.15　全局独占访问监视器的正确位置

在 Cortex-M3、Cortex-M4 和 Cortex-M7 处理器的单核系统中，如果 AHB 区域没有独占访问监视器，则使用专有的独占访问握手信号，如 EXREQ 和 EXRESP：

- 当总线包含 SRAM 时，可以将 EXRESP 设为低电平（不要将 EXRESP 设置为高电平，因为操作系统信号量功能使用独占访问总是失败的）。
- 当总线区域仅包含 NVM 或不包含信号量数据的片内外设时，将 EXRESP 设为高电平，以表明不支持对该地址范围的独占访问。

在 Cortex-M23、Cortex-M33 和 Cortex-M35P 处理器的单核系统中，这些处理器使用 AHB5 总线协议，并支持独占访问（HEXCL 和 HEXOKAY）：

- 如果总线包含 SRAM，则可以使用简单的胶连逻辑在独占访问的数据区间响应 HEXOKAY，注意不要将 HEXOKAY 设为高电平，因为 AHB5 协议要求仅在响应 HREADY 时响应 HEXOKAY，而在 HRESP 为高电平时 HEXOKAY 不能为高电平。
- 如果总线区域仅包含 NVM 或不包含信号量数据的片内外设，则可以将 HEXOKAY 设置为低电平，以表明不支持对此类地址范围的独占访问。

更多有关 Cortex-M3 和 Cortex-M4 处理器独占访问支持的信息，可访问 http://infocenter.arm.com/help/index.jsp?topic=/com.arm.doc.faqs/ka16180.html 获得。

4.8 地址重映射

地址重映射是 Cortex-M 微控制器中常用的系统设计方法，如果使用地址重映射，则系统需要拥有多个启动阶段或多个启动模式。例如，在需要支持 boot loader（地址重映射 boot loader 需要在嵌入式闪存中的程序执行之前执行）的 Cortex-M0 处理器设计中，地址重映射允许存储器映射将 boot loader ROM 放入地址 0x00000000 以供启动，然后再将嵌入式闪存映射到地址 0x00000000 以供闪存中的程序执行。

为了使用地址重映射功能，系统设计需要使用一个程序寄存器来控制地址解码器。对于之前提到的用例，这个控制寄存器只需要 1 位就可以在两个储存器映射之间进行切换。但是，一些其他设备支持多个 boot loader 程序操作，所以该寄存器可能有多个位。

图 4.16 给出了使用地址重映射的设计实例。

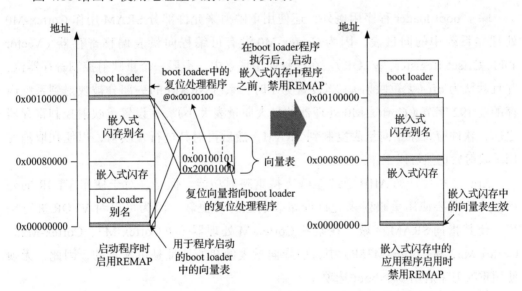

图 4.16 支持 boot loader 程序的地址重映射设计实例

如图 4.16 所示，boot loader 中的向量表用于引导系统的启动。boot loader 程序的执行基于实际地址 0x00100000，然而在启动期间，boot loader 别名中的向量表仍在使用。boot loader 完成工作后，会关闭重映射功能，然后读取嵌入式闪存中的应用程序向量表，设置 MSP 值，并跳转到复位处理程序。

需要注意的是，嵌入式闪存可能也具有别名地址范围，以允许 boot loader 处理闪存编程。否则，嵌入式闪存的起始地址将不会被处理器访问，因为 boot loader 程序在启动期间处于该地址内。

在重映射控制寄存器的设计中，有几个注意事项：

- 在大多数系统设计中，出于安全性考虑，重映射控制寄存器需要具有特权访问权限。
- 在某些系统中，需要通过上电复位来复位重映射控制寄存器，这样 boot loader 程序只需要执行一次，在调试期间不会再次执行（调试器通常使用系统复位的 AIRCR 中的 SYSRESETREQ 信号去复位目标）。
- 在某些系统中，重映射控制寄存器可以被设计成只能关闭而不能通过软件重新打开。这种设计应用在安全引导系统中，其中与安全检查相关的信息隐藏在 boot loader 程序中，并且在关闭重映射控制寄存器后被屏蔽，即不可访问。

除了 boot loader 程序用例外，还使用重映射来允许部分 SRAM 用作 Cortex-M0 处理器系统中的向量表，因为 Cortex-M0 没有可编程向量表偏移寄存器（Vector Table Offset Register，VTOR）。在这种使用场景中，需要一个重映射控制寄存器位，并且默认为 off（无重映射）。当设置为 1 时，系统 SRAM 的一部分被映射到系统内存的前 192 字节（Cortex-M0 处理器的最大向量表大小）。在设置重映射控制寄存器之前，软件应将原始向量表复制到 SRAM，然后再对其进行重映射，以便在取消使用重映射后仍然可以工作。

Arm 公司设计的 AHB 总线矩阵支持重映射功能。但是，对于使用 VTOR 的处理器，不需要使用重映射来允许向量表的运行时更新，因为可以对 VTOR 进行编程，使其指向 SRAM 区域。在某些 Cortex-M 处理器（如 Cortex-M7、Cortex-M23、Cortex-M33 和 Cortex-M35P）中，引导向量表的初始地址是可配置的，因此，无须使用重映射来启用多个 boot 选项。

4.9 基于 AHB 的存储器连接与 TCM

一些嵌入式处理器支持紧耦合存储器（Tightly-Coupled Memory，TCM）。在某些情况下，TCM 接口的可用性使存储器更容易集成。但是，像 SRAM 这样的存储器也可以使用 AHB SRAM 包装器接口连接到 AHB，如在 Cortex-M0/M3 处理器 DesignStart 项目资源包中的 cmsdk-ahb-to-sram.v。

在接口的性能方面，TCM 和 AHB 具有相同的读取访问延迟，不过两者的写访问时序不同，但在处理器流水线级别，即使使用 AHB 接口，写访问仍有可能是单周期的（见图 4.17）。例如，当处理器具有写缓冲区时，或当 AHB 流水线映射到处理器流水线的两个阶段时，写访问仍可能是单周期的。

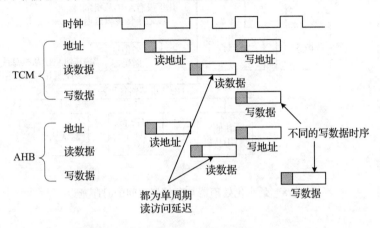

图 4.17　TCM 和 AHB 的时序特征比较

一些设计人员建议，如果总线经常被其他总线主机的进程占用，则使用专用 TCM 接口是一个很好的选择。在这种情况下，访问 TCM 将不会被其他总线干扰。在使用多层 AHB 方法，且所访问的总线从机区域未被另一总线主机使用时，处理器对存储器的访问仍然可以立即执行。即使处理器支持 TCM，除非其总线接口支持多个未完成的传输，否则不可能在当前内存读 / 写正在进行时启动新的数据访问。

虽然 TCM 降低了系统级互连的复杂性，但从系统总线和 TCM 读取的数据会合并放在处理器内部，因此并不会节省空间。TCM 设计可能会限制存储器的地址范围和大小，但设计人员可以根据应用需要定制地址范围和存储器大小，从而使连接 AHB 上的存储器的地址范围变得更灵活。TCM 还可以优化 AHB 结构，以减少处理器和存储器块之间的时序延迟（见图 4.18）。

在某些处理器设计中，需要使用 TCM 来允许确定性中断响应。例如，在 Cortex-M7 处理器中，由于缓存命中 / 未命中的情况，对 AXI 总线系统上存储器的访问可能具有不确定的时序，使用 TCM 能够以确定的方式快速执行中断响应。在 Cortex-M0 到 Cortex-M33 这样的小型处理器中，可以省略 TCM。

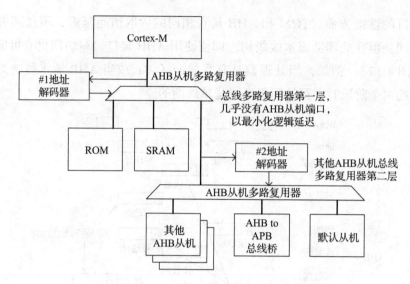

图 4.18   最小化处理器与存储器之间的时序延迟

4.10   嵌入式闪存的处理

4.10.1   IP 要求

嵌入式闪存广泛应用于微控制器中。嵌入式闪存的属性与特定的工艺节点有关，因此如果想在设计中使用嵌入式闪存，首先需要从工艺厂商或能够提供与工艺节点兼容的嵌入式闪存宏的供应商那里获得使用许可。

除了嵌入式闪存，还需要一个嵌入式闪存控制器 IP，将嵌入式闪存连接到 AMBA 总线，或连接到系统缓存 IP。闪存控制器 IP 可以是特定于某闪存技术的，但在 2018 年，Arm 公司发布了通用闪存总线（General Flash Bus，GFB）标准，使得开发者可以设计通用嵌入式闪存控制器，并且嵌入式闪存宏可以通过简单的逻辑连接到这些控制器，这些逻辑需要依据当前工艺节点来设计。Arm 公司还提供了基于 GFB 接口的嵌入式闪存控制器 IP。有关 AMBA GFB 的信息，可查询网址 https://developer.arm.com/products/architecture/system-architectures/amba/amba-gfb。

嵌入式闪存的访问速度通常很慢，例如，对于大多数低功耗嵌入式闪存宏，访问速度在 30～50 MHz。通常需要某种形式的缓存，以使处理器系统能够以更高的时钟频率运行。减少嵌入式闪存上的访问可以提高性能，但是可能会增大功耗。

此类缓存组件可从 Arm 和其他 IP 供应商处获得。例如，AHB Flash Cache 是 Arm Corstone-100 基础 IP 的一部分（https://developer.arm.com/products/system-design/corstone-foundation-ip/corstone-100）。

4.10.2　闪存编程

嵌入式闪存将存储空间划分为多个页，如果需要对闪存进行编程，编程过程必须逐页进行，不能只对闪存中的某几个字节 / 字进行编程。前面提到的嵌入式闪存控制器支持闪存编程和擦除操作，但出于安全性考虑，嵌入式闪存控制器的编程接口应仅支持特权级访问。如果使用 TrustZone 安全扩展功能，则只需将其限制为安全特权级访问，以启用安全固件更新。

在进行闪存编程时，很少用调试连接的方法直接访问闪存控制器，通常采用的方法是：

- 下载一段称为闪存编程算法的代码至 SRAM 中。
- 通过执行 SRAM 中的程序，下载数据至闪存页。
- 在对闪存页进行编程之前，下载其他配置信息并设置 PC（Program Counter，程序计数器）。

每次对闪存页进行编程时，闪存编程算法都可以验证该页数据是否与预期数据相同。然后，调试主机可以下载另一页数据并重复该验证过程，直到所有页都被成功编程。

如果器件包含 TrustZone 安全扩展功能，且片上安全固件已加载到该器件，则闪存编程算法可能已存在于片上固件中。在这种情况下，闪存编程序列只需在触发闪存编程步骤之前加载新的闪存内容和配置即可。

4.10.3　处理器的无程序启动

对于 Cortex-M 设计新手来说，最常见的问题是：如果嵌入式闪存中没有任何有效的程序，如何第一次启动微控制器设备？其实，这种情况与正常闪存编程没有区别：

- 当设备第一次启动时，由于闪存不包含有效的程序映像，它将快速进入故障异常，并最终进入锁定（LOCKUP）状态。
- 即使设备处于锁定状态，调试器仍然可以通过 JTAG/SWD 接口建立调试连接。

- 调试器可以启用复位向量捕获功能，并使用系统复位请求，即通过编写应用程序中断和复位控制寄存器（Application Interrupt and Reset Control Register, AIRCR）来复位系统。当处理器从系统复位中退出时，它立即进入暂停状态，因为复位向量捕获功能已启用。
- 调试器可以将闪存编程算法和应用程序代码烧录到 SRAM 中，并设置 PC（程序计数器）以启动闪存编程算法。
- 当所有应用程序代码全部烧录完成时，调试器将再次复位系统以启动应用程序或进行调试。

同样的方法也适用于运行外部闪存（如 QSPI 闪存）代码的设备。

第 5 章
Cortex-M 处理器系统的调试集成

5.1　调试与跟踪功能概述

大多数基于 Cortex-M 处理器的系统设计都需要支持调试和跟踪功能。这些调试、跟踪接口不仅用于软件开发和故障排除，而且在需要时可以用于闪存编程和现场诊断数据的收集。

大多数 Cortex-M 处理器的调试和跟踪功能是可配置的，但评估版 DesignStart 项目中的 Cortex-M 处理器除外，该项目提供了固定配置的处理器 IP。调试功能通常包括以下内容：

- 访问存储空间——处理器运行的同时可以对存储空间进行访问，访问行为包括在 FPGA 平台中将程序代码下载到 SRAM 中。
- 断点事件——可用于暂停处理器运行，或者通过软件调试工具（如使用 Armv7-M 或 Armv8-M 架构中的调试监视器）触发调试监视器异常。断点机制有以下两种类型：
  - **硬件断点**将程序计数器和断点地址通过硬件断点比较器进行比较，从而产生断点事件。硬件断点比较器的数量是有限的，如 Cortex-M0 处理器最多有 4 个断点比较器。
  - **软件断点**使用 BKPT 指令触发断点事件。对具有可重复编程存储器的处理器进行开发调试时通过开发工具创建软件断点，软件断点的数量没有限制。
- 数据观察点是在访问特定数据地址时被触发的调试事件，它通过硬件比较器将数据读 / 写地址与特定值进行比较，在检测到地址匹配时触发观察点事件。当触发观察点事件时，处理器可能会暂停，或者触发调试监视器异常，这种情况主要针对 Armv7-M 或 Armv8-M 架构的处理器。

● 暂停 / 恢复——软件开发人员可以在处理器运行时发送命令来使处理器进入暂停状态，在调试操作完成后，再通过发送命令来恢复处理器的运行。

● 访问处理器寄存器——当处理器停止运行时，可以访问和修改处理器寄存器堆中的通用寄存器和特殊寄存器。存储器映射寄存器可以在任何时候被访问。

● 复位——调试器可以向目标板⊖发出复位请求，通常使用 SYSRESETREQ 信号进行系统复位。如果提供了单独的复位连接，并且调试探针支持该功能，那么也可以通过调试器触发整个器件的复位。

● 调试认证——从 IP 保护和系统安全的角度来看，有必要在产品生命周期的某些阶段禁用芯片的调试和跟踪功能，Cortex-M 处理器内设置了用于调试认证的硬件接口，通过该接口可以启用或禁用芯片的调试和跟踪功能。对于 Armv8-M 架构处理器，该接口还可以将调试和跟踪功能限定在非安全侧。

● 多核架构处理器的调试与跟踪——Arm Cortex 处理器中的调试和跟踪系统基于 Arm 开发的 CoreSight 调试架构。该调试架构支持多核调试，多个处理器可以通过相同信号线与调试器连接。此外，一些调试事件（如断点、观察点等）可以在内核之间传递以允许整个系统同时暂停或恢复。跟踪接口同样允许通过单个调试器收集并合并来自多个处理器的跟踪信息，然后在调试主机上解码并分离出不同的跟踪信息。

Cortex-M 处理器上的跟踪功能包括：

● 微跟踪缓冲区（Micro Trace Buffer，MTB）——一种低成本的指令跟踪解决方案，它使系统分配系统 SRAM 的小部分空间专用于指令跟踪，跟踪结果通过调试器进行收集。

● 嵌入式跟踪宏单元（Embedded Trace Macrocell，ETM）——一种指令实时跟踪解决方案，通过跟踪接口连接将指令执行信息流传输到调试主机。

● 事件跟踪——由数据观察点和跟踪单元（Data Watchpoint and Trace unit，DWT）产生的异常事件实时跟踪。

● 性能速写跟踪——用于跟踪 DWT 产生的一系列系统性能分析数据。

● 选择性数据跟踪——对 DWT 生成的部分数据进行实时跟踪。数据观察点的比

⊖　目标板（target board）指正在被调试的处理器所在的电路系统单元。——译者注

较器用于检测对特定地址位置的访问，如果传输数据到受监控的位置，那么可以在跟踪接口上导出关于它的信息。

- 完整数据跟踪——Cortex-M7 处理器上的 ETM 具有支持完整数据跟踪的选项，以提供程序操作的最大可视性，而这需要更高的跟踪带宽和硬件成本，因此仅在专用 SoC 设计中使用。
- 仪器跟踪——对软件生成的实时调试信息或操作系统信息进行跟踪，例如，可以通过 printf 函数将"Hello World"文本消息定向输出到仪器跟踪宏单元（Instrumentation Trace Macrocell，ITM），以便在调试主机的控制台上显示该消息。
- 时间戳——除 MTB，大多数跟踪源都支持时间戳，以允许调试主机重构事件的时序。

由于面积和功耗限制，并非所有 Cortex-M 处理器都支持以上调试功能。表 5.1 列出了部分 Cortex-M 处理器支持的调试和跟踪功能。

表 5.1　Cortex-M 处理器支持的调试和跟踪功能

处理器	断点比较器	观察点比较器	MTB	ETM	DWT 的选择性数据跟踪	ITM
Cortex-M0	最多 4 个	最多 2 个				
Cortex-M1	最多 4 个	最多 2 个				
Cortex-M0+	最多 4 个	最多 2 个	支持			
Cortex-M3	最多 6 个（指令断点）+2（数据断点）	最多 4 个		支持	支持	支持
Cortex-M4	最多 6 个（指令断点）+2（数据断点）	最多 4 个		支持	支持	支持
Cortex-M7	最多 8 个	最多 4 个		支持	支持	支持
Cortex-M23	最多 4 个	最多 4 个	支持	支持		
Cortex-M33	最多 8 个	最多 4 个	支持	支持	支持	支持
Cortex-M35P	最多 8 个	最多 4 个	支持	支持	支持	支持

由于大多数调试功能都是可选和可配置的，系统设计者可以根据设计需求自定义系统的优化策略，使用固定配置的 Cortex-M0/Cortex-M3 评估版 DesignStart 时除外。

5.2　CoreSight 调试架构

5.2.1　Arm CoreSight 简介

Cortex-M 处理器的调试系统是基于 Arm CoreSight 调试架构设计的。该架构包括：

- 将调试接口连接到调试组件的基础组件；
- 将跟踪源连接到跟踪接口的基础组件；
- 调试电源管理的高级机制；
- 调试组件发现机制（ROM 表）；
- 调试认证的控制接口。

基于此架构，调试系统具有可扩展性，并且与其他 Arm Cortex 处理器上的调试系统兼容，因此工具开发人员就可以轻松地将调试工具适配到各种 Cortex-M 处理器产品。

完整的 CoreSight 调试架构规范文档可以在 Arm 网站上找到。表 5.1 中列出的 Cortex-M 处理器是基于 CoreSight 架构 2.0 版开发的。请注意，Cortex-M 处理器只用到了 CoreSight 中的部分特性。

5.2.2　调试连接协议

为了允许调试主机连接到处理器，需要调试通信协议。目前，常用以下两种调试连接协议：

- JTAG 协议。该协议由 Joint Test Action Group 创建，最初用于各种芯片级和 PCB 级测试。该协议使用 4 或 5 个引脚进行调试连接：TDI（Test Data In，测试数据输入）、TDO（Test Data Out，测试数据输出）、TCK（Test Clock，测试时钟）、TMS（Test Mode Select，测试模式选择）和可选的 nTRST（Test Reset，测试复位）；
- 串行线调试（Serial Wire Debug，SWD）协议。该协议由 Arm 公司创建，只使用两个引脚：双向 SWDIO（Serial Wire Data I/O，串行数据 I/O）和 SWCLK（Serial Wire Clock，串行线时钟）。

因为 SWD 协议只需要两个引脚，所以在微控制器中非常流行。JTAG 和 SWD 可以共存于一个微控制器设备中并共用相同的引脚：TMS 与 SWDIO 共用一个引脚，TCK 和 SWCLK 共用一个引脚（见表 5.2）。

表 5.2　JTAG 和 SWD 之间的引脚共用配置

信号	JTAG 模式	SWD 模式	
SWCLKTCK	TCK（测试时钟）	SW 时钟	
SWDTMS	TMS（测试模式选择）	SW 数据	
TDI	TDI（测试数据输入）	—	（未使用）
TDO	TDO（测试数据输出）	—	（未使用 / 与 SWO 跟踪输出共享）
nTRST	nTRST（测试复位，低电平有效）	—	（未使用）

注意，SWD 协议有以下两个版本：

- SWDv1。在 Cortex-M3、Cortex-M4、Cortex-M0 处理器中支持 SWD v1，在 Cortex-M0+、Cortex-M23 和 Cortex-M7 中作为可选功能。
- SWDv2。当选择多点（multi-drop）SWD 时，在 Cortex-M0+、Cortex-M23 和 Cortex-M7 处理器中作为可选功能。当选择 SWD 协议时，它始终可用于 Cortex-M33 和 Cortex-M35P 处理器。

SWDv2 支持多点串行线调试的可选功能。启用此功能后，允许多个 SWD 设备并行共享一个 SWD 连接，但并非所有配置 SWDv2 的设备都支持多点功能。

如果调试接口同时支持这两种协议，则在大多数情况下，处理器将支持协议动态切换，即使用 SWDTMS 上的特殊位模式序列在 JTAG 和 SWD 模式之间切换。序列的详细信息记录在 Arm 调试接口（Arm Debug Interface，ADI）规范中，该规范可从 Arm 网站获得。现有的 Cortex-M 设计基于 ADIv5。

请注意，有标准化的连接器配置，更多详细信息可查询网址 http://infocenter.arm.com/help/topic/com.arm.doc.faqs/attached/13634/cortex_debug_connectors.pdf 或 CoreSight 架构规范（http://infocenter.arm.com/help/topic/com.arm.doc.ihi0029e/coresight_v3_0_architecture_specification_IHI0029E.pdf）。

某些调试连接器还支持跟踪连接。

5.2.3　调试连接概念——调试访问端口

为了使调试系统具有可扩展性，CoreSight 架构中的调试接口解耦了调试协议接口硬件和调试组件。在通用 CoreSight 系统中，可配置的调试访问端口（Debug Access Port，DAP）块用来提供调试协议接口和多个总线接口端口，以支持多处理器子系统中的各种调试组件，如图 5.1 所示。

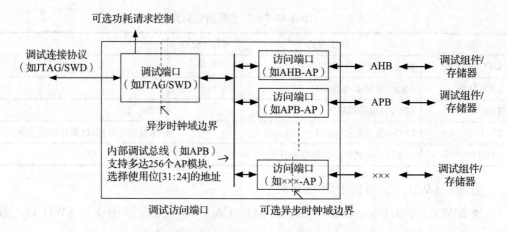

图 5.1 通用调试访问端口（DAP）的概念

在使用单核 Cortex-A 处理器的 SoC 设计（见图 5.2）中，DAP 可能包含两个访问接口模块：一个用于访问调试组件，另一个用于访问存储空间。如果某些调试组件需要软件访问，则需要使用总线多路复用器。

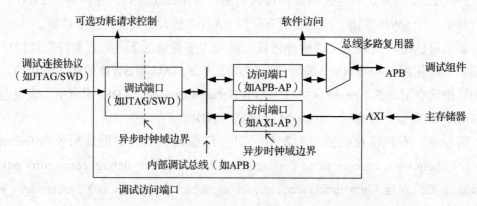

图 5.2 单核 Cortex-A 处理器系统的调试访问端口（DAP）配置的概念

对于 Cortex-M 处理器，调试组件作为存储器映射的一部分大大简化了调试连接系统的复杂度，有利于降低功耗和减小芯片面积。处理器 DAP 单元内部总线直接连接到调试组件和存储器接口上，也省去使用总线多路复用器，如图 5.3 所示。

为了进一步减小芯片面积和降低功耗，可以通过删除 AHB-AP 中可选的异步时钟域交互单元并简化内部调试总线来降低 DAP 的结构复杂度，从而使调试接口的面积非常小，但如果 Cortex-M 处理器用于复杂的 SoC 设计，则可以使用完整的 CoreSight 调试系统。

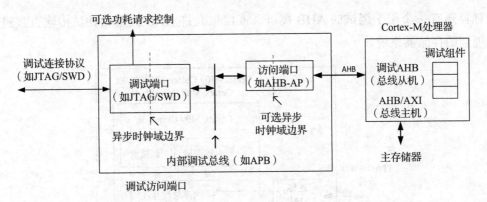

图 5.3　单核 Cortex-M 处理器系统的调试访问端口（DAP）配置的概念

5.2.4　调试接口结构

经过多年发展，Cortex-M 处理器上可使用的调试硬件结构有以下多种。

早期的 Cortex-M 处理器，包括 Cortex-M3、Cortex-M4 和 Cortex-M1，提供一个类似于 APB 的调试总线接口，以及一个被称为 SWJ-DP（Debug Port，调试端口）的模块，该模块连接到此总线接口以提供 JTAG 或串行接口功能（见图 5.4）。在处理器内部，还有另一个被称为 AHB-AP（Access Port，访问端口）的硬件模块，用于将调试主机传输转换为 AHB 传输类型。

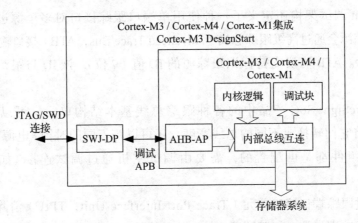

图 5.4　Cortex-M3/M4/M1 中的调试连接设置

最新的 Cortex-M 处理器提供了一个调试访问端口（Debug Access Port，DAP）模块，该模块结合了调试端口和访问端口的功能，针对芯片面积进行了优化（见图 5.5）。

处理器还有一个用于调试的 AHB 接口，该接口允许 AHB 类型的调试传输直接进入处理器的存储器系统。

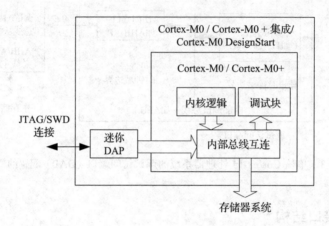

图 5.5　Cortex-M0/M0+ 中的调试连接设置

为了简化集成过程，在 Cortex-M0 和 Cortex-M3 的评估版 DesignStart 中，调试接口模块是预集成好的，顶层端口只显示 JTAG/SWD 接口，而不显示内部调试总线，然而这种设计仍然支持功耗请求控制接口，以实现低功耗设计。

5.2.5　跟踪连接

CoreSight 调试架构还定义了一种使用单端口跟踪接口对多个源进行跟踪的方法。每个跟踪源会通过高级跟踪总线（Advanced Trace Bus，ATB）接口输出跟踪信息，如图 5.6 所示。ATB 协议支持标识跟踪源的 ID 值（7 位），该 ID 与跟踪数据一起被传输。

借助 CoreSight SoC 产品中的各种跟踪总线基本结构单元，可以将跟踪源合并，也可以将它们转换成不同的总线宽度，还可以跨不同的时钟 / 电源域传输它们。大多数跟踪组件都是可配置的，需要由调试主机通过调试连接（如 DAP）进行设置。

可以通过跟踪端口接口单元（Trace Port Interface Unit，TPIU）清除跟踪数据或将其导出到跟踪端口接口。跟踪端口接口（跟踪数据 + 跟踪时钟）需要在芯片的顶层进行连接，它与功能引脚共用，并且在不使用跟踪功能时被屏蔽。软件开发人员可以使用支持跟踪的调试探针来收集跟踪数据。

在 Cortex-A 和 Cortex-R 系统中，通常跟踪带宽要求更高，这主要是因为当存在多个处理器时，需要更高的时钟频率，并可能有更多的跟踪源，因此跟踪端口最多可以有 16 位或 32 位跟踪数据（加上时钟）。在某些情况下，例如跟踪端口没有足够的带宽时，跟踪数据可以存储在跟踪缓冲器中，而不是立即输出到跟踪端口。

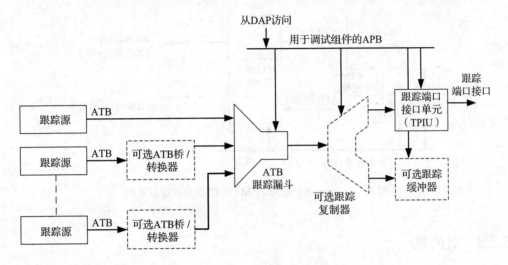

图 5.6　跟踪系统

在大多数 Cortex-M 处理器系统中，IP 包中包含的 TPIU 可以支持最多 4 个跟踪数据位（加上时钟）的并行跟踪端口，或者使用被称作串行线输出（Serial Wire Output，SWO）的异步单引脚跟踪协议完成低成本跟踪功能，使用 SWO 的方式会使跟踪带宽大大降低。Cortex-M 处理器系统中使用的 TPIU 还通过将 ATB 跟踪漏斗⊖功能合并到其中来进一步减少芯片面积，因此它可以同时接收处理器（DWT 和 ITM 生成的）以及可选的 ETM 的跟踪信息。

如果需要，Cortex-M 处理器的跟踪总线可以连接到其他的 CoreSight 跟踪总线基本结构组件和 CoreSight TPIU（见图 5.7）。这在复杂的多处理器 SoC 设计中很常见，其中也涵盖 Cortex-A 和 Cortex-M 处理器。

请注意，Cortex-M0+、Cortex-M23、Cortex-M33 和 Cortex-M35P 中的 MTB 指令跟踪解决方案完全没有使用 ATB。使用 MTB 时，跟踪信息直接存储在与 MTB 单元相连的 SRAM 中，因此无法实时收集跟踪信息。相反，当 SRAM 的内容在存储

⊖　跟踪漏斗（Trace Funnel）：把 CoreSight 系统中多个跟踪源产生的信息收集合并在一起并输出到高级跟踪总线（ATB）。漏斗之间可以级联，一个漏斗最多可以支持 6 个跟踪源信息输入，进一步缩小了芯片面积。——译者注

器映射中时，调试器可以使用标准调试连接来提取跟踪结果。由于软件开发人员不需要使用昂贵的跟踪探针来收集指令跟踪信息，因此这使得跟踪解决方案的成本非常低。

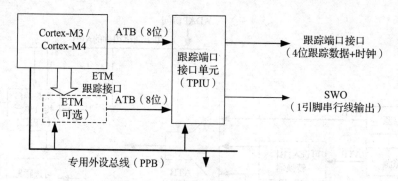

图 5.7   Cortex-M3/Cortex-M4 处理器中的跟踪系统

5.2.6   时间戳

为了使调试主机能够根据跟踪数据重构事件时序，许多跟踪组件支持全局时间戳机制。为了确保各个跟踪单元具有相同的时间戳源，在小型处理器系统中，通常使用单个时间戳生成器。该单元可以是一个简单的二进制计数器，计数器值输出到各跟踪源。通过此计数信息，跟踪组件可以周期性地输出时间戳数据包以提供时序信息。

在 Cortex-M3 和 Cortex-M4 处理器中，时间戳接口为 48 位（输入信号）。在 Cortex-M7 处理器和 Armv8-M 架构处理器中，使用 64 位时间戳接口。可以使用一个简单的二进制递增计数器生成时间戳，并仅在设置了 Cortex-M 处理器的 TRCENA（Trace Enable）输出信号时启用此计数器。

时间戳接口还包含一个输入信号 TSCLKCHANGE，该信号的目的是帮助跟踪重建软件了解时钟频率的变化。由于处理器系统可以在不同的时钟源之间切换，这可能会影响时序重建，因此引入 TSCLKCHANGE 的目的是在发生时钟 / 频率变化时产生脉冲，使跟踪组件立即输出新的时间戳数据包以重新同步时序信息。但在一些系统设计中，很难准确实现该功能。TSCLKCHANGE 现在已从 ETMv4.0 规范中删除，如果需要，可以在系统设计中将其固定为低电平。有关此主题的更多信息，请参阅网站 https://developer.arm.com/docs/300818048/latest/what-is-tsclkchange。

5.2.7　调试组件发现机制

CoreSight 架构有一个查找表机制，以允许调试主机自动检测调试组件。在连接到访问端口模块的每个总线系统内部，可以有一个或多个称为 ROM 表的查找表，以提供调试组件的地址信息。此外，通过每个调试组件中都有的 ID 寄存器，调试主机可以检测连接到每个访问端口的调试组件。

为了使组件检测功能正常工作，AHB-AP 组件包含一个名为 BASE 的寄存器（地址偏移量 0xF8），它列出了基地址——AHB 存储器映射中顶层 ROM 表组件的地址（见图 5.8）。ROM 表的大小为 4 KB，并且结束地址范围的 ID 值表明它是一个 ROM 表。

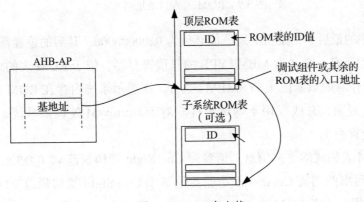

图 5.8　ROM 表查找

ROM 表包含调试组件或附加 ROM 表的地址偏移信息。一个系统中可以有多个 ROM 表，它们分级排列，这些地址数据是对应下级 ROM 表的相对偏移地址。通过这种方式，访问包含 ROM 表的调试组件子系统时，不需要知道它的绝对地址。

SoC 设计人员应考虑定制系统级 ROM 表。ROM 表的 ID 值包含 JEP106 标识码，这标示出了公司的信息，公司可以从 www.jedec.org 注册 JEP106。有关此主题的更多信息，请参阅网站 https://developer.arm.com/docs/103489663/latest/peripheraid-values-for-the-coresight-rom-table，以及 https://www.jedec.org/standards-documents/id-codes-order-form。

如果添加或删除调试组件，则需要同时更新对应的 ROM 表，表中地址为 32 位，格式如图 5.9 所示。

电源域 ID 字段是可选的。对于单电源域的大多数单 Cortex-M 处理器系统，将电源域 ID 和电源域 ID 有效位设置为 0 是完全可以的。

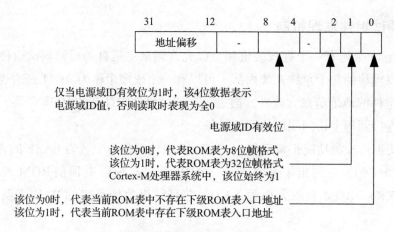

图 5.9　ROM 表入口地址格式

ROM 表中的最后一个条目的地址值必须为 0x00000000，其后的位置都读取为 0。

ROM 表中还有一个名为 MEMTYPE 的只读寄存器，位于 ROM 表的地址 0xFCC 处。如果该寄存器的最低位（SYSMEM）为 1，则表示系统内存在 ROM 表所连接的总线上可见。否则，总线仅用于调试组件。对于 Cortex-M 处理器系统，ROM 表的 MEMTYPE 设置为 1。

有关 ROM 表格式的更多信息，请参阅 CoreSight 架构规范 v2.0 D5 节。

表 5.1 中列出的当前 Cortex-M 处理器是基于 CoreSight 架构规范 v2.0 的，因此处理器设计使用 0x1 级 ROM 表。

5.2.8　调试认证

CoreSight 调试架构支持多种控制信号（处理器或调试 / 跟踪组件的输入），如表 5.3 所示。

表 5.3　CoreSight 调试认证信号

信号名称	信号说明
DBGEN	侵入式调试启用
NIDEN	非侵入式调试启用（用于跟踪组件）
SPIDEN	安全的侵入式调试启用（适用于具有 TrustZone 功能的系统）
SPNIDEN	安全的非侵入式调试启用。对于跟踪组件，可用于具有 TrustZone 功能的系统

简言之，DBGEN 和 NIDEN 控制非安全调试和跟踪权限，而 SPIDEN 和 SPNIDEN 控制安全调试和跟踪权限，这些信号的所有组合并非都有效。如果安全状态允许调

试操作，那么非安全状态也必须允许调试操作，即当 DBGEN 设置为 0 时，不能将 SPIDEN 设置为 1，或当 NIDEN 设置为 0 时，不能将 SPNIDEN 设置为 1。

AHB-AP 组件上还有另一个启用控制信号，它将启用 / 禁用 AHB-AP 的内存访问。当禁用时，调试器仍可以访问 AHB-AP 寄存器，但无法启动 AHB 传输。

- 在 Cortex-M3/Cortex-M4 处理器中，该控制信号被命名为 DAPEN（DAPCLK 域）。
- 在较新的 Cortex-M DAP 中，该控制信号被命名为 DEVICEEN。在 Cortex-M0 评估版 DesignStart 中其不可用，因为它在模块中被混淆编码。

在不需要调试认证支持的简单系统中，这些信号可以固定为高电平，这将启用所有调试功能。

在需要调试认证支持的系统中，CoreSight 调试认证信号被连接到调试认证控制单元（并不是 Cortex-M 处理器的一部分）。认证过程通常基于产品的生命周期状态和用户输入，如调试证书或密码。根据平台安全架构（Platform Security Architecture，PSA）的指导原则，对于可能包含敏感信息的产品，基于证书的调试认证通常优于基于密码的调试认证。

请注意：

- 调试访问控制的过程在不同版本的 Armv7-M 架构处理器之间发生了变化。在旧版的 Cortex-M3、Cortex-M4 等 Arm Cortex-M 系列处理器以及 Armv6-M 架构处理器中，当 DBGEN 和 NIDEN 为 0 时，AHB-AP 可以访问存储空间。在 Cortex-M7 处理器（从 Armv7-M 架构的 E 版开始）中，DBGEN 和 NIDEN 信号会影响调试访问权限。
- 尽管 Cortex-M3 和 Cortex-M4 具有内部跟踪源，如 ITM、DWT，但它没有 NIDEN 信号。我们仍然可以通过禁用处理器 ATB 到 TPIU 的 ATB 路径来禁用跟踪输出，但屏蔽控制必须是静态控制信号，并且在跟踪操作期间不能更改。
- 对于所有 Armv8-M 架构处理器，调试访问存储器系统的权限取决于调试认证状态，详见《Armv8-M 架构处理器参考手册》。

5.2.9　调试电源请求

DAP 模块包含用于电源管理的简单握手信号（见表 5.4）。这些信号处于 SWDCLK 或 TCK 时钟域中，在被电源控制或时钟门控使用之前必须进行同步操作。

表 5.4   CoreSight DAP 电源请求信号

信号名称	信号方向	信号说明
CDBGPWRUPREQ	DAP 输出	用于调试的上电请求
CDBGPWRUPACK	DAP 输入	应答调试可上电
CSYSPWRUPREQ	DAP 输出	系统上电请求（可选）
CSYSPWRUPACK	DAP 输入	应答系统可上电（可选）

一些 DAP 模块只有调试上电握手功能。

握手接口信号在调试连接开始时使用，调试主机请求调试系统上电，并在接收到上电应答之后才开始访问调试和系统组件。

在简单的 FPGA 设计中，可以通过两级 D 触发器同步器组成的回环来处理这些信号，这些信号经过同步后也可用于时钟门控，如图 5.10 所示。

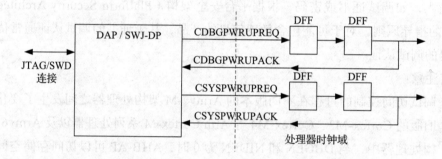

图 5.10   FPGA 设计中的 DAP 电源管理

在使用多电源域的 ASIC 设计中，应答信号需要由电源管理逻辑处理，以确保仅在电源域正常运行之后发送上电应答信号。

5.2.10   调试复位请求

与调试电源握手信号类似，一些 DAP 设计还支持可选的调试复位请求握手信号（见表 5.5），该信号允许调试主机在调试 / 跟踪系统无响应时请求复位调试 / 跟踪系统，通常只复位调试 / 跟踪系统，而不复位其他功能逻辑块。

表 5.5   CoreSight 调试复位请求握手信号

信号名称	信号方向	信号说明
CDBGRSTREQ	DAP 输出	调试复位请求（可选）
CDBGRSTACK	DAP 输入	应答调试复位已执行（可选）

在少数情况下，如果没有将系统的复位源分离，则调试复位也会使功能逻辑块进行复位。如果存在这种情况，芯片设计人员应该清楚地标注在使用手册上，以避免芯片开发工具供应商使用错误。

5.2.11　交叉触发接口

交叉触发接口（Cross Trigger Interface，CTI）是 Cortex-M0+、Cortex-M7 和 Armv8-M 架构处理器中的可选特性。在多处理器系统中，调试事件可以分发到多个处理器上，CTI 使得这些处理器能够在调试会话期间同时暂停和恢复。对于使用 Cortex-M3、Cortex-M4 和 Cortex-M0 处理器的设计人员来说，CoreSight SoC 产品提供了处理器包装器和单独的 CTI 组件。

对于单处理器系统，则不需要 CTI，CTI 相关信号可以在输入时被固定为高 / 低电平或输出时禁用。

5.3　调试集成

5.3.1　JTAG/SWD 连接

由于 Cortex-M 处理器是以通用 IP 的形式来提供的，初始设计中不包含三态缓冲器，因此设计者在集成 JTAG 或 SWD 时，需要将三态缓冲器（如 I/O 引脚）直接或通过引脚多路复用器添加到顶层设计中。

图 5.11 总结了 JTAG/SWD 的顶层连接。图 5.11 中许多逻辑部分是可选的。例如：
- 如果处理器系统配置为仅支持串行线调试（SWD），则不需要 nTRST、TDI、TDO 等 JTAG 信号。
- 调试引脚和其他功能引脚的多路复用是可选的。将调试引脚与功能引脚多路复用时要小心，因为可能会锁定调试连接。
- nTDOEN 是可选的。在不使用 TDO 三态缓冲器时，可能会禁用该单元以降低功耗。
- 对于支持跟踪功能的 Armv7-M 或 Armv8-M 架构系列的 Cortex-M 处理器系统，系统集成时需要将 TDO（JTAG 的测试数据输出）与 SWO（串行线输出）进行多路复用，使调试工具能够支持低带宽跟踪操作，这种情况下 SWO 仅在发生 SWD 调试时启用。

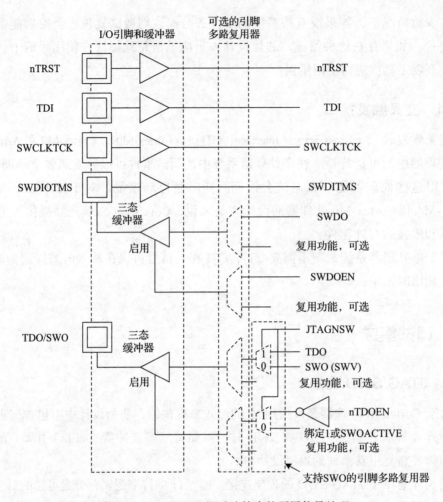

图 5.11　JTAG/SWD 调试连接中的顶层信号处理

- SWO/SWV 功 能 在 Cortex-M0、Cortex-M0+、Cortex-M1 或 Cortex-M23 处理器上不可用，此时可以移除相关的引脚多路复用器。
- 当使用 SWO/SWV 功能时，可以使用 Cortex-M TPIU 的 SWOACTIVE 信号，而不是始终启用输出三态缓冲器。注意，在 Cortex-M3 评估版 DesignStart 中，SWOACTIVE 信号不可用。

在低功耗设计中，如果需要在处理器休眠时建立调试连接，则调试接口模块（DAP 或 SWJ-DP）和相关逻辑（包括 I/O 引脚和引脚多路复用器）不可掉电。

此外，调试电源请求信号需要按照 5.2.9 节所述方法进行连接，并需要为 JTAG/SWD 的信号（包括时钟和复位）设置时序约束。

5.3.2　跟踪端口连接

基于 Cortex-M 处理器的通用系统的跟踪连接可能包含：

- SWO 或 Cortex-M3/M4 中的 SWV。已在 5.3.1 中讲述，通常与 TDO 引脚多路复用。
- TRACEDATA 和 TRACECLK。

请注意，MTB 指令跟踪不需要顶层引脚连接，因为跟踪数据是通过调试连接读取的。

在支持跟踪功能的单核 Cortex-M 处理器系统中，Cortex-M TPIU 支持多达 4 位的跟踪数据输出信号和跟踪时钟输出信号，可以将跟踪引脚与功能输入 / 输出引脚进行多路复用（见图 5.12），并使用处理器的 TRCENA（跟踪启用）输出信号和 ETM 的 ETMPWRUP(ETM 上电）输出信号，使跟踪系统在启用时将引脚切换到跟踪功能。注意，如果使用 Cortex-M3 评估版 DesignStart，则 SWOACTIVE 信号不可用，因此 SWO 不能与 TRACEDATA[0] 进行多路复用。但是，如 5.3.1 节所述，仍然可以将 SWO 与 TDO 进行多路复用。

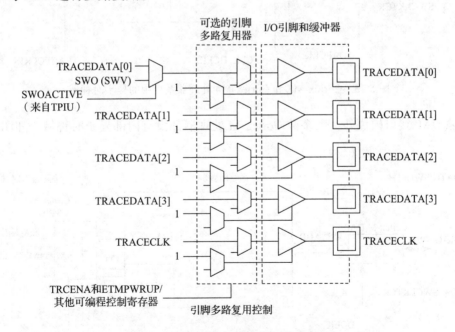

图 5.12　跟踪端口连接的顶层信号处理

当任意跟踪组件被启用时，可以使用 TRCENA 信号来进行引脚多路复用控制，

ETMPWRUP 信号可用于表示 TPIU 需要在跟踪端口模式下运行，以便提供足够的带宽来输出 ETM 跟踪信息。也可以使用可编程控制寄存器来启用跟踪引脚功能，这使得软件开发人员可以只使用 SWO 来完成跟踪功能，而不需要强制其他跟踪引脚执行跟踪功能，如果使用该方法，则在使用 ETM 之前需要使用调试工具对该寄存器进行编程。在大多数工具中，可以设置调试脚本，以便在调试会话开始之前执行相应的操作。

5.3.3 调试和跟踪系统的时钟

对于 Cortex-M3 和 Cortex-M4 处理器系统，最多可以有四个异步时钟域，如图 5.13 所示。

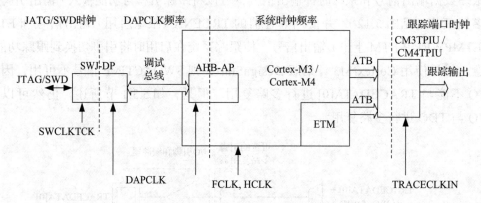

图 5.13   Cortex-M3 和 Cortex-M4 处理器系统中的异步时钟域

除 DAP 接口模块外，大多数 Cortex-M 处理器都没有内部异步时钟域，如图 5.14 所示。

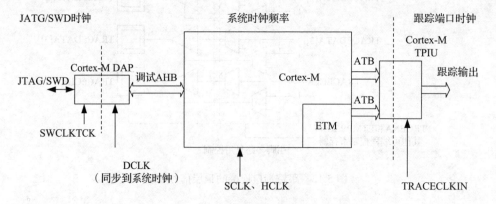

图 5.14   Cortex-M 处理器系统中的异步时钟域

对于单核 Cortex-M3/Cortex-M4 处理器系统，系统设计者可以使用系统时钟生成 DAPCLK，该生成逻辑由同步信号 CDBGPWRUPREQ 控制的时钟门控控制。对于多核系统，DAPCLK 需要与调试访问端口（DAP）的调试 APB 上的时钟信号相同。

从技术上讲，TPIU 的 TRACECLKIN 完全可以与系统时钟异步，但设计针对 TRACECLKIN 的时钟系统时还有一些其他注意事项。从调试工具的角度来看，当使用 SWO 时，调试探针希望在调试期间数据传输速率保持恒定。

在 MCU 调试实例中，可以把 TRACECLKIN 连接到处理器的时钟上，还可以通过使用处理器中的 TRCENA 来对 TRACECLKIN 信号进行时钟门控控制。要注意的是，跟踪系统能够在没有调试连接的情况下通过软件启用。在使用 Cortex-M23 和 Cortex-M33 处理器的设计中，时钟门控控制信号应为 TRCENA 与 TPIU_PSEL 的"逻辑或"结果（TRCENA 或 TPIU 的 PSEL 有效时启用时钟）。

考虑到 SWO/SWV 的用户使用情况，处理器在启动时，时钟源可能从晶振切换到锁相环（PLL），此时时钟频率改变，但是因为软件跟踪（即通过 ITM 的 printf 函数）直到进入 main () 函数后才会发生，所以时钟频率的改变对其没有影响。但是，如果在处理器正常工作时，应用程序改变了时钟频率，此时 TRACECLKIN 会产生问题，调试探针无法获取当前时钟频率，因此无法读取串行数据。

当使用跟踪端口模式（4 位数据 + 时钟）时，参考跟踪时钟有效，所以即使时钟频率改变，调试探针也可以恢复数据接收，因此，时钟频率变化不再是一个问题。但是，如果芯片在大于 100 MHz 的频率下运行，对于高速跟踪需求，一些跟踪探针可使用 PLL/DLL 来处理时钟恢复问题，时钟频率的变化可能会导致调试探针中的 PLL/DLL 在短时间内无法同步。

同时，如果使用恒定低频的时钟，如时钟源为低频晶振时，那么当处理器切换到 PLL 上的高速时钟时，可能没有足够的数据带宽来输出 ETM 跟踪信息。因此，在设计 TRACECLKIN 时钟系统时，应尽量使用恒定的高速时钟，但需要注意的是，这个高速时钟可能与处理器的时钟异步。在通用 MCU 设计中，存在多种方法来处理此问题，如用可编程寄存器控制、通过调试器中的调试配置脚本进行设置。默认情况下使用处理器时钟，也可以根据需要更改为其他时钟源。

现代商用的 Cortex-M 调试和跟踪探针支持 20～50 MHz 的调试连接，以及 200～300 MHz 的跟踪端口，当然也允许以较低的频率连接调试和跟踪探针。请注意，TPIU 具有内部可编程分频器，以便在需要时降低时钟频率。调试和 TPIU 操作的最大速度还取决于：

- I/O 引脚的特性。
- PCB 设计。
- 电路板与调试 / 跟踪探针之间的连接方式。
- 工作环境中电压源稳定性和噪声。

此外，许多调试和跟踪探针对信号电压有特定要求。如果调试和跟踪连接不稳定，那么可以尝试降低连接设置中的频率，看看是否有帮助。

5.3.4　多点 SWD

SWD 协议 v2 版本支持可选的多点 SWD（见图 5.15）。此功能在较新版本的 Cortex-M 处理器的 DAP 模块中是可选的，然而在 Cortex-M3 和 Cortex-M4 处理器中的 SWJ-DP 模块以及 Cortex-M0 处理器中的 DAP 模块内不可用。即使使用的是较新的处理器，该功能依然是可选配的。

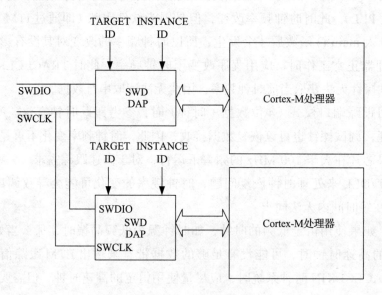

图 5.15　多点 SWD

如果使用多点 SWD，系统设计者必须向 DAP 提供目标 ID 和实例 ID，这些 ID 值是设备特定的，其中目标 ID 对于设备类型是唯一的。如果电路板包含多个相同的设备，则需要实例 ID。在这种情况下，它们的实例 ID 也需要是唯一的。

在微控制器中，不经常使用多点 SWD，因为需要设置目标 ID 和实例 ID 来确保 ID 值是唯一的，而且需要调试工具能够识别当前 DAP 的来源。一些已经成为最终产品的复杂 SoC 设计中广泛使用了多点 SWD，因为最终产品中的所有目标 ID 和实例 ID 都可以被控制，如由 OEM 控制。还要注意，有些微控制器调试工具不支持多点 SWD。

5.3.5　调试认证

调试认证控制信号的相关内容可参考 5.2.8 节内容，需要强调的是，对于 Cortex-M0、Cortex-M0+、Cortex-M3 和 Cortex-M4 处理器来说，调试认证还需要总线级访问过滤逻辑来限制对存储器的调试访问。

为了安全，调试认证系统（见图 5.16）通常需要非易失性存储器（Non-Volatile Memory，NVM）来存储芯片生命周期状态信息、用于调试证书解密的安全信息，调试认证系统还包含用于认证操作的通信接口，以及用于解密证书的加密加速器等。调试认证机制通常由软件控制，并被集成到器件的固件代码中。

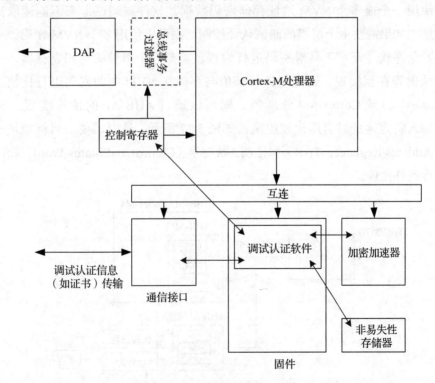

图 5.16　调试认证系统

图 5.16 中的总线过滤单元不能用于 Cortex-M3 和 Cortex-M4 处理器中，因为对

于 Cortex-M3 和 Cortex-M4 处理器来说，AHB-AP 和处理器内部互连之间的总线连接没有被引出，因此，调试连接通过认证之前，AHB-AP（Cortex-M3/Cortex-M4 处理器的输入信号）的 DAPEN 用于阻止所有调试访问。

Arm 文档中 TBSA-M（Trusted Base System Architecture for Cortex-M）提供了调试认证需求的全部信息，然而有些时候系统设计者希望使用一些更简单的设计，如使用全硬件的密码机制来保护系统（固件尚未就绪的情况下）。虽然这种方法可行，但假如使用蛮力获取密码，或者攻击者获得了正在运行的调试会话的访问权，他们就可以使用反向机制对密码进行反向获取。除非系统仅作为原型开发，不用于商业部署，否则不建议使用密码保护法。

最简单的调试认证方法是在嵌入式闪存中使用电子熔丝（e-fuse）或模拟电子熔丝来存储调试认证控制信息。通过这种方法存储的调试信息包含：

- 使用一个 NVM 地址存储数据，以表示调试认证功能是否启用。
- 使用一个或多个 NVM 地址存储密码数据，软件或调试器都不能读取这些信息。如果需要多个层级的调试认证控制，则可以使用多个 NVM 密码。

为了允许软件开发工具对密码进行编程，需要一个单独的密码寄存器，可以用存储器映射寄存器实现，通过硬件将该值与存储在 NVM 中的密码进行比较。如果使用 Cortex-M3 或 Cortex-M4 处理器，则可以通过 AHB-AP 的镜像实现，并在调试工具写入特定地址时启用比较逻辑，如图 5.17 所示，这时需要对目标地址寄存器（Target Address Register，TAR）和控制 / 状态字（Control and Status Word，CSW）寄存器进行条件比较。

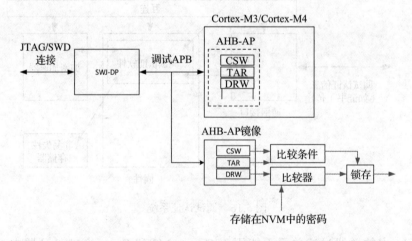

图 5.17　Cortex-M3/Cortex-M4 处理器系统的简单调试认证密码机制

对于其他 Cortex-M 处理器，DAP 和处理器之间的连接引到了调试访问接口上，因此密码寄存器可以是位于调试 AHB 上的存储器映射寄存器。

注意，此类示例方案仅提供有限程度的保护，不建议用于产品开发。为了获得更强的保护，可以使用诸如 CryptoCell/CryptoIsland 之类的调试认证解决方案。这些解决方案还提供其他安全功能，如加密加速器和生命周期状态管理。

5.4　其他调试相关主题

5.4.1　其他信号连接

HALTED 是处理器的状态输出信号，当处理器暂停时，某些片内外设无法提供中断信息，此时需要使用该信号来关断这些片内外设。

EDBGRQ——通常用于多处理器系统的外部调试请求信号，它允许某个处理器在另一个处理器发生调试事件时进入暂停状态。在单处理器系统中，或者如果多个处理器调试事件由内置 CTI 传输，则该信号可能会被固定为低电平。

DBGRESTART 和 DBGRESTARTED——用于多处理器系统，它们允许多个处理器同时从暂停状态中恢复。在单处理器系统中，或者如果多个处理器调试事件由内置 CTI 传输，则 DBGRESTART 信号可以被固定为低电平，而 DBGRESTARTED 可以不使用。

FIXMASTERTYPE——此信号在 Cortex-M3 和 Cortex-M4 处理器中可用。该信号为低电平时，当处理器上运行的软件生成传输时，允许调试器使用相同的总线主机信息（HMASTER）生成调试访问（此行为在 AHB-AP 中可编程）。当该信号为高电平时，HMASTER 信号始终表示传输的实际来源。如果系统中有固件保护机制，需要知道总线传输的实际来源，则应该将此信号设置为高电平。在其他 Cortex-M 处理器中，DAP 接口不允许调试访问的 HMASTER 值由调试主机软件控制，因此不需要这个信号。

5.4.2　菊花链式 JTAG 连接

理论上，如果使用 JTAG 协议，则可以将一个 JTAG 设备通过菊花链连接到另一个 JTAG 设备，但是某些调试工具不支持这种实现方式。此外，用于设备测试的菊花链 JTAG TAP 控制器和用于软件调试的 TAP 控制器同时调试时可能会导致意外冲突，应尽量避免这种情况。

第 6 章
低功耗支持

6.1　Cortex-M 处理器低功耗特性

当下的微控制器可以被设计得能效极高，系统运行中应用低功耗技术、系统睡眠时超低电流、SRAM 低功耗保持状态的低功耗效果等令人印象深刻。许多基于 Cortex-M 处理器内核的低功耗微控制器可以在 50 uA/MHz 以下工作，较过去问世之初，处理器所需的工作电压更低，因此在使用电池供电的情况下，系统工作时间更长。由于 Cortex-M 处理器系统具有较高的代码密度和较高的处理性能，其能效往往比 8 位和 16 位解决方案要高得多。

大多数 Cortex-M 处理器都提供了低功耗特性，如：

- 在处理器架构层面定义了睡眠模式和深度睡眠模式。
- 多个模块级门控时钟信号，以及可选的子模块级时钟门控功能（有时也称为架构时钟门控）。
- 支持状态保持电源门控（State Retention Power Gating，SRPG）。
- 可选的唤醒中断控制器（Wake-up Interrupt Controller，WIC）。
- sleep-on-exit 特性：处理器执行完中断处理程序，即没有中断请求被挂起时，将自动进入睡眠模式。

更先进的 Cortex-M 处理器还支持面向多电源域和流水线优化的超低功耗设计。

除了上述几种低功耗特性外，Cortex-M 处理器的某些特性也有利于实现低功耗：

- 代码密度高。相同功能的程序代码量更小，程序存储器容量更小。
- 面积小。Cortex-M0、Cortex-M0+、Cortex-M23 等处理器是专门为低功耗应用而设计的，因此门数较少、面积较小。

- 性能优。任务处理速度更快，能够降低整体功耗。
- 低中断延迟和中断处理优化，能够降低中断处理时的功耗。

在系统级层面，也存在一些低功耗优化方法，比如图 4.14 中使用多组 SRAM 的方法。本章重点介绍一些降低系统功耗的方法。

6.2　低功耗设计基础

时钟门控（clock gating）是数字系统中最基本的低功耗方法，即寄存器具有使能控制，禁止时可以减少不必要的内部信号翻转。电路经 EDA 工具综合后，可以通过 EN 信号控制寄存器时钟的开启或关闭，处于关闭状态下能进一步降低动态功耗，如图 6.1 所示。

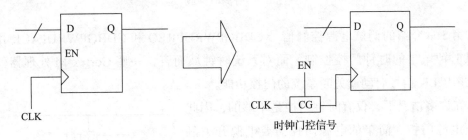

图 6.1　时钟门控

由于所有 Cortex-M 处理器都是用通用的 Verilog RTL 源代码编写的，因此综合工具可以很容易地处理时钟门控插入。

一类时钟门控涉及的电路规模更大，即在处理器内部设计中，针对那些包含时钟门控功能且相关联的电路单元封装实例化时，可以归并设计为具有共同时钟门控的子模块。为保证这些时钟门控封装正确高效工作，设计时需要精心设计、合理布局，以确保 EDA 工具综合后电路的正确性和最优性。上述技术被称为架构时钟门控（Architectural Clock Gating，ACG），在设计处理器时，可通过配置一个 Verilog 参数来启用 / 禁用，如图 6.2 所示。

许多 Cortex-M 处理器中存在多个顶层时钟信号，系统设计者可以在时钟域层单独对每个顶层

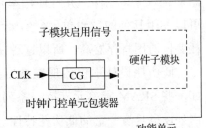

图 6.2　架构时钟门控

时钟信号进行门控处理，如图 6.3 所示。在一些先进处理器中，类似情况已经在处理器内核中进行处理。

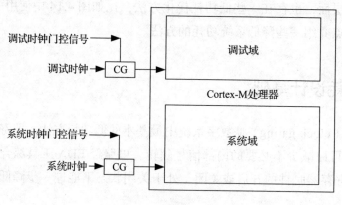

图 6.3　分离时钟域

第 5 章介绍的调试电源控制信号 CDBGPWRUPREQ 和 CDBGPWRUPACK 用于调试时钟域中的时钟门控控制。而对系统时钟域而言，一些 Cortex-M 处理器使用 GATEHCLK 信号启动或关断系统的门控功能。

在许多情况下，仅有时钟门控是不够的，因此需要电源门控。简单的电源门控需要电源开关晶体管和具有信号隔离、箝位功能的特殊单元，如图 6.4 所示。

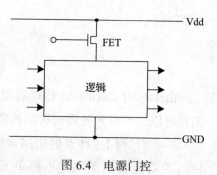

图 6.4　电源门控

这种电源门控最大的缺点是会丢失逻辑状态，需要进行复位操作。目前出现了一种新型的电源门控技术，它被称为状态保持电源门控（State Retention Power Gating，SRPG），通过在寄存器中添加状态保持元件，并且使用单独的电源对状态保持元件进行供电。在睡眠模式下，可以关闭其他的逻辑单元，有效地降低功耗，但是状态保持寄存器的面积和动态功耗要比通用寄存器高，所以这种技术并不适合长时间运行的系统。

低功耗设计不仅体现在数字逻辑中，也可以通过存储器的低功耗特性来实现，如一些 SRAM 宏单元支持一系列的低功耗状态，另外像模数转换器（ADC）这种片内外设也具有一定的低功耗特性。

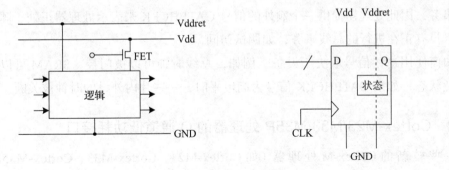

图 6.5　状态保持电源门控

6.3　Cortex-M 处理器低功耗接口

6.3.1　睡眠状态和 GATEHCLK 输出

大多数 Cortex-M 处理器都支持以下和低功耗有关的信号，如表 6.1 所示。

表 6.1　睡眠接口

信号名称	信号说明
SLEEPING	当它为 1 时，表示处理器处于睡眠状态
SLEEPDEEP	当它为 1 时，表示处理器处于睡眠状态，并且将系统控制寄存器（System Control Register，SCR）中的 SLEEPDEEP 位（第 2 位）设为 1
GATEHCLK	当它为 1 时，表示关闭 HCLK 信号是安全的（处理器处于睡眠状态，没有调试访问）

从架构方面看，处理器支持两种睡眠模式。睡眠模式和深度睡眠模式。进入这些睡眠模式的机制是相同的。

- 执行 WFI 或 WFE 将有条件地进入睡眠模式。
- 启用了 sleep-on-exit 特性，处理器从异常处理程序返回到线程级别。

进入睡眠和深度睡眠的选择是由系统控制寄存器（SCR）中的 SLEEPDEEP 位定义的。在处理器内部，这两种睡眠模式并没有太大的区别。系统设计者可以利用 SLEEPING 和 SLEEPDEEP 信号来定义芯片级别的低功耗措施，还可以使用特定设备的可编程寄存器来延长睡眠时间。

请注意，在 Armv7-M 和 Armv8-M 架构处理器中，WIC 仅在深度睡眠时使用。

当处理器处于睡眠状态时，由于调试访问，处理器的 AHB 接口上可能依然存在总线事务，因此处理器提供一个额外的信号 GATEHCLK 来表示处理器正处于睡眠状态并且没有正在进行的总线事务，如调试访问。

如何使用这些信号取决于设备。例如，总线时钟可以被门控，SRAM 可以进入低功耗状态，如果 GATEHCLK 信号为高电平时，一些片内外设的时钟被关断。

6.3.2　Cortex-M23/M33/M35P 处理器的 Q 通道低功耗接口

一些较新的 Cortex-M 处理器（如 Cortex-M23、Cortex-M33、Cortex-M35P 等）支持 Q 通道，这是 AMBA 4 低功耗接口规范中定义的握手协议之一。该接口协议的规范可从 Arm 公司官网 http://infocenter.arm.com/help/topic/com.arm.doc.ihi0068c/index.html 下载。

新的接口协议使系统设计者能够为电源管理设计可复用 IP，这个低功耗接口规范描述了 Q 通道和 P 通道协议。随着 Cortex-M23 和 Cortex-M33 处理器的发布，Cortex-M 处理器开始使用 Q 通道协议。P 通道被用于 Cortex-A 处理器，多体现在复杂的电源控制场景。

Q 通道用于连接设计单元（如处理器）和某些特定的电源管理单元，它的接口有 4 个信号，如表 6.2 所示。设计人员必须选择这些信号的极性，使得接口信号在低功耗状态下被箝位到 0，不会影响信号电平。

表 6.2　Q 通道信号

信号名称	信号说明
QACTIVE	表示设计单元要执行一个重要操作
QREQn	低电平有效的低功耗状态请求信号
QACCEPTn	低电平有效信号，用于确认低功耗请求被接受
QDENY	高电平有效信号，用于表明低功耗请求被拒绝

对于不同的电源域，处理器可以有多个 Q 通道，并且可以有独立的 Q 通道用于时钟门控和掉电操作。在简单的设计中，系统级电源管理硬件可以使用 Q 通道来控制处理器的电源域，如图 6.6 所示。

图 6.7 展示了处理器系统电源域的电源管理场景。在上电序列的开始阶段，处理器的供电由电源门控控制。在该实例中，处理器开始工作之前，QACTIVE 和 QREQn 信号保持为高电平。

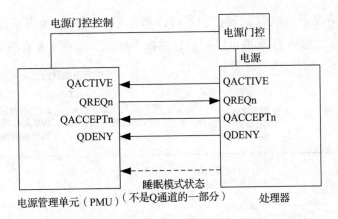

图 6.6　Q 通道设置实例

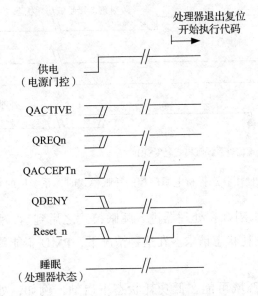

图 6.7　处理器启动时系统域的 Q 通道工作行为实例

　　处理器进入睡眠模式时，当电源管理单元检测到睡眠操作时，会把 QREQn 信号置为 0，用于请求处理器的低功耗状态（如 SRPG），随后处理器可以将 QACCEPTn 信号置为 0，以表示接受低功耗请求。在处理器接受低功耗模式请求后，将处理器置于低功耗状态，即 SRPG，如图 6.8 所示。

　　假设处理器系统在持续工作的电源域或类似的硬件特性中存在一个唤醒中断控制器（WIC），那么某片内外设可触发中断请求，通过 WIC 通知电源管理控制器唤醒系统。在这种情况下，电源管理控制器可以将电源和时钟信号恢复到处理器系统正常运行时的状态，然后 Q 通道可以完成它的握手序列，如图 6.8 右侧所示。

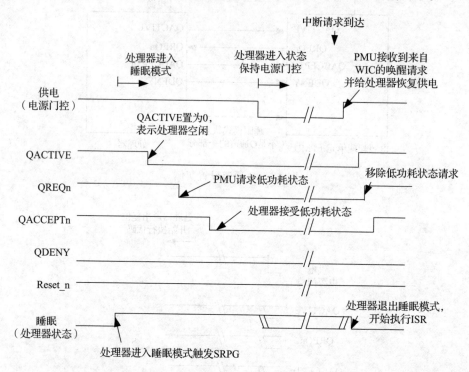

图 6.8　当处理器进入使用状态保持电源门控的睡眠模式时，系统域的 Q 通道工作行为实例

如果一个中断请求刚好在处理器进入睡眠模式之后到达，那么处理器可以使用 QDENY 信号拒绝低功耗状态请求。在这种情况下，PMU 不能关断处理器，如图 6.9 所示。

处理器的某些电源域可能在低功耗状态下启动，例如，处理器的调试电源域在系统启动时可以处于关闭状态，只有在连接调试器时才打开。在这种情况下，QACTIVE 和 QREQn 信号的启动级别将由 1 变为 0。

除了处理器系统，Q 通道还可以用于其他系统组件。由于握手协议简单且通用，因此它可以用在低功耗微控制器或片上系统的许多组件上。

6.3.3　睡眠保持接口

睡眠保持接口用于在处理器从睡眠模式唤醒时延迟程序的继续执行。使用这个接口有多种原因，如存储器块可能需要一些时钟周期来解除低功耗状态。请注意，当使用唤醒中断控制器（WIC）时，这个特性很少被使用，因为当 WIC 处理中断检测任务时，它可能通过门控机制关闭所有时钟以保持处理器处于睡眠模式。

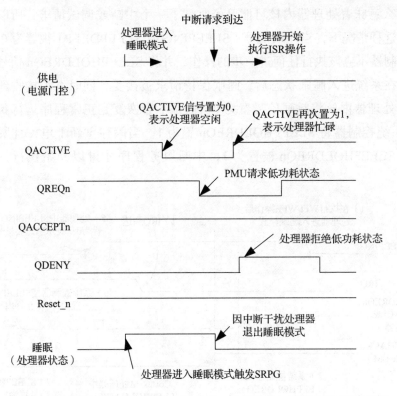

图 6.9　当处理器拒绝低功耗状态请求时，系统域的 Q 通道工作行为实例

睡眠保持接口包含如表 6.3 所示的两个信号。

表 6.3　睡眠保持接口信号

信号名称	信号说明
SLEEPHOLDREQn	处理器的输入，当使用此特性时，进入睡眠状态后，此信号被置为 1
SLEEPHOLDACKn	处理器的输出，表示接受睡眠保持请求

这两个信号低电平有效，是电源管理单元（Power Management Unit，PMU）或芯片厂商开发的系统控制器接口。

睡眠保持接口的操作非常简单：当 PMU 或系统控制器通过 SLEEPING 或 SLEEPDEEP 信号检测到处理器内核已经进入睡眠状态时，它可以向处理器发送 SLEEPHOLDREQn 信号。如果处理器内核接收了 SLEEPHOLDREQn 信号，并反馈

SLEEPHOLDACKn 信号（低电平有效），那么 PMU 或系统控制器可以通过关闭闪存、片内外设、锁相环等来降低功耗。如果处理器内核没有反馈 SLEEPHOLDACKn 信号，那么意味着处理器内核可能已经收到了一个中断或调试请求，所以它将会被唤醒。在这种情况下，当睡眠信号（SLEEPING 或 SLEEPDEEP）置为 0 时，PMU 或系统控制器不应该执行任何进一步的操作，并将 SLEEPHOLDREQn 信号置为 1。

　　如果在系统进入睡眠状态后，睡眠保持请求被接受，同时系统接收到一个中断请求，则处理器内核将睡眠信号置为 0，但是不会恢复到正常程序运行状态，直到 PMU 或系统控制器将 SLEEPHOLDREQn 置为 1。当闪存重新上电，且所有的逻辑已就绪，SLEEPHOLDREQn 被置为 1，中断服务程序才可以开始执行，如图 6.10 所示。

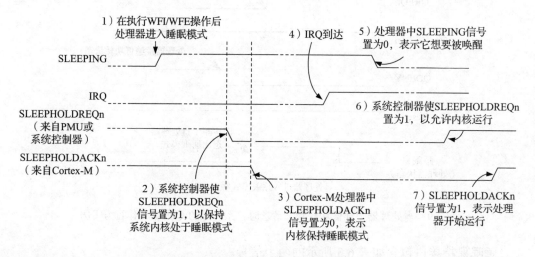

图 6.10　睡眠保持接口操作实例

　　在处理器处于睡眠状态期间，如果 GATEHCLK 置为 1，则 HCLK 可能会被关断。

　　如果不需要睡眠保持特性，则可以将 SLEEPHOLDREQn 信号固定为高电平。

6.3.4　唤醒中断控制器

　　如果 Cortex-M 处理器的所有时钟信号都通过门控机制被关断，或者处于部分状态保持的掉电状态，那么它的 NVIC 将无法检测到传入的中断或其他唤醒事件。为了解决这一问题，引入了唤醒中断控制器（WIC）。

　　WIC 是一个可选的功能模块，在电源域中被独立供电，当 NVIC 停止工作或掉电时，WIC 用于检测中断和唤醒事件。WIC 的实际接口和集成方法与处理器的类型有关，WIC 和处理器之间的接口通常包括表 6.4 所示的接口。

表 6.4　NVIC 和 WIC 之间的接口

信号名称	信号方向	信号说明
WICMASKxxx[n:0]	处理器到 WIC	唤醒事件掩码，包含 NMI、RXEV、EDBGRQ（用于 Armv7-M、Armv8-M 架构）、IRQ 信号的掩码状态，其信号宽度是可配置的
WICLOAD	处理器到 WIC	向 WIC 表示 WICMASK 是有效的，需要被捕获
WICCLEAR	处理器到 WIC	清除 WIC 内唤醒事件掩码

WIC 有以下输出，如表 6.5 所示。

表 6.5　WIC 的输出

信号名称	信号方向	信号说明
WICINT[n:0] / IRQ + 其他唤醒事件	输入	唤醒事件，包括 NMI、RXEV、EDBGRQ（用于 Armv7-M、Armv8-M 架构）和 IRQ 信号，其信号宽度是可配置的
WAKEUP	输出	向系统控制器发送唤醒请求，表示处理器需要被唤醒以处理中断请求或其他事件
WICPENDxxx[n:0]	输出	中断请求挂起。由于传入的中断事件可能是单周期的，因此在处理器恢复操作并置 WICCLEAR 信号为 1 前，WIC 一直保持请求状态，这可以通过"或"逻辑提供给 NVIC 的中断输入

Cortex-M 处理器上还有一个额外的接口来启用或禁用 WIC 操作，这将在本节的后面介绍。

Cortex-M 产品包中包含了一个 WIC IP，用于小规模中断检测，并且该 IP 是可修改的。在某些情况下，设计者修改 WIC 来启用基于组合逻辑的检测操作，能够在没有任何时钟的情况下检测和捕获唤醒事件。WIC 的操作（见图 6.11）概述如下：

- 当进入睡眠模式时，使用专用的硬件接口（WICMASK[] 和 WICLOAD）来将唤醒事件掩码从 NVIC 传至 WIC。
- 当检测到唤醒事件时，WIC 向系统电源管理控制模块发送唤醒请求。
- 电源管理控制模块重新对处理器供电并恢复时钟。处理器可以接收中断请求或其他唤醒事件并继续工作。
- 当处理器从睡眠模式中被唤醒（使用 WICCLEAR 信号）时，WIC 中的唤醒事件掩码和挂起的唤醒事件会被硬件自动清除。

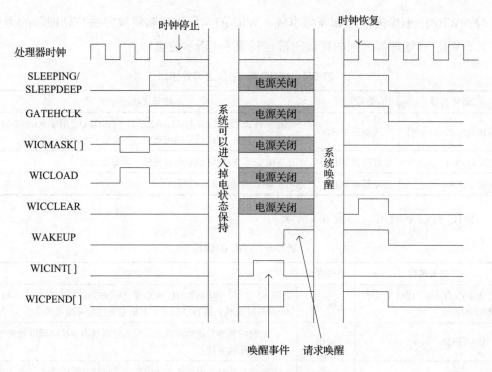

图 6.11   简化的唤醒中断控制器操作

在 Cortex-M0、Cortex-M0+、Cortex-M3、Cortex-M4、Cortex-M7 和 Cortex-M23 处理器中，WIC 位于处理器外部。在 Cortex-M33 和 Cortex-M35P 处理器中，WIC 集成在处理器内部，所以在不同的 Cortex-M 处理器中，对唤醒事件的硬件处理略有不同。在 Cortex-M3 和 Cortex-M4 处理器中，待处理的唤醒事件与原始源合并发生在 WIC 之外，而在较新版本的 Cortex-M 处理器中，此设计被合并到 WIC 中，如图 6.12 所示。

在 Armv7-M 或 Armv8-M 架构处理器系统中，EDBGRQ 信号（外部调试请求）作为 WIC 监控的唤醒事件之一被包含在处理器系统内，因为如果启用外部调试请求，则外部调试请求可能触发调试监控异常。在 Armv6-M 或 Armv8-M 架构处理器系统（即 Cortex-M23 处理器系统）中，EDBGRQ 不被视为唤醒事件，因为调试监控异常不可用。

WIC 可以通过握手信号接口启用或禁用。在 Cortex-M3 和 Cortex-M4 处理器中，这个接口包括处理器和 WIC 之间的一对握手信号，以及 WIC 和系统级控制寄存器（用户自定义的特定设备）之间的另一对握手信号，如图 6.13 所示。

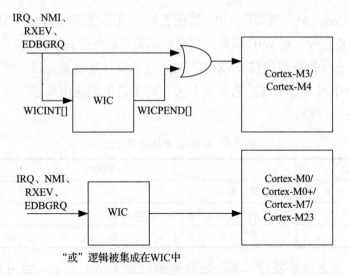

图 6.12　不同 Cortex-M 处理器中唤醒事件信号的硬件处理

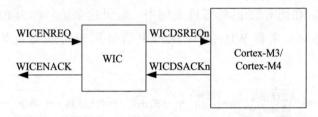

图 6.13　在 Cortex-M3 和 Cortex-M4 处理器中启用 WIC 的握手信号

在应用程序开始时，软件可以写入系统电源管理单元（处理器内核之外的特定单元）中的寄存器以启用 WIC，这启用了电源管理单元以处理状态保持电源门控，然后通过图 6.14 所示的握手顺序启用 WIC。

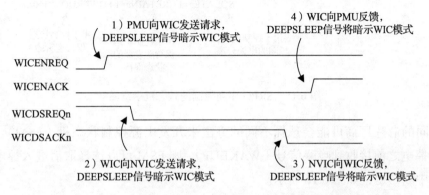

图 6.14　在 Cortex-M3 和 Cortex-M4 处理器中启用 WIC 握手信号的波形

在较新的 Cortex-M 处理器设计中，简化了 WIC 启用/禁用接口，只需要 WICENREQ 和 WICENACK 信号。在 WIC 和处理器之间不需要额外的握手操作。

当使用状态保持电源门控（SRPG）时，系统设计者需要处理一些控制信号，这些信号的控制序列与使用的工艺节点有关。对于简单的应用场景，可能需要以下几个信号，如表 6.6 所示。

表 6.6   SRPG 支持的控制信号

信号名称	信号说明
ISOLATEn	用于隔离电源域
RETAINn	用于控制、保持和恢复状态保持逻辑单元
POWERDOWN	用于电源门控的掉电控制

系统设计人员需要设计一个状态机来控制进入掉电状态和退出掉电状态的序列。为了支持这些操作，电源管理模块还需要包含一个状态信号，用于表明是否已经完成上电操作。在图 6.15 的状态机实例中，假设这个信号称为 PWRUPREADY，当处于掉电状态时，来自 WIC 的 WAKEUP 信号用于将状态机切换到唤醒操作序列。

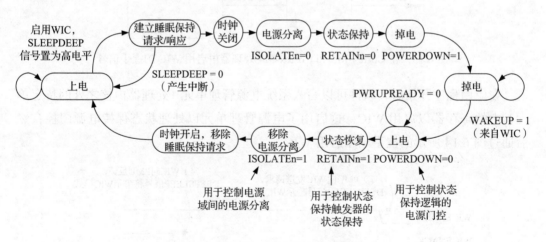

图 6.15   SRPG 序列控制的状态机示意图

不同的芯片厂商可能会选择不同的方法来开发电源控制状态机（FSM）。例如，如果在掉电之前接收到唤醒信号（WAKEUP），则 FSM 可以选择取消进入掉电序列，以减少中断延迟，如图 6.16 所示。

FSM 的设计也与其他系统组件（如存储器的电源控制）相关。

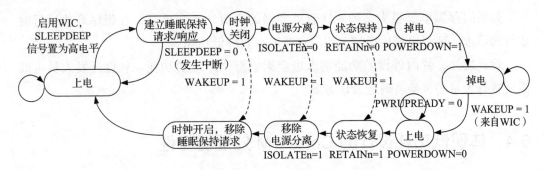

图 6.16 取消进入掉电序列的状态机示意图

6.3.5 SRPG 对软件的影响

SRPG 特性可以大大降低睡眠模式的功耗，但有以下几个方面是应用程序开发人员必须要注意的：

- SysTick 定时器将在断电时停止。当处理器断电时，处理器内的 SysTick 定时器将停止。使用操作系统的嵌入式应用程序将需要使用处理器外部的定时器来唤醒它，以便进行任务和事件调度。睡眠模式仍然允许处理器时钟自由运行，不受影响，嵌入式应用程序开发人员应该从芯片制造商那里了解睡眠模式的相关细节。

- 当使用 WIC 或 SRPG 时，中断延迟会增加。由于处理器上电、存储器初始化以及系统准备需要一定的时间，因此中断延迟可能会大大增加。有关详细信息，请查看芯片厂商提供的芯片数据手册。

- 当连接调试器时，通常禁用掉电功能，因为即使在处理器内核处于睡眠模式时，调试器也需要访问处理器。在很多类似情况下，处理器内部的 WIC 接口自动禁用执行掉电序列的 FSM。因此，当连接调试器时，对深度睡眠模式的测试会表现出不同的行为和中断延迟。

6.3.6 软件低功耗方法

软件开发中需要考虑的问题之一是决定是否需要：

- 程序快速运行（快时钟）并尽可能地快速进入睡眠模式。
- 程序缓慢运行（慢时钟）以降低功耗。

如果振荡器功耗很高，那么使用慢时钟可能是降低功耗的好方法，但这也会增加中断延迟和整体的漏电流。

如果闪存漏电流很大，则意味着处理器的峰值功率会更高，在程序高速运行时或处理器进入睡眠模式后通过关闭闪存能够有效降低功耗。

除此之外，片内外设的功能需求也会影响整个系统的功耗。软件开发人员可能需要进行大量的试验来确定最佳方案。

6.4   体现低功耗设计的 Cortex-M 处理器特性

6.4.1   高代码密度

由于 Cortex-M 系列处理器的指令集中混合使用了 16 位和 32 位指令，因此能够实现较高的代码密度（见图 6.17），与其他处理器相比，相同的应用程序需要的存储空间更小。

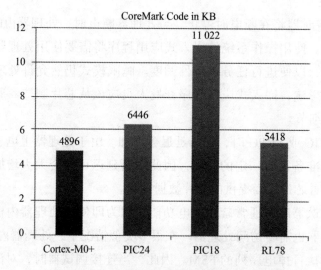

图 6.17   Thumb 指令集为微控制器提供高代码密度

高代码密度除了可以使用较小容量的程序存储器来降低功耗，还包含以下两个优点：

- 降低成本。
- 减小芯片尺寸。

6.4.2   短流水线模式

除了 Cortex-M7 处理器，大多数 Cortex-M 处理器都有一个相当短的流水线（2

到 3 个阶段）。在这些处理器设计中，短流水线特性使处理器在没有包含分支预测逻辑的情况下，具有较低的分支代价。更短的流水线也减少了分支阴影，即处理器获取分支之后的指令，但如果采用分支，该指令则会被丢弃。例如在 Cortex-M0+ 和 Cortex-M23 处理器中，由于流水线只有 2 个阶段，分支阴影被缩减为只有一个整字。分支阴影不利于提高能效，因为它们意味着存储系统已经使用能量来获取指令，但这些指令是不需要的，如图 6.18 所示。

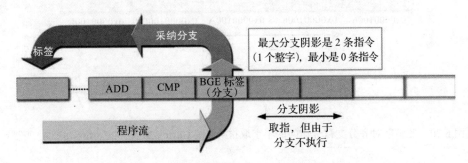

图 6.18　Cortex-M0+ 和 Cortex-M23 处理器中的分支阴影

6.4.3　取指优化模式

虽然有些指令是 16 位的，但是 Cortex-M 处理器在大多数情况下以 32 位的方式获取指令。对于 Cortex-M7 来说，如果使用 64 位的 ITCM 或 AXI 接口，则以 64 位的方式获取指令，这意味着获取每条指令的时候，Cortex-M 处理器最多可以获得 2 条指令，并且指令提取接口可以在不需要时处于非活动状态，这样可以降低程序存储器访问的功耗，如图 6.19 所示。

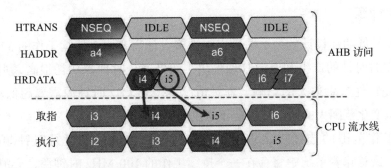

图 6.19　32 位取指可减少存储器访问

如果分支目标不是整字对齐的，即地址的第 1 位是 1，那么 Cortex-M0+ 和

Cortex-M23 处理器也支持半字指令提取，这意味着该次访问的字节通道其中一半可以处于非工作状态，在短循环中可以有效降低功耗，如图 6.20 所示。

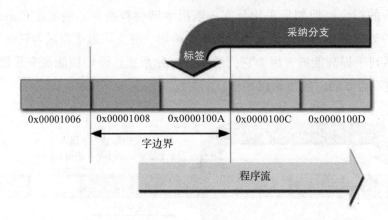

图 6.20   非整字对齐分支目标访问的半字取指（仅限 Cortex-M0+ 和 Cortex-M23 处理器）

6.5   系统级设计注意事项

6.5.1   低功耗设计

低功耗设计是一个非常大的课题。除了利用处理器的不同睡眠模式或将处理器扩展到其他睡眠模式外，芯片的所有部分都会对低功耗性能和能效产生影响，比如微控制器设计中非常典型的时钟门控，以及某些片内外设可以在不使用的情况下将其对应的时钟关断。

6.5.2   时钟源

时钟源是低功耗设计的一个关键点。许多设计需要一个持续工作的 32 kHz 时钟源，用于实时时钟的产生和电源管理模块，如果这个时钟源功耗很高，则它将对系统的低功耗特性产生很大的影响。理想情况下，32 kHz 时钟源需要超低功耗特性，在工作电压变化范围大的情况下也能正常工作。

晶振工作范围的选择也很重要。一个微控制器产品的运行时钟频率可能为 100 MHz，这意味着系统中将存在一个持续工作的 100 MHz 时钟源，会消耗很大的功率。因此，可以使用一个产生相对慢速时钟（如 4～12 MHz）的晶振，或者使用锁相环来产生更高频率的时钟。

6.5.3　低功耗存储器

不同存储器宏的睡眠 / 保持特性不尽相同，通过握手操作可以使系统睡眠模式与存储器低功耗状态关联起来，但要注意在睡眠模式功耗和唤醒延迟之间的平衡。

对于嵌入式闪存，也可以在睡眠期间将其完全关闭，且不会出现数据丢失的问题，但是当重新启用闪存时，尖峰电流可能会导致电源环上的电压下降，进而会影响其他模块的正常工作。

某些处理器允许软件在掉电前向闪存内写入数据，目的是让 SRAM 中的关键数据可以在上电后被恢复。当处理器的供电间断（如更换电池）时，也需要执行上述操作。支持上述特性的关键点在于，编程期间能够向闪存提供足够的电力和编程电压。

6.5.4　缓存存储器

虽然增加缓存单元会增加芯片面积和漏电流，从而导致系统的整体功耗增加，但它能够提高系统运行速度，因为它减少了处理器对主存储器的访问，特别是对嵌入式闪存的访问，通常嵌入式闪存的访问速度为 30～50 MHz，会降低整个系统的运行速度。Arm 的 Cortex-M3 处理器专业版 DesignStart 项目中的 CoreLink SDK-100/101 IP 包中包含了 AHB 闪存缓存 IP，其他系统设计包中还包含了一些不同的系统缓存设计 IP。

6.5.5　低功耗模拟单元

许多模拟单元需要在睡眠模式下保持开启状态，其中包括 32 kHz 振荡器、实时时钟、掉电检测器、一些 I/O（当 I/O 输入用于外部中断检测时）引脚等。

许多 I/O 引脚具有可配置的功耗模式，可以通过调整驱动强度和翻转速度来降低功耗。系统设计人员可以通过引入可编程寄存器来控制这些配置信号。

6.5.6　时钟门控设计

在许多系统设计中，可以在片内外设和总线之间增加时钟门控单元以降低动态功耗，例如，Arm 在 Corstone 基础 IP/Cortex-M 系统设计套件中包含的 AHB to APB 总线桥提供了一个时钟门控控制信号 APBACTIVE，使得在没有发生总线传输时，允许对下游 APB 外设总线时钟进行门控控制（见图 6.21）。

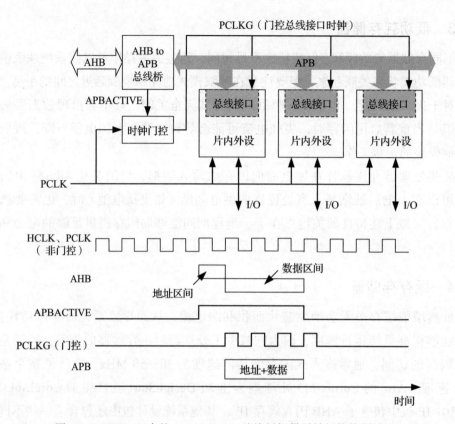

图 6.21   CMSDK 中的 AHB to APB 总线桥提供时钟门控控制输出

使用此功能可能需要修改外设，使外设的总线接口模块和逻辑操作模块拥有独立的时钟信号。

某些情况下，因为外设总线上的时钟可能被门控，所以在访问总线从机之前，需要使用软件将外设总线上的时钟打开。

6.5.7   处理器完全掉电情况下的睡眠模式

Cortex-M 处理器在完全掉电的情况下，依然能够通过某些硬件事件唤醒系统，但是在这种情况下：

- 处理器状态将丢失，因此软件在执行掉电事务之前必须将处理器关键信息保存到状态保持 SRAM 中。
- 系统设计需要额外的硬件逻辑来处理硬件唤醒事件检测。

系统设计人员需要添加自定义唤醒单元来检测唤醒事件，并且：

- 向电源管理硬件模块发送信号，以恢复处理器系统的供电。
- 复位处理器系统，但不复位状态保持存储器和寄存器。
- 释放复位信号，使处理器能够重新工作。

如图 6.22 所示，该设计还需要一些额外的组件。

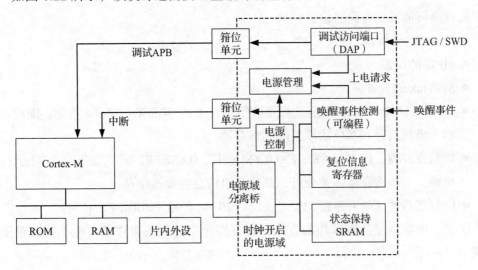

图 6.22　完全掉电情况下的系统低功耗模式所需硬件逻辑

- 电源控制——允许软件选择使用哪种睡眠模式（在深度睡眠模式时是否会进入掉电状态）。
- 复位信息寄存器——允许软件决定它是否进行一个冷启动或在睡眠模式掉电状态下被唤醒。
- 状态保持 SRAM（可选）——用于保存各种程序状态信息。
- 唤醒事件检测——检测从片内外设或 I/O 产生的唤醒事件，检测逻辑的启用或关断可由软件配置。

由于唤醒过程需要时间，因此还必须保存唤醒事件信息，以便软件有时间启用 NVIC。

调试访问端口（DAP）——一种解决方案是使 SWJ-DP 单元处于始终开启的电源域中，以允许调试器通过调试连接唤醒系统；另一种解决方案是使用其他硬件机制唤醒系统，以便调试器可以连接到处理器以启动调试会话。

但是这种方法的缺点是，处理器必须先启动，所以需要更长的时间来处理中断，但可以通过在关机前将处理器的关键状态存储到保持状态 SRAM 中，并在唤醒后恢复状态，以减少启动时间。使用这种方法，可以跳过 C 运行时启动，从而减少设置 NVIC 所需的时间。

如果使用这种方法，睡眠过程应该在特权线程模式下进行，如果具备 TrustZone 功能，则睡眠过程应处于安全特权线程模式，能够访问所有寄存器状态。

处理器可能需要存储的信息包括：

- NVIC 的设置。
- MPU 的设置。
- SysTick 的设置。
- SP 组（MSP 和 PSP 的信息都要被保存），如果实现 TrustZone 功能，则应存储四个堆栈指针和相应的堆栈限制寄存器。
- 特殊寄存器（PRIMASK、FAULTMASK、BASEPRI 等），如果存在 TrustZone 功能，这些寄存器将被分组，并且分组信息需要被保存。
- FPU 的设置（如果存在 FPU），以及 FPU 寄存器（如果 FPU 启用）。

注意，根据恢复执行操作的方式，寄存器组中的某些寄存器可能不需要被重新加载。

如果使用 TrustZone 功能，状态保持 SRAM 的安全管理是很重要的，因为在掉电之前需要将某些安全信息存储在 SRAM 中。

第 7 章
总线基础组件设计

7.1 简单 AMBA 总线系统设计概述

本章将介绍基于 AMBA 5 AHB（AHB5）和 APB（AMBA 3）协议，通过 Cortex-M3 处理器开发简单 AMBA 总线系统所需的基本步骤。Cortex-M3 处理器是基于 AMBA 中 AHB 协议的 AHB Lite 版本进行设计的，而本章的实例系统使用 AHB5 协议。然而，由于 Cortex-M3 处理器不支持 TrustZone，因此本书不涉及 AHB5 的 TrustZone 安全管理功能，而且这对于初学者来说过于复杂。AHB Lite 总线主机可以使用 AHB5 互连，但需要额外的总线包装器，如将 Cortex-M3 和 Cortex-M4 处理器中的独占访问信号转换为 AHB5 协议中的对应信号。

实例系统中使用 APB 连接片内外设，APB 区域通过 AHB to APB 总线桥连接。如 4.5 节所述，在 Cortex-M3/Cortex-M4/Cortex-M7/Cortex-M33 处理器中，PPB（专用外设总线）接口主要用于调试组件，而不用于通用片内外设。

图 7.1 所示的实例系统中包含两个存储器块（ROM 和 RAM）的行为级模型和一些简单的 APB 片内外设，包括两个并行 I/O 接口端口、一个 UART 和两个定时器。除此之外，还包含 AHB to APB 总线桥和总线从机多路复用器等 AMBA 基础模块。

该实例系统具有以下特征：

- 因为存在两个 AHB 区域，且每个总线区域都包含无效的地址范围，所以需要两个默认从机。
- DNOTITRAN 输入（仅适用于 Cortex-M3 和 Cortex-M4 处理器）要设置为 1，因为使用代码多路复用模块合并了 I-CODE 和 D-CODE 总线。

- 可以把 APB 从机多路复用器和 AHB to APB 总线桥合并，也可以将这两个模块分开使用。
- PPB 总线连接在集成层内处理，不会出现在更高层级上。
- 在 Cortex-M 处理器中，无须对 NVIC 和调试组件的存储空间进行任何操作。这些组件的访问和信号传输均在处理器内部，无法从总线系统中看到。

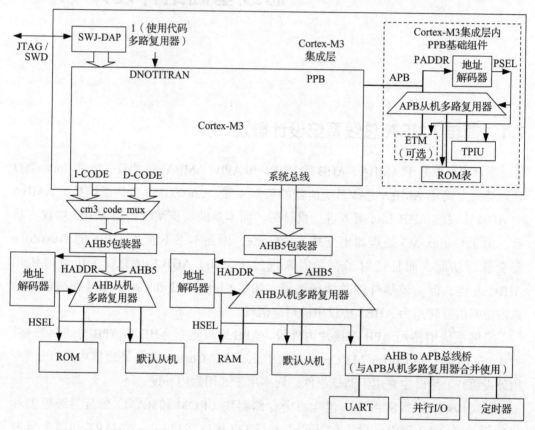

图 7.1　简单 Cortex-M3 处理器系统

设计 AMBA 系统的一个重要部分是确定所需的存储器映射。本实例基于 Cortex-M3 处理器支持的存储器映射，如图 7.2 所示，程序 ROM 和数据 RAM 各占用 64 KB，APB 片内外设占用 32 KB。

实例中的每个片内外设占用 4 KB 的存储空间，由于 APB 上只有整字传输，因此每个片内外设最多可以有 1024 个硬件寄存器，每个寄存器占用 4 字节（32 位）。在实际应用中，每个片内外设所需的寄存器数量可能远远少于 1024。

一般给每个片内外设分配 4 KB 存储空间，这样就可以基于 PADDR 的某几位设计一个简单的 APB 从机多路复用器，比如使用 PADDR 的位 [15:12] 来选中 16 个 APB 从机。APB 片内外设也可以使用其他大小的存储空间，但 APB 从机多路复用器的设计可能会稍微复杂一些。

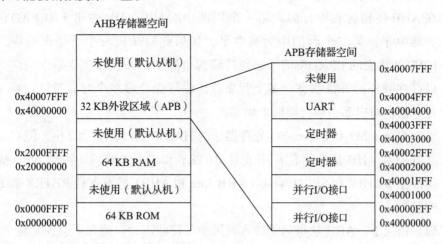

图 7.2　Cortex-M 系统存储器映射实例

基于 Cortex-M3 或 Cortex-M4 处理器的设计，在使用位带功能的情况下，存储器映射中地址的分配必须避免与位带别名区域冲突。

7.2　典型 AHB 从机设计规则

开始设计前，需要先了解 AHB 的一些协议规范。本书只介绍了基于 AHB Lite 和 AHB5 协议的从机设计规则，大多数 FPGA 设计人员只需要进行 AHB 从机设计，而不需要关心 AHB 主机的具体设计。

- 在没有 IDLE 或 BUSY 传输的等待状态时，AHB 从机必须反馈 OKAY 响应：当 HTRANS 为 IDLE(0x0) 或 BUSY（0x01）、HSEL 为 1 且 HREADY（或 HREADYIN）为 1 时，下一个时钟周期 HREADYOUT 必须为 1，HRESP 必须为 OKAY(0x0)。
- 当某从机未被选中时，该从机必须反馈带有零等待状态的 OKAY 响应：当 HSEL 为 0 且 HREADY（HREADYIN）为 1 时，在下一个时钟周期，HREADYOUT 必须为 1 且 HRESP 必须为 OKAY（0x0）。

- 复位时，AHB 从机的 HREADY 输出信号必须为 1（表示从机准备就绪），HRESP 必须为 OKAY（0x0），以确保 AHB 系统能够正确复位。

- AHB 从机的总线输入接口与总线输出接口之间不应有任何组合逻辑路径。两者由寄存器分隔，以防止产生组合逻辑环路。

- 在 AHB 传输过程中，假设第一个周期中的 HREADY 输出（HREADYOUT）为低电平，第二个周期中为高电平，如果此时从机发生了错误响应，那么 HRESP 代表的 ERROR 信号必须持续两个周期，并且在产生错误响应之前可以存在额外的等待状态。多个背靠背传输可能导致多个背靠背错误响应，但每个错误响应都必须持续两个周期。

- 尽管 Cortex-M3 和 Cortex-M4 处理器中的 HRESP 信号位宽为 2 位，但 Cortex-M 处理器和 AHB 基础组件都不支持 RETRY 和 SPLIT 响应，因此 AHB 从机无须产生 RETRY 和 SPLIT 响应（AHB Lite 和 AHB5 都不支持 RETRY 和 SPLIT 响应）。

- 理想情况下，AHB 从机只能插入有限个等待状态，以确保不会锁定整个系统。建议传输过程的最大等待状态数为 16 个周期，但系统设计者可以在必要时增加该数值。在某些情况下，如果 AHB 互连组件或从机需要处理异步时钟域之间的数据传输，则 AHB 传输中会插入更多数量的等待状态。

- AHB 从机的最小存储空间应为 1 KB。即使从机没有使用全部存储空间，剩余的存储空间也不能被其他从机占用。这样的存储空间分配不仅降低了 AHB 解码器的设计复杂性，还可以防止突发传输跨越两个从机，从而导致 AHB 协议冲突。AHB 从机的起始地址应该与其存储空间大小对齐，这样也能够降低 AHB 解码器设计的复杂性。

- 只有在没有错误响应的情况下，HEXOKAY 才能在独占传输的数据区间内置为高电平。如果总线从机不支持独占传输，则 HEXOKAY 固定为低电平。

了解了这些 AHB 设计规则后，大多数 AHB 从机可以使用流水线逻辑进行设计，如图 7.3 所示。

如果传输不需要等待状态，则可以将有限状态机（Finite State Machine，FSM）替换为简单的寄存器设计。如果存在多周期传输，则 FSM 可按图 7.4 设计。

如果系统需要支持 AHB 的 ERROR 响应功能，则需要增加额外状态，本书后面会以 AHB to APB 总线桥为例进行进一步介绍。

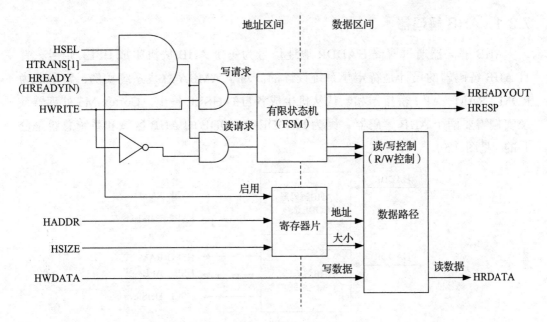

图 7.3　AHB 从机接口设计

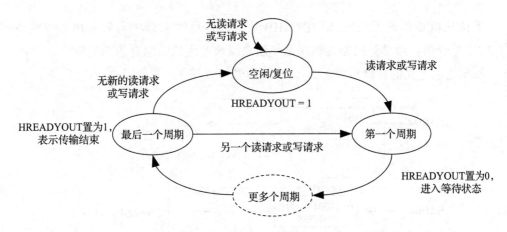

图 7.4　具有等待状态的 AHB 从机的有限状态机（FSM）

7.3　典型 AHB 基础组件

在熟悉 AHB 从机设计规则后，可以从几个常用的 AHB 基础组件开始研究 AHB 系统的开发。

7.3.1   AHB 解码器

AHB 解码器通过解码 HADDR 地址信号为每个 AHB 从机生成 HSEL 信号，并且 AHB 解码器的设计是特定于系统设计的。对于 AMBA 总线系统实例，解码器为 ROM、RAM、APB 桥接器和默认从机生成各自的 HSEL 输出。Cortex-M3 处理器系统实例需要两个 AHB 解码器，因为 I-CODE/D-CODE 的 AHB 区域和系统总线是分开的（见图 7.5）。

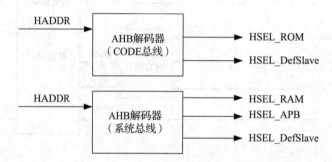

图 7.5   Cortex-M3 处理器系统实例中的 AHB 解码器

默认从机是地址无效时选中的 AHB 从机，即总线未选中有效从机，该模块将在 7.3.2 节介绍。地址解码器的输出是使用总线地址生成的组合逻辑输出。

根据之前定义的存储器映射，AHB 解码器可以按图 7.6 所示进行设计。

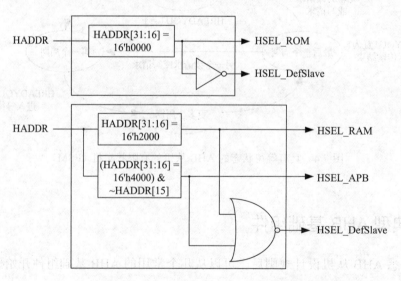

图 7.6   Cortex-M3 处理器系统实例中的 AHB 解码器设计

在某些情况下，如果 AHB 解码器仅用于 AHB 子系统，则 AHB 解码器也可以接收 HSEL 输入以启用解码操作。在 AHB 解码器实现可选 HSEL 输入的情况下，其 HSEL 输出将与 HSEL 输入进行"与"操作，因此只有当 HSEL 输入为高电平时，输出才能为高电平。这对于具有多个 AHB 子系统的复杂系统而言是必需的，并且每个 AHB 子系统的地址解码器都需要接收来自全局地址解码器的 HSEL 输入。

7.3.2　默认从机

在一般的 AHB 系统中，如果处理器试图访问未分配或未使用的存储地址，总线系统会自动选中默认从机（见图 7.7），然后默认从机会返回 ERROR 响应以生成系统故障异常。这个机制允许程序检测某个未使用的地址范围的错误访问。

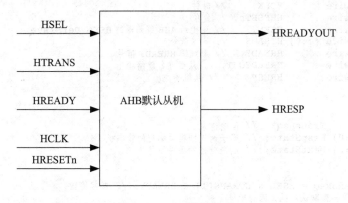

图 7.7　AHB 默认从机

当处理器输出一个无效的地址范围时，AHB 地址解码器会选中默认从机。当默认从机被选中，并且处理器或总线主机发起有效传输（HTRANS 等于 NSEQ 或 SEQ）时，默认从机会在传输的数据区间返回 ERROR 响应。

这种操作与大多数 8 位或 16 位微控制器不同，这些微控制器中无效地址的访问通常不会导致任何故障异常。使用默认从机响应无效地址访问的优点是，如果检测到 ERROR 响应，处理器可以对此进行补救，从而提高系统的鲁棒性。

在某些设计中，默认从机与 AHB 从机多路复用器可以组合使用。本例将其设计为一个单独的模块（见图 7.8）。根据 AHB 协议的要求，使用一个简单的有限状态机产生持续 2 个周期的 ERROR 响应。因为设计每次无效地址访问都生成 ERROR 响应，因此不需要担心 HWRITE 控制、HSIZE 信号和传输数据。

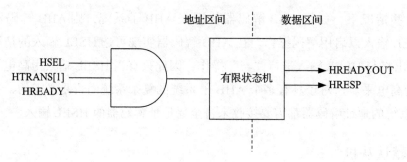

图 7.8　AHB 默认从机设计

默认从机的 Verilog RTL 代码如下：

```
module ahb_defslave (
  input   wire         HCLK,        // 时钟
  input   wire         HRESETn,     // 复位
  input   wire         HSEL,        // 连接到 AHB 解码器的 HSEL DefSlave
  input   wire [1:0]   HTRANS,      // 传输命令
  input   wire         HREADY,      // 系统级 HREADY 信号
  output  wire         HREADYOUT,   // 从机准备就绪输出
  output  wire         HRESP        // 从机响应输出
  );

// 内部信号
wire           TransReq;   // 传输请求
reg     [1:0]  RespState;  // 用于两周期错误响应的状态机
wire    [1:0]  NextState;  // 响应状态的下一个状态

// 主代码
assign TransReq = HSEL & HTRANS[1] & HREADY;  // 发起传输
 // 将数据传输到默认从机，因为地址无效

// 为有限状态机生成下一个状态
//            状态（01）：空闲状态，位 0 对应 HREADYOUT 信号，位 1 对应 RESP[0] 信号
//            状态（10）：这是错误响应的第一个周期
//            状态（11）：这是错误响应的第二个周期
assign NextState = {(TransReq | (~RespState[0])),(~TransReq)};

// 寄存有限状态机的状态
always @(posedge HCLK or negedge HRESETn)
begin
 if (~HRESETn)
   RespState <= 2'b01;  // 将第 0 位置为 1，确保 HREADYOUT 为 1
 else                   // 复位
   RespState <= NextState;
end

// 连接到输出
assign HREADYOUT  = RespState[0];
assign HRESP      = RespState[1];

endmodule
```

默认从机不会产生任何读数据和独占响应。当将默认从机连接到 AHB 系统时，

未使用的 HRDATA[31:0] 信号和 HEXOKAY 信号（在 AHB5 中提供）可以固定为零。

7.3.3　AHB 从机多路复用器

AHB 从机多路复用器将多个 AHB 从机连接到 AHB 主机。在图 7.9 中，一个 AHB 从机多路复用器最多连接 4 个 AHB 从机。

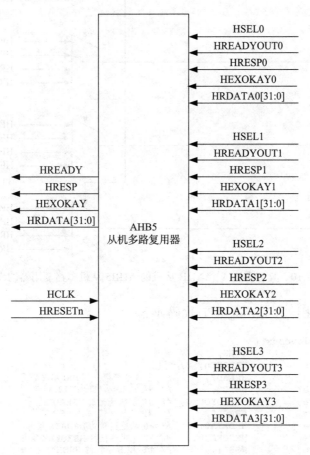

图 7.9　具有多达 4 个 AHB 从机的 AHB5 从机多路复用器

AHB 从机多路复用器接收来自每个 AHB 从机的输出，以及来自 AHB 解码器的 HSEL 输出。AHB 解码器使用多路复用的 HREADY 信号和 HSEL 输入，在内部生成流水线多路复用控制，以选择正确的数据区间输出。四端口 AHB 从机多路复用器的设计如图 7.10 所示。

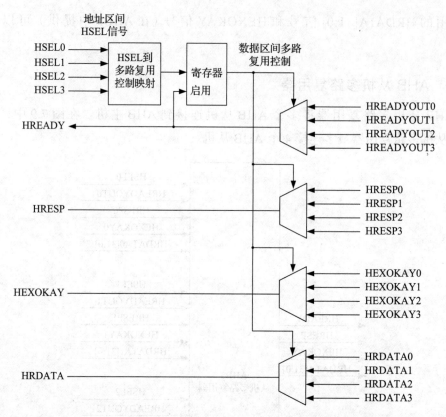

图 7.10　具有多达 4 个 AHB 从机的 AHB5 从机多路复用器的设计

从机多路复用器的 Verilog RTL 代码如下：

```
module ahb_slavemux (
  input  wire          HCLK,     // 时钟
  input  wire          HRESETn,  // 复位
  input  wire          HREADY,        // 总线系统级别的 HREADY 信号
  input  wire          HSEL0,         // #0 AHB 从机的 HSEL 信号
  input  wire          HREADYOUT0,    // #0 从机连接的 HREADY 信号
  input  wire          HRESP0,        // #0 从机连接的 HRESP 信号
  input  wire  [31:0]  HRDATA0,       // #0 从机连接的 HRDATA 信号
  input  wire          HEXOKAY0,      // #0 从机连接的 HEXOKAY 信号
  input  wire          HSEL1,         // #1 AHB 从机的 HSEL 信号
  input  wire          HREADYOUT1,    // #1 从机连接的 HREADY 信号
  input  wire          HRESP1,        // #1 从机连接的 HRESP 信号
  input  wire  [31:0]  HRDATA1,       // #1 从机连接的 HRDATA 信号
  input  wire          HEXOKAY1,      // #1 从机连接的 HEXOKAY 信号
  input  wire          HSEL2,         // #2 AHB 从机的 HSEL 信号
  input  wire          HREADYOUT2,    // #2 从机连接的 HREADY 信号
  input  wire          HRESP2,        // #2 从机连接的 HRESP 信号
  input  wire  [31:0]  HRDATA2,       // #2 从机连接的 HRDATA 信号
  input  wire          HEXOKAY2,      // #2 从机连接的 HEXOKAY 信号
  input  wire          HSEL3,         // #3 AHB 从机的 HSEL 信号
  input  wire          HREADYOUT3,    // #3 从机连接的 HREADY 信号
```

```
input  wire           HRESP3,          // #3 从机连接的 HRESP 信号
input  wire [31:0]     HRDATA3,         // #3 从机连接的 HROATA 信号
input  wire           HEXOKAY3,        // #3 从机连接的 HEXOKAY 信号
output wire           HREADYOUT,       // 将 HREADY 信号输出到 AHB 主机和 AHB 从机
output wire           HRESP,           // 将 HRESP 信号传输给 AHB 主机
output wire [31:0]     HRDATA,          // 将读取的数据传输给 AHB 主机
output wire           HEXOKAY          // 独占确认信号
);

// 内部信号
reg    [3:0] SampledHselReg;

// 寄存选择信号
always @(posedge HCLK or negedge HRESETn)
begin
if (~HRESETn)
  SampledHselReg <= {4{1'b0}};
else if (HREADY) // 如果多路复用的 HREADY 为 1, 则继续流水线操作
  SampledHselReg <= {HSEL3, HSEL2, HSEL1, HSEL0};
end

assign HREADYOUT =
  (SampledHselReg[0] & HREADYOUT0)|
  (SampledHselReg[1] & HREADYOUT1)|
  (SampledHselReg[2] & HREADYOUT2)|
  (SampledHselReg[3] & HREADYOUT3)|
  (SampledHselReg ==4'b0000);

assign HRDATA =
  ({32{SampledHselReg[0]}} & HRDATA0)|
  ({32{SampledHselReg[1]}} & HRDATA1)|
  ({32{SampledHselReg[2]}} & HRDATA2)|
  ({32{SampledHselReg[3]}} & HRDATA3);

assign HRESP =
  (SampledHselReg[0] & HRESP0)|
  (SampledHselReg[1] & HRESP1)|
  (SampledHselReg[2] & HRESP2)|
  (SampledHselReg[3] & HRESP3);

assign HEXOKAY =
  (SampledHselReg[0] & HEXOKAY0)|
  (SampledHselReg[1] & HEXOKAY1)|
  (SampledHselReg[2] & HEXOKAY2)|
  (SampledHselReg[3] & HEXOKAY3);

endmodule
```

7.3.4　带 AHB 接口的 ROM 和 RAM

　　Cortex-M 处理器系统在没有程序代码存储器和数据存储器的情况下无法工作,
本小节将通过介绍带有 AHB5 接口的 ROM 和 RAM 的仿真模型进行说明。需要注意
的是,如果使用的是 Cortex-M1 处理器,则 ROM 和 RAM 可能连接为紧耦合存储器
(TCM) 而不是 AHB,并且这些存储器的配置可以由 FPGA 设计工具处理。

本小节介绍两种存储器模型：用于程序存储的 ROM 模型和用于数据存储的 RAM 模型。ROM 模型用于程序存储器，RAM 用于数据存储器。但是，如果执行存储器初始化，RAM 模型也可用于程序存储器。这种方式允许程序自修改，或者允许外部调试器在调试期间更新程序代码。

图 7.11 展示的 ROM 模型是只读的存储器仿真模型，它必须在仿真开始之前就已经定义好内部的程序数据。在 ROM 模型的 Verilog 代码中，我们通过 Verilog 系统函数 $readmemh 读取名为 image.dat 的文件中的数据来对程序数据数组进行初始化。该文件是 Cortex-M 处理器编译产生的二进制机器码转换成十六进制后的结果文件。RAM 模型仅会将数据数组初始化为零，如果要用作程序存储器，可以添加 $readmemh 函数，将 RAM 内容初始化为其他值。

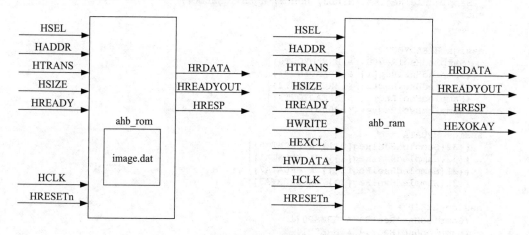

图 7.11   带有 AHB 接口的存储器仿真模型

为了简化设计，存储器模型不需要插入等待状态，而是像处理单次传输一样处理突发传输。此外，这些实例模型仅支持小端序模式。

开发所需的 AHB 存储器仿真模型有不同的方法。由于 AHB 协议是流水线结构的，因此需要在存储器中设置一个寄存区间。为了便于说明，我们将设计数据输出被寄存的 ROM 模型，而对于 RAM，使用寄存器来对控制信号进行处理。

在 ROM 设计中假设对 ROM 的所有访问都是读操作，因此未使用 HWRITE 信号。在 ROM 设计中，针对半字和字节传输，我们屏蔽了未使用的读数据输出，这在实际系统中不是必需的，像 Cortex-M3 这样的 Arm 处理器会自动忽略未使用的数据，但是屏蔽未使用的数据字节可以使总线的调试过程更容易（见图 7.12）。

AHB ROM 的 Verilog RTL 代码如下：

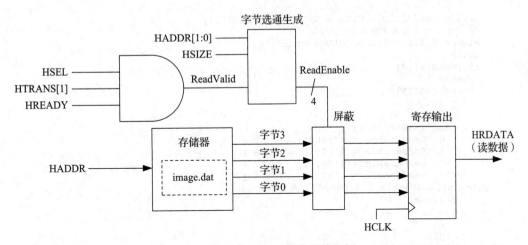

图 7.12　AHB ROM 仿真设计实例

```verilog
// 带有 AHB 接口的 64 KB ROM
module ahb_rom (
  input  wire         HCLK,      // 时钟
  input  wire         HRESETn,   // 复位
  input  wire         HSEL,      // 设备选择信号
  input  wire [15:0]  HADDR,     // 地址
  input  wire [1:0]   HTRANS,    // 传输控制信号
  input  wire [2:0]   HSIZE,     // 传输数据大小
  input  wire         HREADY,    // 传输阶段完成
  output wire         HREADYOUT, // 设备准备就绪
  output wire [31:0]  HRDATA,    // 读数据输出
  output wire         HRESP,     // 设备应答始终为 OKAY
  output wire         HEXOKAY    // 独占确认信号（未使用）
  );

  // 内部信号
  reg     [7:0]  RomData[0:65535]; // 64 KB 的 ROM 数据
  integer        i;              // 用于进行 ROM 初始化的循环计数器
  wire           ReadValid;      // 表示地址区间读有效
  wire    [15:0] WordAddr;       // 表示对齐于字边界的地址（地址区间）
  reg     [3:0]  ReadEnable;     // 为每个字节启用读操作（地址区间）
  reg     [7:0]  RDataOut0;      // 读数据输出的字节 0（数据区间）
  reg     [7:0]  RDataOut1;      // 读数据输出字节 1
  reg     [7:0]  RDataOut2;      // 读数据输出字节 2
  reg     [7:0]  RDataOut3;      // 读数据输出字节 3

  // 主代码
  // ROM 初始化
  initial
  begin
  for (i=0;i<65536;i=i+1)
    begin
    RomData[i] = 8'h00; // 所有数据初始化为 0
    end
  $readmemh("image.dat", RomData); // 读入程序代码
  end

  // 生成读控制信号（地址区间）
```

```
  assign ReadValid = HSEL & HREADY & HTRANS[1];
  // 为每个字节启用读操作（地址区间）
  always @(ReadValid or HADDR or HSIZE)
  begin
  if (ReadValid)
    begin
    case (HSIZE)
    0 : // 字节
      begin
      case (HADDR[1:0])
        0: ReadEnable = 4'b0001; // 字节 0
        1: ReadEnable = 4'b0010; // 字节 1
        2: ReadEnable = 4'b0100; // 字节 2
        3: ReadEnable = 4'b1000; // 字节 3
default:ReadEnable = 4'b0000; // 非有效地址
      endcase
      end
    1 : // 半字
      begin
      if (HADDR[1])
        ReadEnable = 4'b1100; // 高半字
      else
        ReadEnable = 4'b0011; // 低半字
      end
    default : // 字
      ReadEnable = 4'b1111; // 整字
    endcase
    end
  else
    ReadEnable = 4'b0000; // 没有进行读操作
  end

  // 读操作
  assign WordAddr = {HADDR[15:2], 2'b00}; // 获取字对齐地址
  // 读寄存
  always @(posedge HCLK or negedge HRESETn)
  begin
  if (~HRESETn)
    begin
    RDataOut0 <= 8'h00;
    RDataOut1 <= 8'h00;
    RDataOut2 <= 8'h00;
    RDataOut3 <= 8'h00;
    end
  else
    begin // 启用读操作为高电平时开始读操作
    RDataOut0 <= (ReadEnable[0]) ? RomData[WordAddr  ] : 8'h00;
    RDataOut1 <= (ReadEnable[1]) ? RomData[WordAddr+1] : 8'h00;

    RDataOut2 <= (ReadEnable[2]) ? RomData[WordAddr+2] : 8'h00;
    RDataOut3 <= (ReadEnable[3]) ? RomData[WordAddr+3] : 8'h00;
    end
  end
  // 连接到顶层
  assign HREADYOUT = 1'b1; // 总是准备就绪（无等待状态）
  assign HRESP     = 1'b0;// 总是以 OKAY 响应
  assign HEXOKAY   = 1'b0;// ROM 中不支持独占访问
    // 读数据输出
  assign HRDATA    = {RDataOut3, RDataOut2, RDataOut1,RDataOut0};

endmodule
```

与 AHB ROM 不同，AHB RAM 设计的寄存操作发生在控制信号生成时。所有实际的读操作和写操作都发生在 AHB 传输的数据区间。这样可以确保写入的数据如果在下一个时钟周期中被读取，则输出更新后的值。

AHB SRAM 示例设计还通过独占响应生成逻辑和独占访问序列的标记寄存器（用于地址和总线主机 ID）增加支持独占访问（见图 7.13）。信号量数据通常放在 SRAM 中，如果在信号量读 – 改 – 写操作期间，另一个总线主机向相同地址写入数据，则可以通过该模型中新增的逻辑检测访问冲突。

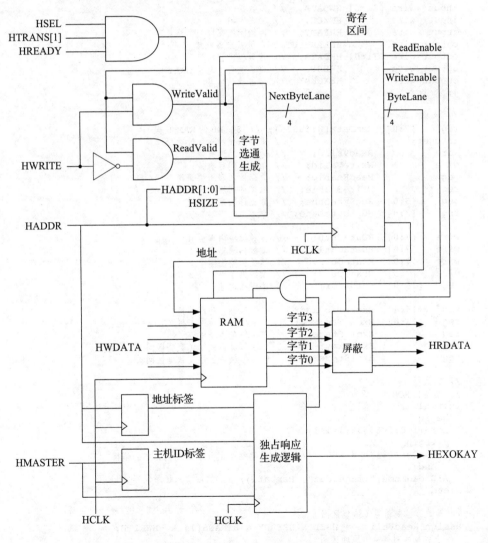

图 7.13　AHB RAM 仿真设计实例

AHB SRAM（用于仿真）的 Verilog RTL 代码如下：

```verilog
// 带有 AHB 接口的 64 KB RAM
//
module ahb_ram (
  input   wire          HCLK,      // 时钟
  input   wire          HRESETn,   // 复位
  input   wire          HSEL,      // 设备选择信号
  input   wire [3:0]    HMASTER,   // 主机 ID
  input   wire [15:0]   HADDR,     // 地址总线
  input   wire [1:0]    HTRANS,    // 传输控制信号
  input   wire [2:0]    HSIZE,     // 传输数据大小
  input   wire          HWRITE,    // 写控制
  input   wire [31:0]   HWDATA,    // 写数据
  input   wire          HEXCL,     // 独占传输
  input   wire          HREADY,    // 传输阶段完成
  output  wire          HREADYOUT, // 设备准备就绪
  output  wire [31:0]   HRDATA,    // 读数据输出
  output  wire          HRESP,     // 设备响应（总是 OKAY）
  output  wire          HEXOKAY    // 独占确认信号
  );

  // 内部信号
  reg     [7:0]  RamData[0:65535]; // 64 KB 的 RAM 数据
  integer        i;                // 零初始化的循环计数器
  wire           ReadValid;        // 地址区间读有效
  wire           WriteValid;       // 地址区间写有效
  reg            ReadEnable;       // 数据区间启用读操作
  reg            WriteEnable;      // 数据区间启用写操作
  reg     [3:0]  RegByteLane;      // 数据区间字节通道
  reg     [3:0]  NextByteLane;     // 字节通道下一个状态

  wire    [7:0]  RDataOut0;        // 读数据输出字节 0
  wire    [7:0]  RDataOut1;        // 读数据输出字节 1
  wire    [7:0]  RDataOut2;        // 读数据输出字节 2
  wire    [7:0]  RDataOut3;        // 读数据输出字节 3
  reg     [15:0] WordAddr;         // 字对齐地址

  reg     [15:4] Excl_Tag_Addr;    // 独占访问地址
  reg     [ 3:0] Excl_Tag_MID;     // 独占访问主机 ID
  reg            Excl_State;       // 独占状态
  reg            ExclOkay;         // 独占成功（数据区间）
  reg            ExclStoreFail;    // 独占失败（数据区间）

  // 主代码
  // 初始化 ROM
  initial
    begin
    for (i=0;i<65536;i=i+1)
      begin
      RamData[i] = 8'h00; //将所有数据初始化为 0 以避免 X 态的传播
      end
    //$readmemh("image.dat", RamData); // 然后读入程序代码
    end

  // 生成读控制信号（地址区间）
  assign ReadValid  = HSEL & HREADY & HTRANS[1] & ~HWRITE;
  // 生成写控制信号（地址区间）
  assign WriteValid = HSEL & HREADY & HTRANS[1] & HWRITE;
```

```verilog
// 为每个字节启用读操作（地址区间）
always @(ReadValid or WriteValid or HADDR or HSIZE)
begin
if (ReadValid | WriteValid)
  begin
  case (HSIZE)
    0 : // 字节
       begin
       case (HADDR[1:0])
         0: NextByteLane = 4'b0001; // 字节 0
         1: NextByteLane = 4'b0010; // 字节 1
         2: NextByteLane = 4'b0100; // 字节 2
         3: NextByteLane = 4'b1000; // 字节 3
   default:NextByteLane = 4'b0000; // 非有效地址
       endcase
       end
    1 : // 半字
       begin
       if (HADDR[1])
         NextByteLane = 4'b1100; // 高半字
       else
         NextByteLane = 4'b0011; // 低半字
       end
    default : // 字
       NextByteLane = 4'b1111; // 整字
  endcase
  end
else
  NextByteLane = 4'b0000; // 没有进行读操作
end

// 将控制信号寄存至数据区间
always @(posedge HCLK or negedge HRESETn)
begin
  if (~HRESETn)
    begin
    RegByteLane <= 4'b0000;
    ReadEnable  <= 1'b0;
    WriteEnable <= 1'b0;
    WordAddr    <= {16{1'b0}};
    end
  else if (HREADY)
    begin
    RegByteLane <= NextByteLane;
    ReadEnable  <= ReadValid;
    WriteEnable <= WriteValid;
    WordAddr    <= {HADDR[15:2], 2'b00};
    end
end

// 读操作
assign RDataOut0 = (ReadEnable & RegByteLane[0]) ? RamData[WordAddr  ] : 8'h00;
assign RDataOut1 = (ReadEnable & RegByteLane[1]) ? RamData[WordAddr+1] : 8'h00;
assign RDataOut2 = (ReadEnable & RegByteLane[2]) ? RamData[WordAddr+2] : 8'h00;
assign RDataOut3 = (ReadEnable & RegByteLane[3]) ? RamData[WordAddr+3] : 8'h00;

// 写寄存
always @(posedge HCLK)
begin
```

```verilog
    if (WriteEnable &  RegByteLane[0] & ~ExclStoreFail)
      begin
      RamData[WordAddr  ] = HWDATA[ 7: 0];
      end
    if (WriteEnable &  RegByteLane[1] & ~ExclStoreFail)
      begin
      RamData[WordAddr+1] = HWDATA[15: 8];
      end
    if (WriteEnable &  RegByteLane[2] & ~ExclStoreFail)
      begin
      RamData[WordAddr+2] = HWDATA[23:16];
      end
    if (WriteEnable &  RegByteLane[3] & ~ExclStoreFail)
      begin
      RamData[WordAddr+3] = HWDATA[31:24];
      end
  end

// 独占访问标签——单个监视器示例
always @(posedge HCLK or negedge HRESETn)
begin
if (~HRESETn)
  begin
  Excl_Tag_Addr <= {12{1'b0}}; // 地址
  Excl_Tag_MID  <= {4{1'b0}}};  // 主机 ID
  end
else if (ReadValid & HEXCL) // 独占读
  begin
  Excl_Tag_Addr <= HADDR[15:4];
  Excl_Tag_MID  <= HMASTER[3:0];
  end
end

// 独占状态
always @(posedge HCLK or negedge HRESETn)
begin
if (~HRESETn)
  Excl_State <= 1'b0;
else
  if (ReadValid & HEXCL) // 独占读
    Excl_State <= 1'b1;
    else if (WriteValid & (HMASTER!=Excl_Tag_MID[3:0]) & (HADDR[15:4]==Excl_Tag_
Addr[15:4]))
    Excl_State <= 1'b0; // 另一个总线主机写入同一位置
    else if (WriteValid & HEXCL) // 另一个总线主机执行独占写入
    Excl_State <= 1'b0;
  end

// 生成独占访问响应控制信号
always @(posedge HCLK or negedge HRESETn)
begin
if (~HRESETn)
  begin
  ExclOkay        <= 1'b0;
  ExclStoreFail   <= 1'b0;
  end
else if (HREADY)
  if (ReadValid & HEXCL)
    begin
    ExclOkay        <= 1'b1;
```

```
        ExclStoreFail  <= 1'b0;
      end
    else if  (WriteValid & HEXCL) // 独占存储
      if ((HMASTER==Excl_Tag_MID[3:0]) & (HADDR[15:4]==Excl_Tag_Addr[15:4])
& Excl_State) // 独占成功
        begin
        ExclOkay      <= 1'b1;
        ExclStoreFail <= 1'b0;
        end
      else // 独占失败——独占状态没有设置或者总线主机 ID 不匹配
doesn't match
        begin
        ExclOkay      <= 1'b0;
        ExclStoreFail <= 1'b1; // 块写
        end
      else
        begin
        ExclOkay      <= 1'b0;  // 非独占访问
        ExclStoreFail <= 1'b0;
        end
    end

    // 连接到顶层
    assign HREADYOUT = 1'b1; // 总是准备就绪（无等待状态）
    assign HRESP     = 1'b0; // 总是以 OKAY 响应
    assign HEXOKAY   = ExclOkay & HREADYOUT;
    // 读数据输出
    assign HRDATA    = {RDataOut3, RDataOut2, RDataOut1,RDataOut0};

endmodule
```

对于 FPGA 设计，不使用 ROM 和 RAM 的行为级模型，存储器将被替换为：

● FPGA 器件内的存储块。

● 外部存储设备。

存储器如果使用 FPGA 资源内部实现的话，设计流程可能涉及：

● 使用 FPGA 开发工具中的存储器生成功能来产生所需的存储块设计文件。

● 直接在 FPGA 设计库中调用和配置所需的存储器组件。

如果综合工具支持存储器模型的综合，那么设计者可以创建一个可综合的存储器模型，并与其他 Verilog 文件一起进行综合。

在所有情况下，具体实现细节都取决于所使用的 FPGA 产品以及开发工具，可参考所使用的 FPGA 开发工具的文档或应用说明来确定最佳方案。

对于 Synplify 的用户，他们可以选择综合一个存储器行为级模型，并使用标准的 Verilog 函数（如 $readmemh）来对存储器进行初始化。然后，FPGA 工具将根据 FPGA 器件内的存储器块资源来产生相对应的存储器逻辑。其他厂商的各种 FPGA 工具也提供了类似的功能。

对于 ASIC/SoC 设计，ROM 和 RAM 通常使用特定工艺厂商的存储器编译器来产生，需要自行设计 AHB 总线包装器。基于 AHB Lite 的 SRAM 总线包装器源代码可从 Cortex-M0/Cortex-M3 DesignStart 包（称为 cmsdk_ahb_to_sram.v）中找到。此模块包含了基本的写缓冲功能，使存储器编译器产生的 SRAM 块能够连接到 AHB Lite 总线，不需要任何等待状态。虽然此模块中没有独占监视器功能，但如 4.7 节所述，单处理器系统中通常不需要总线级独占访问监视器。

7.3.5　AHB to APB 总线桥

将具有 APB 接口的片内外设连接到具有 AHB 接口的 Arm 处理器时，需要使用 AHB to APB 总线桥。本小节将介绍 AMBA 4 中 AHB5 和 APBv2 的总线桥设计（支持等待状态、ERROR 响应和字节选通），此桥也可用于为 AMBA 2 和 AMBA 3 设计的 APB 片内外设。在这种情况下，桥上未使用的信号可以接到固定电平，如输入信号 PREADY 可固定为高电平，输入信号 PSLVERR 可固定为低电平。

在 AHB 协议中，地址值和控制信息在地址区间从总线主机输出。由于地址区间的持续时间不固定，且写数据直到数据区间才可用，因此总线桥在地址区间结束时寄存该地址和读/写控制信号，并在数据区间将其输出到 APB。为了生成所需的 PSEL 和 PENABLE 信号，总线桥包含一个简单的有限状态机（FSM），用于处理 APB 控制信号，以及当 APB 从机发生错误（PSLVERR）时在 AHB 上返回 ERROR 响应。

实例设计还包含 1 个 APB 从机多路复用器和 8 个 APB 从机接口端口。具体选择访问哪个从机由地址值（HADDR[14:12]）的第 14 位到第 12 位决定。可以将 APB 桥接器和 APB 从机多路复用器设计为两个独立的单元，但在本例中为了简化 AMBA 系统的集成，它们被设计为一个单元，如图 7.14 所示。

实例的总线桥设计假定 HCLK 与 PCLK 相同。如果 AHB 系统和 APB 系统具有不同的时钟频率，或者时钟信号是异步的，则总线桥必须包括额外的握手机制，以支持跨不同时钟域的数据传输。这里讨论的桥接实例不涉及这一点。

为了使设计简单，这里还省略了独占访问支持，因为信号量数据通常放在 SRAM 中，而不是放在片内外设中。

对于简单的读操作，AHB to APB 总线桥在数据区间开始时输出地址和 APB 控制信号（见图 7.15）。当获得读数据时，读取值会在寄存器中被采样，并在下一个时钟周期内输出到 AHB 系统。由于总线桥支持多个 APB 从机接口，因此有多个 PSEL、PRDATA、PSLVERR 和 PREADY 信号，它们的后缀为不同数字以区别不同从机。

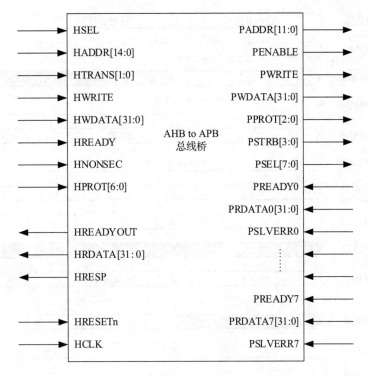

图 7.14　带有 8 个 APB 从机接口端口的 AHB5 到 APBv2 的总线桥

　　总线桥也可以被设计为在读取数据准备就绪后，立即将数据传递到 AHB 系统而无须寄存器采样。但是，如果外设系统的输出延迟很高，或者处理器内核需要较长的读取数据建立时间，则可能导致时序性能较差。寄存读数据信号和读响应为 ASIC 或 FPGA 设计提供了更好的综合时序性能，但缺点是它略微增加了芯片面积，并在 APB 操作时增加了额外的时钟周期。

　　写传输桥接类似于读传输（见图 7.16）。对于写数据，在大多数情况下，从 HWDATA 直接连接到 PWDATA 不是问题，因为不需要在写数据路径中添加多路复用器（只需要缓冲器，因为 HWDATA 信号要连接到大量总线从机），但在反馈给 AHB 系统之前，PREADY 信号和 PSLVERR 信号将被寄存。

　　为了产生读写控制信号，总线桥使用了一个简单的有限状态机（FSM），如图 7.17 所示。如果检测到 APB 上的 ERROR 响应，则 FSM 还用于在 AHB 上生成两个周期的 ERROR 响应。

图 7.15　AHB5 到 APBv2 总线桥读传输时序

图 7.16　AHB5 到 APBv2 总线桥写传输时序

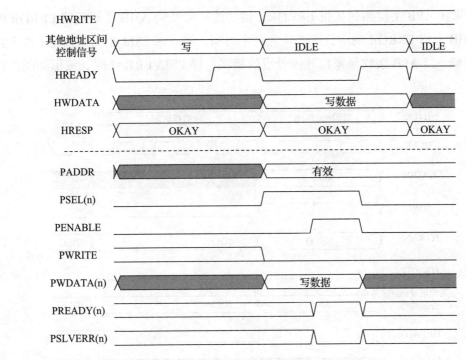

图 7.16　AHB5 到 APBv2 总线桥写传输时序（续）

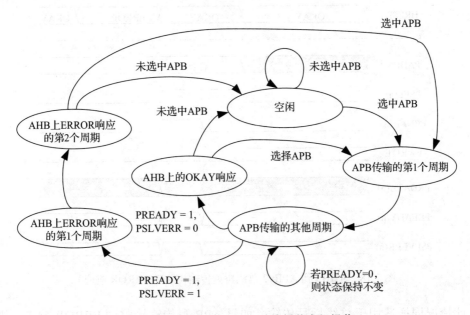

图 7.17　AHB5 到 APBv2 总线桥状态机操作

如果在 APB 上检测到从机 ERROR，则总线桥需要向 AHB 主机返回 ERROR 响应。AHB 上的 ERROR 响应长度必须为两个周期，因此在 FSM 中为此指定了两个状态，例如，当 APB 接收到来自片内外设的错误，即 PSLVERR=1 时，波形如图 7.18 所示。

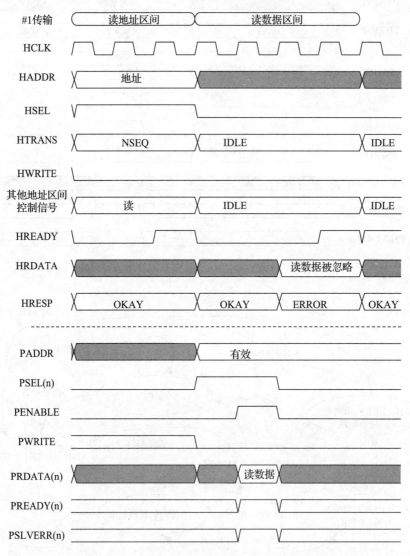

图 7.18　AHB5 到 APBv2 总线桥读传输（带有 ERROR 响应）

此情况同样适用于总线桥写传输。如果 APB 写传输接收到 ERROR 响应，则总线桥将使用相同的机制生成 ERROR 响应，如图 7.19 所示。

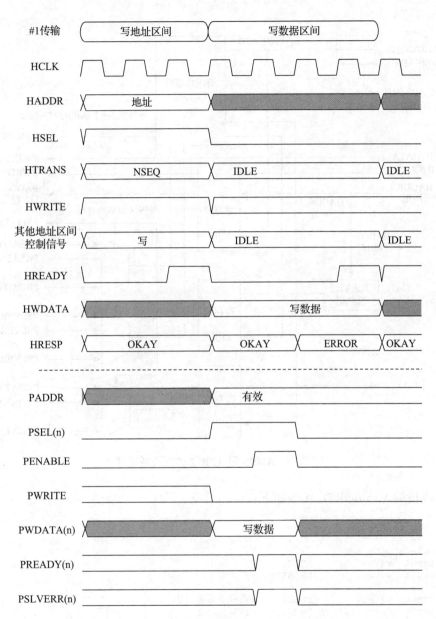

图 7.19　AHB5 到 APBv2 总线桥写传输（带有 ERROR 响应）

根据这些规则，我们可以设计 AHB to APB 总线桥，如图 7.20 所示。

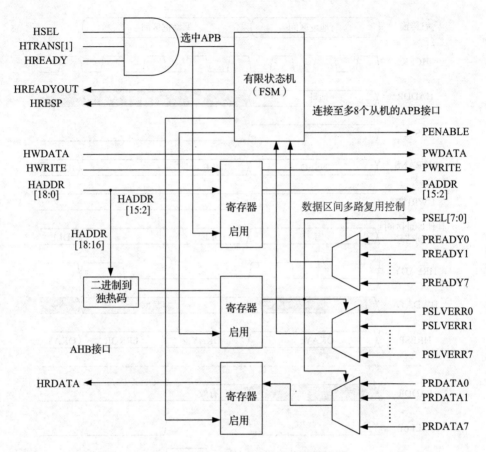

图 7.20   AHB5 到 APBv2 的总线桥设计

总线桥的 Verilog RTL 代码如下：

```
// AHB to APB总线桥
//
module ahb_to_apb (
  input  wire          HCLK,      // 时钟
  input  wire          HRESETn,   // 复位

  input  wire          HSEL,      // 设备选择信号
  input  wire   [14:0] HADDR,     // 地址总线
  input  wire   [1:0]  HTRANS,    // 传输控制信号
  input  wire   [2:0]  HSIZE,     // 传输数据大小
  input  wire          HWRITE,    // 写控制
  input  wire          HNONSEC,   // 安全属性（TrustZone）
  input  wire   [6:0]  HPROT,     // 保护信息
  input  wire          HREADY,    // 传输阶段完成
  input  wire   [31:0] HWDATA,    // 写数据

  output wire          HREADYOUT, // 设备准备就绪
  output wire   [31:0] HRDATA,    // 读数据输出
```

```
output wire              HRESP,          // 设备响应
                                         // APB 输出
output wire    [11:0] PADDR,             // APB 地址
output wire           PENABLE,           // 启用 APB
output wire           PWRITE,            // APB 写
output wire    [2:0]  PPROT,             // APB 保护信息
output wire    [3:0]  PSTRB,             // APB 字节选通
output wire    [31:0] PWDATA,            // APB 写数据
output wire           PSEL0,             // APB 选择（8 个从机）
output wire           PSEL1,
output wire           PSEL2,
output wire           PSEL3,
output wire           PSEL4,
output wire           PSEL5,
output wire           PSEL6,
output wire           PSEL7,
                                         // APB 输入信号
input  wire    [31:0] PRDATA0,           // 每个 APB 从机的读数据信号
input  wire    [31:0] PRDATA1,
input  wire    [31:0] PRDATA2,
input  wire    [31:0] PRDATA3,
input  wire    [31:0] PRDATA4,
input  wire    [31:0] PRDATA5,
input  wire    [31:0] PRDATA6,
input  wire    [31:0] PRDATA7,
input  wire           PREADY0,           // 每个 APB 从机的准备信号
input  wire           PREADY1,
input  wire           PREADY2,
input  wire           PREADY3,
input  wire           PREADY4,
input  wire           PREADY5,
input  wire           PREADY6,
input  wire           PREADY7,
input  wire           PSLVERR0,          // 每个 APB 从机的错误状态信号
input  wire           PSLVERR1,
input  wire           PSLVERR2,
input  wire           PSLVERR3,
input  wire           PSLVERR4,
input  wire           PSLVERR5,
input  wire           PSLVERR6,
input  wire           PSLVERR7
);

// 内部信息
reg  [15:2]  AddrReg;     // 地址寄存器
reg  [7:0]   SelReg;      // 独热码 PSEL 输出寄存器
reg          WrReg;       // 写控制寄存器
reg  [2:0]   StateReg;    // 有限状态机寄存器

wire         ApbSelect;   // APB 桥选中信号
wire         ApbTranEnd;  // APB 传输完成标志
wire         AhbTranEnd;  // AHB 传输完成标志
reg  [7:0]   NextPSel;    // PSEL 信号的下一状态
reg  [2:0]   NextState;   // 有限状态机的下一状态
reg  [31:0]  RDataReg;    // 读数据寄存器
reg  [2:0]   PProtReg;    // 保护信息
reg  [3:0]   NxtPSTRB;    // 写字节选通信号下一状态
reg  [3:0]   RegPSTRB;    // 写字节选通寄存器
wire [31:0]  muxPRDATA;   // 从机多路复用器信号
```

```verilog
wire            muxPREADY;
wire            muxPSLVERR;

// 主代码

// 生成 APB 桥选择信号
assign    ApbSelect = HSEL & HTRANS[1] & HREADY;
// 生成 APB 传输结束信号
assign    ApbTranEnd = (StateReg==3'b010) & muxPREADY;
// 生成 AHB 传输结束信号
assign    AhbTranEnd = (StateReg==3'b011) | (StateReg==3'b101);

// 生成每个 AHB 传输的 PSEL 下一状态
always @(ApbSelect or HADDR)
begin
if (ApbSelect)
  begin
  case (HADDR[14:12]) // 针对设备选择信号，将二进制转为独热码
  3'b000 : NextPSel = 8'b00000001;
  3'b001 : NextPSel = 8'b00000010;
  3'b010 : NextPSel = 8'b00000100;
  3'b011 : NextPSel = 8'b00001000;
  3'b100 : NextPSel = 8'b00010000;
  3'b101 : NextPSel = 8'b00100000;
  3'b110 : NextPSel = 8'b01000000;
  3'b111 : NextPSel = 8'b10000000;
  default: NextPSel = 8'b00000000;
  endcase
  end
else
  NextPSel = 8'b00000000;
end


// 寄存 PSEL 输出
always @(posedge HCLK or negedge HRESETn)
begin
if (~HRESETn)
  SelReg <= 8'h00;
else if (HREADY|ApbTranEnd)
  SelReg <= NextPSel; // 当桥被选中时设置
end                   // 当传输完成时清除


// 采样控制信号
always @(posedge HCLK or negedge HRESETn)
begin
if (~HRESETn)
  begin
  AddrReg <= {10{1'b0}};
  WrReg   <= 1'b0;
  PProtReg<= {3{1'b0}};
  end
else if (ApbSelect) // 仅在每个 APB 外设开始传输时改变
  begin
  AddrReg <= HADDR[11:2]; // 最低 2 位没有使用
  WrReg   <= HWRITE;
  PProtReg<= {(~HPROT[0]),HNONSEC,(HPROT[1])};
  end
end


// 字节写选通
```

```verilog
always @(*)
begin
  if (HSEL & HTRANS[1] & HWRITE)
    begin
    case (HSIZE[1:0])
      2'b00: // 字节
        begin
        case (HADDR[1:0])
        2'b00: NxtPSTRB = 4'b0001;
        2'b01: NxtPSTRB = 4'b0010;
        2'b10: NxtPSTRB = 4'b0100;
        2'b11: NxtPSTRB = 4'b1000;
        default:NxtPSTRB = 4'bxxxx; // 不应该存在
        endcase
        end
      2'b01: // 半字
        NxtPSTRB = (HADDR[1])? 4'b1100:4'b0011;
      default: // 字
        NxtPSTRB = 4'b1111;
    endcase
    end
  else
    NxtPSTRB = 4'b0000;
end

always @(posedge HCLK or negedge HRESETn)
begin
if (~HRESETn)
  RegPSTRB<= {4{1'b0}};
else if (HREADY)
  RegPSTRB<= NxtPSTRB;
end

// 生成有限状态机的下一状态
always @(StateReg or muxPREADY or muxPSLVERR or ApbSelect)
begin
case (StateReg)
 3'b000 : NextState = {1'b0, ApbSelect}; // 当选中时进入状态 1
 3'b001 : NextState = 3'b010;            // 进入状态 2
 3'b010 : begin
            if (muxPREADY & muxPSLVERR) // 接收到错误信号——通过进入状态 4 和 5 在 AHB
                                        // 上产生两个周期的 ERROR 响应信号
              NextState = 3'b100;
            else if (muxPREADY & ~muxPSLVERR) // 接收到 Okay 信号
              NextState = 3'b011; // 状态 3 产生 Okay 响应信号
            else // 从机未就绪
              NextState = 3'b011; // 不改变
          end
 3'b011 : NextState = {1'b0, ApbSelect}; // 终止传输
                                         // 选中时改变至状态 1
 3'b100 : NextState = 3'b101;     // 进入 ERROR 响应的第二个周期
 3'b101 : NextState = {1'b0, ApbSelect}; // ERROR 响应的第二个周期
                                         // 选中时改变至状态 1
 default : // 未使用
          NextState = {1'b0, ApbSelect}; // 当选中时改变至状态 1
endcase
end

// 寄存状态机
```

```
always @(posedge HCLK or negedge HRESETn)
begin
if (~HRESETn)
  StateReg <= 3'b000;
else
  StateReg <= NextState;
end

// 从机多路复用器
assign muxPRDATA = ({32{SelReg[0]}} & PRDATA0) |
                   ({32{SelReg[1]}} & PRDATA1) |
                   ({32{SelReg[2]}} & PRDATA2) |
                   ({32{SelReg[3]}} & PRDATA3) |
                   ({32{SelReg[4]}} & PRDATA4) |
                   ({32{SelReg[5]}} & PRDATA5) |
                   ({32{SelReg[6]}} & PRDATA6) |
                   ({32{SelReg[7]}} & PRDATA7) ;
assign muxPREADY = (SelReg[0] & PREADY0) |
                   (SelReg[1] & PREADY1) |
                   (SelReg[2] & PREADY2) |
                   (SelReg[3] & PREADY3) |
                   (SelReg[4] & PREADY4) |
                   (SelReg[5] & PREADY5) |
                   (SelReg[6] & PREADY6) |
                   (SelReg[7] & PREADY7) ;
assign muxPSLVERR = (SelReg[0] & PSLVERR0) |
                    (SelReg[1] & PSLVERR1) |
                    (SelReg[2] & PSLVERR2) |
                    (SelReg[3] & PSLVERR3) |
                    (SelReg[4] & PSLVERR4) |
                    (SelReg[5] & PSLVERR5) |
                    (SelReg[6] & PSLVERR6) |
                    (SelReg[7] & PSLVERR7) ;

// 采样 PRDATA
always @(posedge HCLK or negedge HRESETn)
begin
if (~HRESETn)
  RDataReg <= {32{1'b0}};
else if (ApbTranEnd|AhbTranEnd)
  RDataReg <= muxPRDATA;
end

// 将输出信号连接至顶层
assign PADDR   = {AddrReg[15:2], 2'b00}; // 来自采样寄存器
assign PWRITE  = WrReg;        // 来自采样寄存器
assign PPROT   = PProtReg;     // 来自采样寄存器
assign PSTRB   = RegPSTRB;
assign PWDATA  = HWDATA;       // 不需要寄存 (HWDATA 位于数据区间)
assign PSEL0   = SelReg[0];    // 来自每个 APB 从机的 PSEL 信号
assign PSEL1   = SelReg[1];
assign PSEL2   = SelReg[2];
assign PSEL3   = SelReg[3];
assign PSEL4   = SelReg[4];
assign PSEL5   = SelReg[5];
assign PSEL6   = SelReg[6];
assign PSEL7   = SelReg[7];
assign PENABLE = (StateReg == 3'b010); // 启用所有的 AHB 从机
assign HREADYOUT = (StateReg == 3'b000)|(StateReg == 3'b011)|(StateReg==3'b101);
assign HRDATA = RDataReg;
```

```
   assign HRESP  = (StateReg==3'b100)|(StateReg==3'b101);

endmodule
```

在此设计中，最多可以将 8 个 APB 从机连接到总线桥。该设计可以很容易地修改，以支持自定义数量的 APB 从机。这可以通过将二进制编码改为独热逻辑、PSEL 寄存器和多路复用器来实现。

当前的设计允许每个 APB 从机占用 4 KB 的存储空间。如果需要增加或减少每个 APB 从机的存储空间，则需要更改连接到从机多路复用器的地址信号位宽。分配 4 KB 存储空间给大多数简单的 APB 从机是足够的。

7.4　从 Cortex-M3/Cortex-M4 AHB Lite 桥接到 AHB5

如果将 Cortex-M3 或 Cortex-M4 处理器的 AHB 接口转换为 AHB5 协议，则需要一个总线包装器组件，原因如下：

- 需要将存储器属性边带信号转换为新的 AHB5 HPROT 信号。
- 需要转换独占访问信号。

需要注意的是，AHB Lite 规范与 Cortex-M3 和 Cortex-M4 处理器的总线接口设计之间也存在不匹配问题。由于 Cortex-M3 是在 AHB Lite 规范最终确定之前设计的，因此 Cortex-M3 处理器上的 HRESP 输入信号与 AHB（AMBA 2）中的输入信号位宽一样，均为 2 位宽，但不支持 RETRY 和 SPLIT 响应。将 Cortex-M3 处理器连接到 AHB Lite 基础组件时，处理器中 HRESP 信号的高位固定为 0。由于 Cortex-M4 是在 Cortex-M3 的基础上设计的，因此它的 HRESP 输入也为 2 位宽。

总线包装器的 Verilog RTL 代码如下：

```
module cm3ahb_to_ahb5 (
  input  wire          HCLK,     // 时钟
  input  wire          HRESETn, // 复位

  input  wire          CM3HREADY,  // Cortex-M3/M4 处理器的 HREADY 信号
  input  wire          CM3HWRITE,
  input  wire  [3:0]   CM3HPROT,
  input  wire  [1:0]   CM3MEMATTR, // 存储器属性
  input  wire          CM3EXREQ,   // 独占请求
  output wire          CM3EXRESP,  // 独占响应
  output wire  [1:0]   CM3HRESP,
  output wire  [6:0]   AHB5HPROT,
  output wire          AHB5HEXCL,  // 独占请求
  input  wire          AHB5EXOKAY, // 独占成功
  input  wire          AHB5HRESP
  );
```

```
reg     ExclTransfer; // 指示数据区间独占访问
//    Cortex-M3                    AHB5
// MEMATTR[1] - shareable      HPROT[6] - shareable
// MEMATTR[0] - allocate       HPROT[5] - allocate
//                             HPROT[4] - lookup
// HPROT[3]    - cacheable     HPROT[3] - modifiable
// HPROT[2]    - bufferable    HPROT[2] - bufferable
// HPROT[1]    - privileged    HPROT[1] - privileged
// HPROT[0]    - data          HPROT[0] - data

assign AHB5HPROT[6]    = CM3MEMATTR[1] & CM3HPROT[3];
assign AHB5HPROT[5]    = CM3HPROT[3] & (~CM3HWRITE | ~CM3MEMATTR[0]);

assign AHB5HPROT[4]    = CM3HPROT[3];
assign AHB5HPROT[3:0]  = CM3HPROT[3:0];

assign AHB5HEXCL       = CM3EXREQ;

// 标记数据区间独占访问
always @(posedge HCLK or negedge HRESETn)
begin
if (~HRESETn)
  ExclTransfer <= 1'b0;
else if  (CM3HREADY)
  ExclTransfer <= CM3EXREQ;
end

assign CM3EXRESP = (ExclTransfer & ~AHB5EXOKAY & CM3HREADY);

// HRESP 信号的位宽匹配
assign CM3HRESP = {1'b0, AHB5HRESP}; // 仅允许 OKAY 和 ERROR

endmodule
```

总线包装器中省略了 HNONSEC 信号（TrustZone 支持的安全属性）。如果在启用了 TrustZone 的系统中集成了不支持 TrustZone 的 Cortex-M 处理器，则可以使用以下两种处理方法：

- Cortex-M 处理器始终被视为不安全。在这种情况下，Cortex-M 处理器的 HNONSEC 信号固定为高电平。总线系统需要处理权限检查，以防止处理器访问安全存储器。
- Cortex-M 处理器始终被视为安全。在这种情况下，HNONSEC 信号必须基于存储器地址分区来产生，1 表示非安全区地址，0 表示安全区地址。

Arm 的 Corstone 系统设计套件包提供了一个名为主机安全控制器（Master Security Controller）的组件，用于在支持 TrustZone 功能的系统中处理某些总线主机（不支持 TrustZone 功能）的安全管理。

第 8 章
简单外设设计

8.1 外设系统设计

如果在基于 Cortex-M 处理器系统中设计片内外设，或开发地址为 8 位、16 位的通用片内外设 IP，可以参考本章的一些标准做法，这会使相应的软件开发更加容易一些：

- 有时，AHB 外设寄存器需要字节可寻址功能，在没有用到该功能时，要确保外设寄存器地址是字对齐的。在大多数情况下，片内外设将连接到 APB 系统，APB 的位宽固定为 32 位，而且总线上没有表示传输数据位宽信息的信号，所以最好将 APB 外设中的寄存器设计为 32 位数据位宽、地址字对齐。在外设接口的设计中，为了达到字对齐的目的，可以不使用外设地址的 [1:0] 位。

- 设计外设寄存器时，尽量不要使用通过写 0 操作清除状态标志位的方法。如果应用程序需要执行读 - 改 - 写操作以更改外设寄存器中某些位的值，在这期间该寄存器的另一状态位在读访问和写访问之间更改了状态，那么在发生写回操作时，便会丢失状态位的更改信息。通常，指示事件的状态位可以通过写 1 来清除，这样状态位就不会被意外清除。

- 在程序运行期间，如果需要通过调试器读取外设状态寄存器，最好不要在读访问期间更改状态寄存器，比如不要在读访问时清除状态寄存器。如果必须要清除状态寄存器，可以设置一个单独的地址，以便调试器在不影响系统正常运行的情况下，访问外设状态寄存器。

- 在 FPGA 启动期间，外设接口可能处于未定义状态，外设在 FPGA 就绪后进行复位操作。一般而言，FPGA 相关的产品都可以使用状态输出来指示启动顺序的完成，外设接口可以通过状态输出来判断外设的启动时间。

- 一般情况下，外设中断信号都被设计为电平触发，与脉冲触发相比，电平触发中断信号可以通过简单的同步器在不同时钟域中传播，而脉冲触发中断信号的时钟同步则更为复杂。

- 当开发复杂的系统时，自主设计所有的外设模块是不太现实的，因此可以使用一些由 IP 商提供的成熟 IP，Arm 公司也会提供一些成熟的子系统和外设，帮助你加快产品上市。

- 在许多情况下，片内外设的时钟频率比处理器低得多。设计者通常为外设总线接口提供一个单独的时钟，而不使用总线桥将总线时钟转换为频率较低的外设时钟。虽然这样做需要在不同时钟域之间进行同步操作，从而极大增加外设的设计难度，但是这也可以降低在读 / 写外设寄存器时的访问延迟，减少整个系统的功耗并降低中断延迟。

8.2　设计简单的 APB 外设

因为 AMBA APB 协议较为简单，易于上手，所以在设计外设时一般采用 APB 协议。如果外设需要支持下述任意功能，则需要使用 AHB 接口。

- 传输不同位宽的数据（寄存器为字节 / 半字可寻址）。
- 独占访问。
- 在多总线主机系统中，外设需要使用 AHB 协议中的 HMASTER 信号来表明当前访问是由哪个主机发起的。

本节将介绍一些通用 APB 外设（包括一个简单的并行 I/O 接口和定时器模块）的设计方法，在正式开始介绍之前，首先需要了解 APB 接口的相关知识。

在 AMBA 2 规范中，APB 传输需要两个时钟周期，在 AMBA 3 及更高版本中至少需要两个时钟周期。对于读操作，除非 APB 从机响应 ERROR 信号（仅适用于 AMBA 3 及更高版本），否则它必须在传输的最后一个周期提供有效的读数据。对于时钟频率较低的系统，无须使用流水线来完成读数据操作。

如图 8.1 所示，PRDATA 将在 APB 传输的所有周期内保持有效，该解决方案适用于一些时钟频率不高的系统，但是由于读数据产生过程的传播延迟，这种设计方案可能不合适对工作频率要求更高的系统。例如，如果 APB 从机包含大量硬件寄存器，则读数据多路复用器（MUX）会有很长的延迟。除此之外，系统级的 APB 从机多路复用器（示例中的 APB 从机多路复用器已经集成在 AHB to APB 总线桥中）从不同的 APB 从机中读数据也需要一定的时间。当把线延迟计算在内时，总的传播延迟将会变得更大，这会降低系统的最大时钟频率，或者在 FPGA/ASIC 设计中导致信号布线问题。

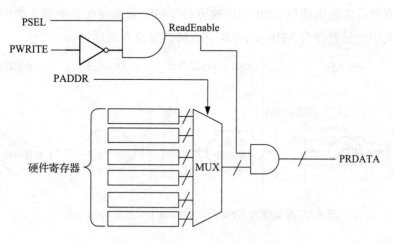

图 8.1　APB 外设读数据生成

为了解决这个问题，可以在 APB 从机读数据接口中插入一级寄存器，用以改善数据路径的综合时序质量。一种常用的方法是在读数据多路复用器的输出位置插入寄存器级，如图 8.2 所示。

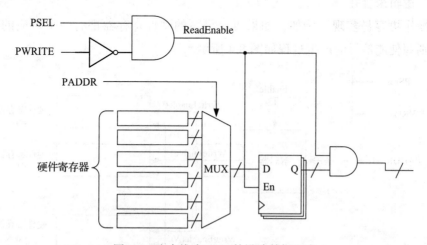

图 8.2　流水线式 APB 外设读数据生成

也可以根据系统的设计需求，在合适的位置插入寄存器，用以防止 APB 从机内硬件寄存器到 AHB to APB 总线桥的数据路径（见图 8.3）过长。此外，还可以在 AHB to APB 总线桥内部加入额外的寄存器级。总的来说，从外设寄存器到处理器的读数据操作需要两个时钟周期，这似乎增加了读操作的延迟，但是因为 APB 从机中的第一个寄存器传输周期与 APB 的传输重叠（APB 传输至少需要两个周期），所以传输过程中发生的延迟仅为 AHB to APB 总线桥的寄存器级延迟。

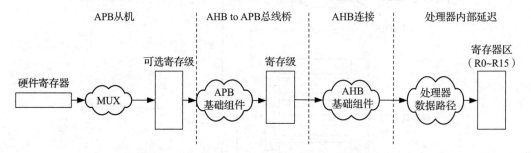

图 8.3   流水线式 APB 外设读数据生成过程的信号路径

在实例设计中，只有当从机发生读操作时，读数据寄存器才工作，否则寄存器保持不变以降低功耗。当 APB 从机没有发生读操作时，读数据输出（PRDATA）被 ReadEnable 信号屏蔽以阻止数据输出至总线。当一个 APB 区域内的所有总线从机都需要进行读操作时，由于存在这种屏蔽机制，来自多个从机的 PRDATA 信号可以使用"或"逻辑来合并。

写操作更容易实现。例如，如果每个可写的硬件寄存器都有一个对应的写使能信号，则写使能信号的产生过程如图 8.4 所示。

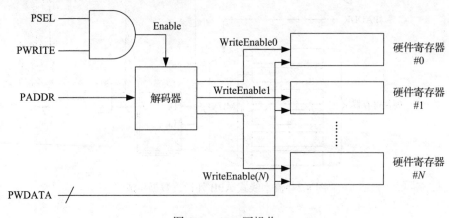

图 8.4   APB 写操作

　　在设计 APB 外设时，即使只使用了部分存储空间，也应该将每个硬件寄存器分配到字对齐的地址上，并为寄存器保留整字，这是因为 APB 接口不提供传输数据位宽信息，因此假设每次访问都是总线的最大传输数据位宽，即整字。通常的做法是不使用 PADDR 的第 1 位和第 0 位，并将寄存器分配给字对齐的地址（见图 8.5），如 0xXXXX0000、0xXXXX0004、0xXXXX0008 等。即使寄存器用不完整字，也会占用整字地址。

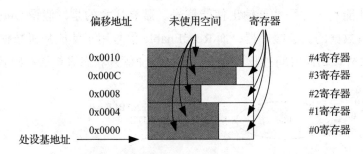

图 8.5　保持外设寄存器字对齐，地址的低两位被固定为 0

　　对于许多设计人员来说，可能需要将基于 8 位或者 16 位微控制器设计的外设迁移至基于 Cortex-M 处理器的系统设计中。在大多数情况下，这些外设具有三个读写控制信号：ChipEnable、ReadEnable 和 WriteEnable（见图 8.6）。如果外设具有同步（时钟）接口并且不需要三态数据总线，那么将这种类型的外设连接到 APB 上是非常简单的。

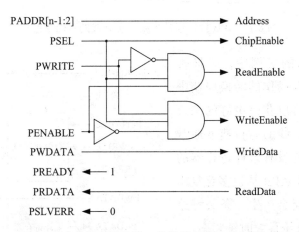

图 8.6　用于带有同步接口外设的简单 APB 包装器

　　但是，如果外设需要三态总线接口或使用异步接口，则包装器必须在多个时钟周期内处理传输，并在使用三态总线时生成一个转换周期（turn-around，使用转换周期可以防止数据总线上出现尖峰电流，因为当数据传输方向发生变化时，在传输期间某个很短的时间里，总线主机和总线从机三态缓冲器会被同时打开）。为了支持多周期操作，APB 系统必须有 PREADY 信号，所以在这种情况下需要使用 AMBA 3或更高版本的 APB 协议。

外设的总线包装器最简单的设计方法是设计一个有限状态机（见图 8.7）来生成读使能、写使能和三态缓冲器输出使能信号。需要注意的是，假设 OutputEnable 信号用于使能写数据的三态缓冲器，而 ReadEnable 信号用于使能从机数据输出的三态缓冲器。如果外设访问时间过长，则可以通过添加额外状态来扩展有限状态机。

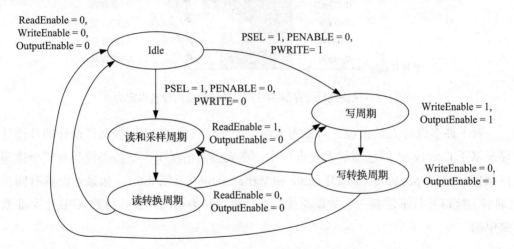

图 8.7   APB 接口到异步或三态总线的有限状态机

在图 8.8 所示的实例中，采样寄存器用于在读数据操作的转换周期中保存读数据，这可以获得更好的综合时序性能。三态总线的运行速度通常比单向总线慢，在没有采样寄存器的情况下，读操作和 APB 从机多路复用器引起的延迟可能会产生一条关键路径，从而会限制系统最大时钟频率。

对于异步外设而言，使用状态机的接口包装器逻辑如图 8.8 所示。

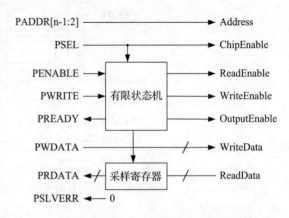

图 8.8   APB 转换至带有三态总线异步接口的包装器

此实例包装器的 Verilog 代码如下：

```verilog
module apb_to_async_wrapper (
  input  wire          PCLK,    // 时钟
  input  wire          PRESETn, // 复位
    // APB 接口输入信号
  input  wire          PSEL,    // 设备选择信号
  input  wire [7:2]    PADDR,   // 地址
  input  wire          PENABLE, // 传输控制
  input  wire          PWRITE,  // 写控制
  input  wire [31:0]   PWDATA,  // 写数据
    // APB 接口输出信号
  output wire [31:0]   PRDATA,  // 读数据
  output wire          PREADY,  // 设备准备就绪
  output wire          PSLVERR, // 设备 ERROR 响应

    // 简单的接口输出信号
  output wire [7:2]    Addr,        // 地址
  output wire [31:0]   WrData,      // 写数据
  output wire          ReadEnable,  // 启用读操作
  output wire          WriteEnable, // 启用写操作
  output wire          OutputEnable,// WrData 的三态缓冲器
  input  wire [31:0]   RdData       // 读数据
  );

// 读写周期数，数值只是例子，如果需要可以修改
localparam  RD_CYCLE=4'h3; // 三周期读
localparam  WR_CYCLE=4'h2; // 两周期写
// 状态机状态编码
localparam  FSM_IDLE=3'b000;    // 空闲状态
localparam  FSM_READ_1=3'b100;  // 读操作
localparam  FSM_READ_2=3'b101;  // 状态转换
localparam  FSM_WRITE_1=3'b110; // 写操作
localparam  FSM_WRITE_2=3'b111; // 状态转换

wire       RdStart;      // 开始读
wire       WrStart;      // 开始写
wire       OpDone;       // 操作完成
reg [3:0]  reg_cycle;    // 计数周期寄存器
reg [3:0]  nxt_cycle;    // 计数周期寄存器的下一状态
reg [2:0]  reg_fsm_state; // FSM 状态寄存器
reg [2:0]  nxt_fsm_state; // FSM 状态寄存器的下一状态
reg        reg_ReadEnable; // 读使能寄存器
reg        reg_WriteEnable;// 写使能寄存器
reg        reg_OutputEnable;// 输出使能寄存器
reg [31:0] reg_rdata;

assign RdStart = PSEL & ~PENABLE & ~PWRITE;
assign WrStart = PSEL & ~PENABLE &  PWRITE;

// 处理多周期操作的计数器
always @(*)
begin
  if (RdStart)
    nxt_cycle = RD_CYCLE;
  else if (WrStart)
    nxt_cycle = WR_CYCLE;
  else if (|reg_cycle)
    nxt_cycle = reg_cycle - 1'b1;
```

```
    else
      nxt_cycle = reg_cycle;
  end

  always @(posedge PCLK or negedge PRESETn)
    begin
    if (~PRESETn)
      reg_cycle <= 4'b0000;
    else
      reg_cycle <= nxt_cycle;
    end

assign OpDone = (nxt_cycle==4'b0000) & reg_fsm_state[2];

  // 状态机实现
  always @(*)
  begin
    case (reg_fsm_state[2:0])
      FSM_IDLE,FSM_READ_2,FSM_WRITE_2:
        begin
        if (RdStart)
          nxt_fsm_state = FSM_READ_1;
else if (WrStart)
        nxt_fsm_state = FSM_WRITE_1;
else
  nxt_fsm_state = FSM_IDLE;
end
      FSM_READ_1:
        nxt_fsm_state = OpDone? FSM_READ_2: FSM_READ_1;
      FSM_WRITE_1:
        nxt_fsm_state = OpDone? FSM_WRITE_2: FSM_WRITE_1;
      default: // 默认状态为 IDLE
        nxt_fsm_state = FSM_IDLE;
    endcase
  end

  always @(posedge PCLK or negedge PRESETn)
    begin
    if (~PRESETn)
      reg_fsm_state <= FSM_IDLE;
    else
      reg_fsm_state <= nxt_fsm_state;
    end

  // 采样来自总线从机的读数据
  always @(posedge PCLK or negedge PRESETn)
    begin
    if (~PRESETn)
      reg_rdata <= {32{1'b0}};
    else if ((reg_fsm_state==FSM_READ_1) & OpDone)
      reg_rdata <= RdData;
    end

  // 寄存 ReadEnable 控制信号
  always @(posedge PCLK or negedge PRESETn)
    begin
    if (~PRESETn)
      reg_ReadEnable <= 1'b0;
    else
      reg_ReadEnable <= (RdStart|reg_ReadEnable) & ~OpDone;
```

```
        end

  // 寄存 WriteEnable 控制信号
  always @(posedge PCLK or negedge PRESETn)
    begin
    if (~PRESETn)
      reg_WriteEnable <= 1'b0;
    else
      reg_WriteEnable <= (WrStart|reg_WriteEnable) & ~OpDone;
    end

  // 寄存输出使能（三态缓存器）控制信号
  always @(posedge PCLK or negedge PRESETn)
    begin
    if (~PRESETn)
      reg_OutputEnable <= 1'b0;
    else
      reg_OutputEnable <= (WrStart|reg_OutputEnable) &
      ~(reg_fsm_state==FSM_WRITE_2);
    end

  assign PRDATA          = (PENABLE & ~PWRITE) ? reg_rdata:{32{1'b0}};
  assign PSLVERR         = 1'b0;
  assign PREADY          =
  ~((reg_fsm_state==FSM_READ_1)||(reg_fsm_state==FSM_WRITE_1));

  // 输出到总线从机
  assign Addr[7:2]       = PADDR[7:2];
  // 注意：假设 APB 地址已寄存在 AHB to APB 总线桥中
  assign WrData[31:0] = PWDATA[31:0];
  // 注意：PWDATA 信号在 FSM_WRITE_1 信号到来之前应该是稳定的

  // 将寄存的读／写控制信号连接到顶层
  assign ReadEnable   = reg_ReadEnable;
  assign WriteEnable  = reg_WriteEnable;
  assign OutputEnable = reg_OutputEnable;

endmodule
```

8.2.1　通用输入输出接口

处理并行 I/O 接口的外设通常称为通用输入输出接口（General Purpose Input Output，GPIO）。一些商用的 GPIO 外设能够支持多种功能，但因为本小节只关注 APB 接口设计，所以仅对 GPIO 的基本功能做介绍。

设计过程的第一阶段是确定所需的接口信号，至少需要为输出三态缓冲器提供输入信号、输出信号和使能控制信号（见图 8.9）。为了提高设计的灵活性，可以使用 Verilog 参数来设置 I/O 的位宽，默认位宽为 8 位。通过这种方式，该模块的复用性很高，针对不同 I/O 位宽的应用，模块设计可以轻易地修改。

图 8.9　GPIO 外设

GPIO 模块还可以产生中断信号，并将其传递至处理器内核。为了提高设计的灵活性，每个 I/O 引脚都将提供一个中断输出，同时这些引脚中断会合并成一个中断输出信号。

和 APB 接口有关的信号都包含在 AMBA 3 APB 协议中，如果设计不需要等待状态，PREADY 输出将固定为高电平，PSLVERR 信号固定为低电平。如果设计用于 AMBA 2 协议的 APB 系统，可以忽略 PREADY 和 PSLVERR 输出状态。

设计过程的下一步是确定 GPIO 的编程模型，其中包含 6 个寄存器，如表 8.1 所示。

表 8.1　GPIO 的编程模型

偏移地址	名称	类型	复位值	说明
0x000	DataIn	RO	—	IO 端口回读值
0x004	DataOut	R/W	0x000	输出数据值
0x008	OutEnable	R/W	0x000	输出使能（使能三态缓冲器）
0x00C	IntEnable	R/W	0x000	中断使能（对于每一位，设置为 1 以启用中断生成信号，或设置为 0 以禁用中断）
0x010	IntType	R/W	0x000	中断类型（对于边沿触发中断，设置为 1；对于电平触发中断，设置为 0）
0x014	IntPolarity	R/W	0x000	中断极性（对于每一位，0 表示上升沿触发或高电平触发，1 表示下降沿触发或低电平触发）
0x018	INTSTATE	R/Wc	0x000	bit[7:0] 中断状态，写入 1 以清除中断

图 8.10 为 GPIO 模块的外设设计实例。

GPIO 设计本身不包含三态缓冲器。三态缓冲器必须在外部以特定技术添加至设计中。设计人员可能希望手动定义它们，以匹配应用程序所需的电特性。此外，在某些设计中，I/O 引脚可能需要被其他外设复用。在这种情况下，必须在引脚多路复用器之后添加三态缓冲器。

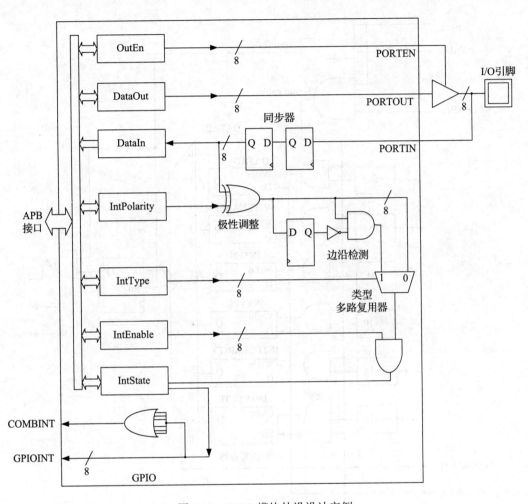

图 8.10　GPIO 模块外设设计实例

该设计还包含一个双触发器同步器，用于防止由外部输入异步切换引起的亚稳态问题，中断产生电路连接到同步器输出。如果使用这种设计，当时钟停止时，中断将无法产生。

需要注意的是，如果需要使用 GPIO 的中断功能，除了在 GPIO 模块中使能中断产生信号，还需要在 Cortex-M 处理器的 NVIC 中对中断使能寄存器进行编程。

针对 GPIO 模块的 APB 接口设计实例比较简单。首先，使用 PSEL、PWRITE 和 PENABLE 来产生控制读写操作的使能信号，然后组合使用地址解码逻辑的输出信号来控制寄存器的写操作，并控制读操作多路复用器以生成读数据，如图 8.11 所示。

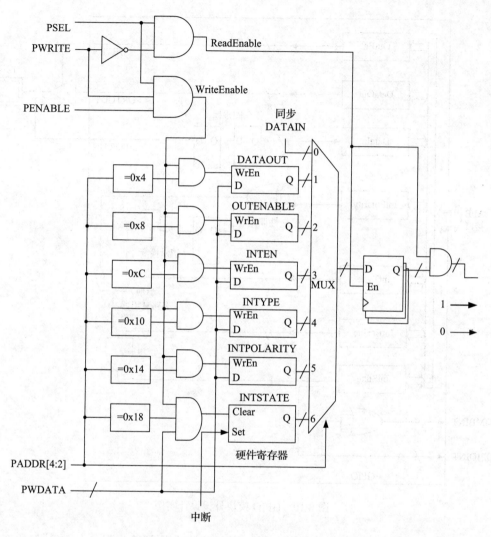

图 8.11　GPIO 模块外设的 APB 接口

GPIO 示例的 Verilog RTL 代码如下：

```
// GPIO
//
//-------------------------------------
// Programmer's model
// 0x00 RO    DataIn
// 0x04 RW    Data Output
// 0x08 RW    Output Enable
// 0x0C RW    Interrupt Enable
// 0x10 RW    Interrupt Type
// 0x14 RW    Interrupt Polarity
// 0x18 RWc   Interrupt State
```

```
//-------------------------------------
module apb_gpio #(
  parameter  PortWidth = 8
  ) (
  input   wire          PCLK,    // 时钟
  input   wire          PRESETn, // 复位
        // APB 接口输入信号
  input   wire          PSEL,    // 设备选择信号
  input   wire  [7:2]   PADDR,   // 地址信号
  input   wire          PENABLE, // 传输控制
  input   wire          PWRITE,  // 写控制
  input   wire [31:0]   PWDATA,  // 写数据
   // APB 接口输出信号
  output wire [31:0]    PRDATA,  // 读数据
  output wire           PREADY,  // 设备准备就绪
  output wire           PSLVERR, // 设备 ERROR 信号

  // GPIO 的输入输出
  input   wire [PortWidth-1:0] PORTIN,  // GPIO 输入
  output wire [PortWidth-1:0] PORTOUT, // GPIO 输出
  output wire [PortWidth-1:0] PORTEN,  // GPIO 输出使能
  // 中断输出
  output wire [PortWidth-1:0] GPIOINT, // 每个引脚的中断输出
  output wire           COMBINT  // 中断合并输出
  );

  // 读写控制信号
  wire          ReadEnable;
  wire          WriteEnable;
  wire          WriteEnable04; // 数据输出寄存器的写使能
  wire          WriteEnable08; // 输出使能寄存器的写使能
  wire          WriteEnable0C; // 中断使能寄存器的写使能
  wire          WriteEnable10; // 中断类型寄存器的写使能
  wire          WriteEnable14; // 中断极性寄存器的写使能
  wire          WriteEnable18; // 中断状态寄存器的写使能
  reg    [PortWidth-1:0] ReadMux;
  reg    [PortWidth-1:0] ReadMuxReg;

  // 寄存器控制信号
  reg    [PortWidth-1:0] RegDOUT;
  reg    [PortWidth-1:0] RegDOUTEN;
  reg    [PortWidth-1:0] RegINTEN;
  reg    [PortWidth-1:0] RegINTTYPE;
  reg    [PortWidth-1:0] RegINTPOL;
  reg    [PortWidth-1:0] RegINTState;

  // I/O 信号路径
  reg    [PortWidth-1:0] DataInSync1;
  reg    [PortWidth-1:0] DataInSync2;
  wire   [PortWidth-1:0] DataInPolAdjusted;
  reg    [PortWidth-1:0] LastDataInPol;
  wire   [PortWidth-1:0] EdgeDetect;
  wire   [PortWidth-1:0] RawInt;
  wire   [PortWidth-1:0] MaskedInt;

  // 主代码

  // 读写控制信号
  assign  ReadEnable  = PSEL & (~PWRITE); // 整个 APB 读使能
  assign  WriteEnable = PSEL & (~PENABLE) & PWRITE; // 写传输的第一个周期使能
```

```
transfer
  assign  WriteEnable04 = WriteEnable & (PADDR[7:2] == 6'b000001);
  assign  WriteEnable08 = WriteEnable & (PADDR[7:2] == 6'b000010);
  assign  WriteEnable0C = WriteEnable & (PADDR[7:2] == 6'b000011);
  assign  WriteEnable10 = WriteEnable & (PADDR[7:2] == 6'b000100);
  assign  WriteEnable14 = WriteEnable & (PADDR[7:2] == 6'b000101);
  assign  WriteEnable18 = WriteEnable & (PADDR[7:2] == 6'b000110);

  // 写操作
  // 数据输出寄存器
  always @(posedge PCLK or negedge PRESETn)
  begin
  if (~PRESETn)
    RegDOUT <= {PortWidth{1'b0}};
    else if (WriteEnable04)
      RegDOUT <= PWDATA[(PortWidth-1):0];
  end

  // 输出使能寄存器
  always @(posedge PCLK or negedge PRESETn)
  begin
    if (~PRESETn)
      RegDOUTEN <= {PortWidth{1'b0}};
    else if (WriteEnable08)
      RegDOUTEN <= PWDATA[(PortWidth-1):0];
  end

  // 中断使能寄存器
  always @(posedge PCLK or negedge PRESETn)
  begin
    if (~PRESETn)
      RegINTEN <= {PortWidth{1'b0}};
    else if (WriteEnable0C)
      RegINTEN <= PWDATA[(PortWidth-1):0];
  end

  // 中断类型寄存器
  always @(posedge PCLK or negedge PRESETn)
  begin
    if (~PRESETn)
      RegINTTYPE <= {PortWidth{1'b0}};
    else if (WriteEnable10)
      RegINTTYPE <= PWDATA[(PortWidth-1):0];
  end

  // 中断极性寄存器
  always @(posedge PCLK or negedge PRESETn)
  begin
    if (~PRESETn)
      RegINTPOL <= {PortWidth{1'b0}};
    else if (WriteEnable14)
      RegINTPOL <= PWDATA[(PortWidth-1):0];
  end

  // 读操作
  always @(PADDR or DataInSync2 or RegDOUT or RegDOUTEN or
    RegINTEN or RegINTTYPE or RegINTPOL or RegINTState)
  begin
  case (PADDR[7:2])
  0: ReadMux =  DataInSync2;
```

```
     1: ReadMux =   RegDOUT;
     2: ReadMux =   RegDOUTEN;
     3: ReadMux =   RegINTEN;
     4: ReadMux =   RegINTTYPE;
     5: ReadMux =   RegINTPOL;
     6: ReadMux =   RegINTState;
    default : ReadMux = {PortWidth{1'b0}};  // 如果地址超出范围，读数据为 0
  endcase
end

// 寄存器读数据
always @(posedge PCLK or negedge PRESETn)
begin
  if (~PRESETn)
    ReadMuxReg <= {PortWidth{1'b0}};
  else
      ReadMuxReg <= ReadMux;
  end

  // 向 APB 输出读数据
  assign PRDATA = (ReadEnable) ? {{(32-PortWidth){1'b0}},ReadMuxReg} : {32{1'b0}};
  assign PREADY  = 1'b1; // 总是准备就绪
  assign PSLVERR = 1'b0; // 总是响应 OKAY

  // 输出到外部
  assign PORTEN  = RegDOUTEN;
  assign PORTOUT = RegDOUT;

  // 同步输入
  always @(posedge PCLK or negedge PRESETn)
  begin
    if (~PRESETn)
      begin
      DataInSync1 <= {PortWidth{1'b0}};
      DataInSync2 <= {PortWidth{1'b0}};
      end
    else
      begin
      DataInSync1 <= PORTIN;
      DataInSync2 <= DataInSync1;
      end
  end

  // 中断生成——极性处理
  assign DataInPolAdjusted = DataInSync2 ^ RegINTPOL;

  // 中断生成——记录 DataInPolAdjusted 信号的上一个值
  always @(posedge PCLK or negedge PRESETn)
  begin
    if (~PRESETn)
      LastDataInPol <= {PortWidth{1'b0}};
    else
      LastDataInPol <= DataInPolAdjusted;
  end

  // 中断生成——上升沿检测
  assign EdgeDetect = ~LastDataInPol & DataInPolAdjusted;

  // 中断生成——选择中断类型
  assign RawInt = ( RegINTTYPE & EdgeDetect) |          // 边沿触发
```

```
                    (~RegINTTYPE & DataInPolAdjusted); // 电平触发
  // 中断生成——启用屏蔽
  assign MaskedInt = RawInt & RegINTEN;

  // 中断状态
  always @(posedge PCLK or negedge PRESETn)
  begin
    if (~PRESETn)
      RegINTState <= {PortWidth{1'b0}};
    else
      RegINTState <= MaskedInt|(RegINTState & ~(PWDATA[PortWidth-1:0] &
{PortWidth{WriteEnable18}}));
    end

  // 将中断信号连接到顶层
  assign GPIOINT = RegINTState;
  assign COMBINT = (|RegINTState);

endmodule
```

8.2.2 APB 定时器

也可以使用上述设计方法来设计一个简单的 APB 定时器模块。与 SysTick 定时器不同，APB 定时器的主体逻辑是一个 32 位的递减计数器，并有一个用于测量脉冲宽度的外部输入。当定时器计数器值从 1 变为 0 时，定时器可以产生一个中断，并且将自动重载一个可编程的计数值。为了使定时器功能更灵活，还可以使用一个外部输入信号作为定时器的外部使能控制信号或外部时钟信号。这些功能使得定时器可以应用于脉冲宽度测量或频率仪，这个定时器唯一的接口是 APB 接口。

设计需要确定定时器模块的编程模型，该模型只包含 4 个寄存器，如表 8.2 所示。

表 8.2　定时器模块的编程模型

偏移地址	名称	类型	复位值	说明
0x000	CTRL	R/W	0x00	控制寄存器 [3] IntrEN——中断输出使能 [2] ExtCLKSel——外部时钟选择 [1] ExtENSel——外部使能选择 [0] Enable——计数器使能
0x004	CurrVal	R/W	0x00	当前值
0x008	Reload	R/W	0x00	重载值
0x00C	INTSTATE	R/Wc	0x00	bit0——中断状态，写 1 清除

定时器外设的设计如图 8.12 所示。

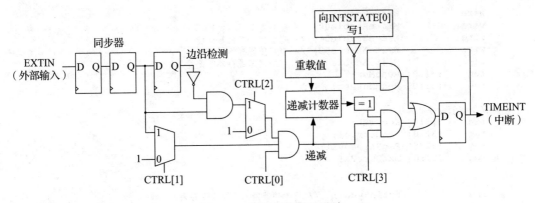

图 8.12　定时器外设的设计

定时器的 APB 接口设计几乎与 GPIO 相同，因此这里没有详细介绍。本设计的 Verilog RTL 代码如下：

```
// 定时器
//
//------------------------------------
// 编程模型
// 0x00 RW    CTRL[3:0]
//              [3] Timer Interrupt Enable
//              [2] Select External input as Clock
//              [1] Select External input as Enable
//              [0] Enable
// 0x04 RW    Current Value[31:0]
// 0x08 RW    Reload Value[31:0]
// 0x0C RWc   Interrupt state
//              [0] IntState, write 1 to clear
//------------------------------------

module apb_timer (
  input  wire          PCLK,    // 时钟
  input  wire          PRESETn, // 复位
        // APB 接口输入信号
  input  wire          PSEL,    // 设备选择信号
  input  wire [7:2]    PADDR,   // 地址
  input  wire          PENABLE, // 传输控制
  input  wire          PWRITE,  // 写控制
  input  wire [31:0]   PWDATA,  // 写数据
   // APB 接口输出信号
  output wire [31:0]   PRDATA,  // 读数据
  output wire          PREADY,  // 设备准备就绪
  output wire          PSLVERR, // 设备 ERROR 信号

  input  wire          EXTIN,   // 外部输入

  output wire          TIMERINT // 定时器中断输出
  );

  // 读写控制信号
  wire          ReadEnable;
```

```verilog
wire            WriteEnable;
wire            WriteEnable00;  // 控制寄存器写使能
wire            WriteEnable04;  // 当前值寄存器写使能
wire            WriteEnable08;  // 重载值寄存器写使能
wire            WriteEnable0C;  // 中断状态寄存器写使能
reg   [31:0] ReadMux;
reg   [31:0] ReadMuxReg;

// 控制寄存器信号
reg     [3:0] RegCTRL;
reg    [31:0] RegCurrVal;
reg    [31:0] RegReloadVal;
reg    [31:0] NxtCurrVal;

// 内部信号
reg            ExtInSync1;    // 用于外部输入的同步寄存器
reg            ExtInSync2;
reg            ExtInDelay;    // 边沿检测延时寄存器
wire           DecCtrl;       // 递减控制
wire           ClkCtrl;       // 时钟选择结果
wire           EnCtrl;        // 使能选择结果
wire           EdgeDetect;    // 边沿检测
reg            RegTimerInt;   // 定时器中断输出寄存器
wire           NxtTimerInt;

assign  WriteEnable08 = WriteEnable & (PADDR[7:2] == 6'b000010);
// 主代码
// 读写控制信号
assign  ReadEnable  = PSEL & (~PWRITE);  // 整个 APB 读使能
assign  WriteEnable = PSEL & (~PENABLE) & PWRITE;  // 写传输的第一个周期使能
assign  WriteEnable00 = WriteEnable & (PADDR[7:2] == 6'b000000);
assign  WriteEnable04 = WriteEnable & (PADDR[7:2] == 6'b000001);
assign  WriteEnable08 = WriteEnable & (PADDR[7:2] == 6'b000010);
assign  WriteEnable0C = WriteEnable & (PADDR[7:2] == 6'b000011);

// 写操作
// 控制寄存器
always @(posedge PCLK or negedge PRESETn)
begin
  if (~PRESETn)
    RegCTRL <= {4{1'b0}};
  else if (WriteEnable00)
    RegCTRL <= PWDATA[3:0];
end

// 当前值寄存器
always @(posedge PCLK or negedge PRESETn)
begin
  if (~PRESETn)
    RegCurrVal <= {32{1'b0}};
  else
    RegCurrVal <= NxtCurrVal;
end

// 重载值寄存器
always @(posedge PCLK or negedge PRESETn)
begin
  if (~PRESETn)
    RegReloadVal <= {32{1'b0}};
  else if (WriteEnable08)
```

```
            RegReloadVal <= PWDATA[31:0];
    end

// 读操作
  always @(PADDR or RegCTRL or RegCurrVal or RegReloadVal or RegTimerInt)
  begin
  case (PADDR[7:2])
   0: ReadMux =   {{28{1'b0}}, RegCTRL};
   1: ReadMux =   RegCurrVal;
   2: ReadMux =   RegReloadVal;
   3: ReadMux =   {{31{1'b0}}, RegTimerInt};
   default : ReadMux = {32{1'b0}}; // 如果地址超出范围，读数据为 0
  endcase
  end

  // 寄存器读数据
  always @(posedge PCLK or negedge PRESETn)
  begin
    if (~PRESETn)
      ReadMuxReg <= {32{1'b0}};
    else
      ReadMuxReg <= ReadMux;
  end

  // 向 APB 输出读数据
  assign PRDATA = (ReadEnable) ? ReadMuxReg : {32{1'b0}};
  assign PREADY  = 1'b1; // 总是准备就绪
  assign PSLVERR = 1'b0; // 总是响应 OKAY

// 同步输入和边沿检测延迟
  always @(posedge PCLK or negedge PRESETn)
  begin
    if (~PRESETn)
      begin
      ExtInSync1 <= 1'b0;
      ExtInSync2 <= 1'b0;
      ExtInDelay <= 1'b0;
      end
    else
      begin
      ExtInSync1 <= EXTIN;
      ExtInSync2 <= ExtInSync1;
      ExtInDelay <= ExtInSync2;
      end
  end

  // 边沿检测
  assign EdgeDetect = ExtInSync2 & ~ExtInDelay;

  // 时钟选择
  assign ClkCtrl    = RegCTRL[2] ? EdgeDetect : 1'b1;

  // 使能选择
  assign EnCtrl     = RegCTRL[1] ? ExtInSync2 : 1'b1;

  // 总体递减控制
  assign DecCtrl    = RegCTRL[0] & EnCtrl & ClkCtrl;

  // 递减计数器
  always @(WriteEnable04 or PWDATA or DecCtrl or RegCurrVal or
  RegReloadVal)
```

```
begin
if (WriteEnable04)
  NxtCurrVal = PWDATA[31:0];
else if (DecCtrl)
  begin
  if (RegCurrVal == 32'h0)
    NxtCurrVal = RegReloadVal;
  else
    NxtCurrVal = RegCurrVal - 1;
  end
else
  NxtCurrVal = RegCurrVal;
end

// 中断生成
// 当递减为 0 时，触发中断
assign NxtTimerInt = (DecCtrl & RegCTRL[3] &
                      (RegCurrVal==32'h00000001));
// 寄存中断输出
always @(posedge PCLK or negedge PRESETn)
begin
  if (~PRESETn)
    RegTimerInt <= 1'b0;
  else
    RegTimerInt <= NxtTimerInt|(RegTimerInt & ~(WriteEnable0C & PWDATA[0]));
end

// 连接到外部
assign TIMERINT = RegTimerInt;

endmodule
```

8.2.3 UART

测试例程中还包含了一个简单的 UART 模块，因为本章重点介绍 AHB/APB 接口的开发，所以有关 UART 的设计过程这里没有详细介绍。UART 具有类似于定时器和 GPIO 的 APB 接口，包含以下几个寄存器，如表 8.3 所示。

表 8.3　UART 的编程模型

偏移地址	名称	类型	复位值	说明
0x000	CTRL	R/W	0x00	控制寄存器（bit[3:0]） [3] 接收中断使能 [2] 发送中断使能 [1] 接收使能 [0] 发送使能
0x004	STAT	R/W	0x00	状态寄存器（bit[3:0]） [3] 接收溢出错误，写 1 清除 [2] 发送溢出错误，写 1 清除 [1] 接收缓冲区满 [0] 发送缓冲区满

（续）

偏移地址	名称	类型	复位值	说明
0x008	TXD	R/W	0x00	Write：发送数据寄存器 Read：发送缓冲区满（bit[0]）
0x00C	RXD	RO	0x00	接收数据寄存器（bit[7:0]）
0x010	BAUDDIV	R/W	0x00	波特率寄存器（bit[19:0]）（最小值为 32）
0x014	INTSTATE	R/Wc	0x00	中断状态 [1]——TX 中断，写 1 清除 [0]——RX 中断，写 1 清除

APB UART 数据格式包含一个起始位、一个停止位等 8 个数据位，没有硬件流控制和奇偶校验位，其 Verilog 代码不到 500 行，内部包含一个波特率生成器，并且支持对串行输入数据的 16 倍频过采样，能够保证接收数据的可靠性更高。它还支持发送中断（清除写入缓冲区时）和接收中断（接收数据时）。为了易于仿真，测试平台中还包含一个 UART 监视器模块（见图 8.13），以捕获所传输的串行数据。

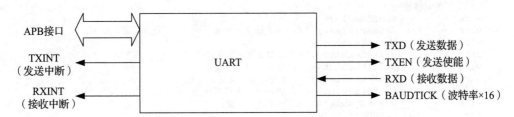

图 8.13　简单 UART 外设

Verilog RTL 代码如下：

```
// UART
//
//-------------------------------------
// 编程模型
// 0x00 RW    CTRL[3:0]   TxIntEn, RxIntEn, TxEn, RxEn
//            [3] RX Interrupt Enable
//            [2] TX Interrupt Enable
//            [1] RX Enable
//            [0] TX Enable
// 0x04 RW    STAT[3:0]
//            [3] RX buffer overrun (write 1 to clear)
//            [2] TX buffer overrun (write 1 to clear)
//            [1] RX buffer full (Read only)
//            [0] TX buffer full (Read only)
// 0x08 W     TXD[7:0]    Output Buffer Data
//      R     TX buffer full - bit[0]
// 0x0C RO    RXD[7:0]    Received Data
```

```
// 0x10 RW    BAUDDIV[19:0] Baud divider
//            (minimum value is 32)
//------------------------------------

module apb_uart (
  input   wire          PCLK,     // 时钟
  input   wire          PRESETn,  // 复位
  // APB 接口输入信号
  input   wire          PSEL,     // 设备选择信号
  input   wire [7:2]    PADDR,    // 地址
  input   wire          PENABLE,  // 传输控制
  input   wire          PWRITE,   // 写控制
  input   wire [31:0]   PWDATA,   // 写数据
  // APB 接口输出信号
  output  wire [31:0]   PRDATA,   // 读数据
  output  wire          PREADY,   // 设备准备就绪
  output  wire          PSLVERR,  // 设备 ERROR 响应

  input   wire          RXD,      // 串行输入
  output  wire          TXD,      // 发送数据输出
  output  wire          TXEN,     // 发送使能
  output  wire          BAUDTICK, // 波特率（×16）（根据测试平台）
  output  wire          TXINT,    // 发送中断
  output  wire          RXINT     // 接收中断
  );


  // 读写控制信号
  wire          ReadEnable;
  wire          ReadEnable10;  // 读波特率分频器
  wire          WriteEnable;
  wire          WriteEnable00; // 控制寄存器写使能
  wire          WriteEnable04; // 状态寄存器写使能
  wire          WriteEnable08; // TxData 缓冲器写使能
  wire          WriteEnable10; // 波特率分频器写使能
  wire          WriteEnable14; // 中断清除写使能
  reg   [7:0]   ReadMux;
  reg   [7:0]   ReadMuxReg;
  reg           ReadEnable10Reg; // 波特率分频器读使能
                                 // （面积优化）
  // 控制寄存器信号
  reg   [3:0]   RegCTRL;
  reg   [7:0]   RegTxBuf;
  reg   [7:0]   RegRxBuf;
  reg   [19:0]  RegBaudDiv;
  // 内部信号
  // 波特率分频器
  reg   [15:0]  RegBaudCntrI;
  wire  [15:0]  NxtBaudCntrI;
  reg   [3:0]   RegBaudCntrF;
  wire  [3:0]   NxtBaudCntrF;
  wire  [3:0]   MappedCntrF;
  reg           RegBaudTick;
  reg           BaudUpdated;
  wire          ReloadI;
  wire          ReloadF;
  wire          BaudDivEn;
```

```
// 状态
wire    [3:0] UartStatus;
reg           RegRxOverrun;
wire          RxOverrun;
reg           RegTxOverrun;
wire          TxOverrun;
wire          NxtRxOverrun;
wire          NxtTxOverrun;
// 中断
reg           RegTXINT;
wire          NxtTXINT;
reg           RegRXINT;
wire          NxtRXINT;

// 发送
reg     [3:0] TxState;       // 发送状态机的状态
reg     [3:0] NxtTxState;
wire          TxStateInc;    // 比特脉冲
reg     [3:0] TxTickCnt;     // 发送时钟节拍计数器
wire    [3:0] NxtTxTickCnt;
reg     [7:0] TxShiftBuf;    // 发送转换寄存器
wire    [7:0] NxtTxShiftBuf;
reg           TxBufFull;     // 发送缓冲区满标志
wire          NxtTxBufFull;
reg           RegTxD;        // 发送数据
wire          NxtTxD;
wire          TxBufClear;

// 接收数据同步和过滤
reg           RxDSync1;      // 双触发器同步器
reg           RxDSync2;      // 双触发器同步器
reg     [2:0] RxDLPF;        // 低通滤波器
wire          RxShiftIn;     // 移位寄存器输入

// 接收器
reg     [3:0] RxState;       // 接收器的状态机状态
reg     [3:0] NxtRxState;
reg     [3:0] RxTickCnt;     // 接收时钟节拍计数器
wire    [3:0] NxtRxTickCnt;
wire          RxStateInc;    // 比特脉冲
reg     [6:0] RxShiftBuf;    // 接收器的数据移位寄存器
wire    [6:0] NxtRxShiftBuf;
reg           RxBufFull;
wire          NxtRxBufFull;
wire          RxBufSample;
wire          RxDataRead;
wire    [7:0] NxtRxBuf;

// 主代码
// 读写控制信号
assign  ReadEnable   = PSEL & (~PWRITE); // 整个 APB 读使能
assign  WriteEnable  = PSEL & (~PENABLE) & PWRITE; //写传输第一个周期使能
assign  WriteEnable00 = WriteEnable & (PADDR[7:2] == 6'b000000);
assign  WriteEnable04 = WriteEnable & (PADDR[7:2] == 6'b000001);
assign  WriteEnable08 = WriteEnable & (PADDR[7:2] == 6'b000010);
assign  WriteEnable10 = WriteEnable & (PADDR[7:2] == 6'b000100);
assign  WriteEnable14 = WriteEnable & (PADDR[7:2] == 6'b000101);
assign  ReadEnable10  = PSEL & (~PWRITE) & (~PENABLE) & (PADDR[7:2] == 6'b000100);
```

```verilog
// 写操作
// 控制寄存器
always @(posedge PCLK or negedge PRESETn)
begin
  if (~PRESETn)
    RegCTRL <= {4{1'b0}};
  else if (WriteEnable00)
    RegCTRL <= PWDATA[3:0];
end

// 状态寄存器
assign NxtRxOverrun = (RegRxOverrun & ~(WriteEnable04 & PWDATA[3])) | RxOverrun;
assign NxtTxOverrun = (RegTxOverrun & ~(WriteEnable04 & PWDATA[2])) | TxOverrun;

always @(posedge PCLK or negedge PRESETn)
begin
  if (~PRESETn)
    begin
    RegRxOverrun <= 1'b0;
    RegTxOverrun <= 1'b0;
    end
  else
    begin
    RegRxOverrun <= NxtRxOverrun;
    RegTxOverrun <= NxtTxOverrun;
    end
end
// 发送数据寄存器
always @(posedge PCLK or negedge PRESETn)
begin
  if (~PRESETn)
    RegTxBuf <= {8{1'b0}};
  else if (WriteEnable08)
    RegTxBuf <= PWDATA[7:0];
end

// 波特率分频器——整数
always @(posedge PCLK or negedge PRESETn)
begin
  if (~PRESETn)
    RegBaudDiv <= {20{1'b0}};
  else if (WriteEnable10)
    RegBaudDiv <= PWDATA[19:0];
end

// 读操作
assign UartStatus = {RegRxOverrun, RegTxOverrun, RxBufFull, TxBufFull};

always @(PADDR or RegCTRL or UartStatus or RegBaudDiv or
TxBufFull or RegRxBuf or RegTXINT or RegRXINT)
begin
case (PADDR[7:2])
 0: ReadMux = {{4{1'b0}}, RegCTRL};
 1: ReadMux = {{4{1'b0}}, UartStatus};
 2: ReadMux = {{7{1'b0}}, TxBufFull};
 3: ReadMux = RegRxBuf;
 4: ReadMux = RegBaudDiv[7:0];
 5: ReadMux = {{6{1'b0}}, RegTXINT, RegRXINT};
 default : ReadMux = {8{1'b0}}; // 当地址超出范围时，读数据为 0
```

```
      endcase
      end

// 寄存器读数据
always @(posedge PCLK or negedge PRESETn)
begin
  if (~PRESETn)
    begin
    ReadMuxReg        <= {8{1'b0}};
    ReadEnable10Reg <= 1'b0;
    end
  else
    begin
    ReadMuxReg        <= ReadMux;
    ReadEnable10Reg <= ReadEnable10;
    end
end

// 将读数据输出到 APB
assign PRDATA[ 7: 0] = (ReadEnable) ? ReadMuxReg : {8{1'b0}};
assign PRDATA[19: 8] = (ReadEnable10Reg) ? RegBaudDiv[19:8] : {12{1'b0}};
assign PRDATA[31: 20] = {12{1'b0}};
assign PREADY  = 1'b1; // 总是准备就绪
assign PSLVERR = 1'b0; // 总是响应 OKAY

// ---------------------------------------------
// 波特率生成器
// 波特率生成器使能
assign BaudDivEn    = (RegCTRL[1:0] != 2'b00);
assign MappedCntrF  = {RegBaudCntrF[0],RegBaudCntrF[1],
                       RegBaudCntrF[2],RegBaudCntrF[3]};
// 重载整数分频器
// 当 UART 使能, 并且 RegBaudCntrf<RegBaudDiv[3:0] 时, 计数为 1, 否则, 当 UART 使能时,
// 计数清零
assign ReloadI      = (BaudDivEn &
       (((MappedCntrF >= RegBaudDiv[3:0]) &
     (RegBaudCntrI[15:1] == {15{1'b0}})) |
(RegBaudCntrI[15:0] == {16{1'b0}}))));
// 波特率分频器的下一个状态
assign NxtBaudCntrI = (BaudUpdated | ReloadI) ? RegBaudDiv[19:4] :
                      (RegBaudCntrI - {{15{1'b0}},BaudDivEn});
assign ReloadF      = BaudDivEn & (RegBaudCntrF==4'h0) &
                      ReloadI;
assign NxtBaudCntrF = (BaudUpdated) ? RegBaudDiv[3:0] :
                      (ReloadF)      ? 4'b1111 :
                      (RegBaudCntrF - {{3{1'b0}},ReloadI});
always @(posedge PCLK or negedge PRESETn)
begin
  if (~PRESETn)
    begin
    RegBaudCntrI    <= {16{1'b0}};
    RegBaudCntrF    <= {4{1'b0}};
    BaudUpdated     <= 1'b0;
    RegBaudTick     <= 1'b0;
    end
  else
    begin
    RegBaudCntrI    <= NxtBaudCntrI;
```

```
          RegBaudCntrF    <= NxtBaudCntrF;
          // 波特率更新——将新值加载到计数器
          BaudUpdated     <= WriteEnable10;
          RegBaudTick     <= ReloadI;
          end
    end

    // 连接到外部
    assign BAUDTICK = RegBaudTick;

    // --------------------------------------------
    // 发送

    // 递增计数器
    assign NxtTxTickCnt = ((TxState==4'h1) & RegBaudTick) ? 4'h0 :
                          TxTickCnt + {{3{1'b0}},RegBaudTick};

    // 递增状态          (except Idle(0) and Wait for Tick(1))
    assign TxStateInc   = (((&TxTickCnt)|(TxState==4'h1)) & RegBaudTick);
    // 缓冲区满状态
    assign NxtTxBufFull = (WriteEnable08) | (TxBufFull & ~TxBufClear);
    // 当数据加载到移位寄存器时，清除缓冲区满状态
    assign TxBufClear   = ((TxState==4'h0) & TxBufFull) |
                          ((TxState==4'hB) & TxBufFull & TxStateInc);

    // 发送状态机
    // 0 = Idle, 1 =  Wait for Tick,
    // 2 = Start bit, 3 = D0 .... 10 = D7
    // 11 = Stop bit
    always @(TxState or TxBufFull or TxTickCnt or TxStateInc or RegCTRL)
    begin
    case (TxState)
      0: begin
        NxtTxState = (TxBufFull & RegCTRL[0]) ? 1 : 0;  // 将新数据写入缓冲区
        end
      1: begin   // 等待下一个节拍信号
        NxtTxState = TxState + {3'b0,TxStateInc};
        end
      2,3,4,5,6,7,8,9,10: begin  // 起始位,D0-D7
        NxtTxState = TxState + {3'b0,TxStateInc};
        end
      11: begin // 停止位,跳转到下一个状态或者空闲状态
        NxtTxState = (TxStateInc) ? ( TxBufFull ? 4'h2:4'h0) : TxState;
        end
      default: // 非法状态
        NxtTxState = 4'h0;
    endcase
    end

    // 加载 / 移位发送寄存器
    assign NxtTxShiftBuf = (((TxState==4'h0) & TxBufFull) |
                           ((TxState==4'hB) & TxBufFull &
        TxStateInc)) ? RegTxBuf :
                            (((TxState>4'h2) & TxStateInc) ?
        {1'b1,TxShiftBuf[7:1]} : TxShiftBuf[7:0]);

    // 数据输出
    assign NxtTxD = (TxState==2) ? 1'b0 :
```

```
                        (TxState>4'h2) ? TxShiftBuf[0] : 1'b1;

// 寄存器输出
always @(posedge PCLK or negedge PRESETn)
begin
  if (~PRESETn)
      begin
      TxBufFull        <= 1'b0;
      TxShiftBuf       <= {8{1'b0}};
      TxState          <= {4{1'b0}};
      TxTickCnt        <= {4{1'b0}};
      RegTxD           <= 1'b1;
      end
    else
      begin
      TxBufFull        <= NxtTxBufFull;
      TxShiftBuf       <= NxtTxShiftBuf;
      TxState          <= NxtTxState;
      TxTickCnt        <= NxtTxTickCnt;
      RegTxD           <= NxtTxD;
      end
  end

  // 生成发送溢出错误状态
  assign TxOverrun = TxBufFull & ~TxBufClear & WriteEnable08;

  // 连接至外部
  assign TXD  = RegTxD;
  assign TXEN = RegCTRL[0];

// ----------------------------------------------
// 接收同步器和低通滤波器

  // 双触发器同步器
  always @(posedge PCLK or negedge PRESETn)
  begin
    if (~PRESETn)
      begin
      RxDSync1 <= 1'b1;
      RxDSync2 <= 1'b1;
      end
    else
      begin
      RxDSync1 <= RXD;
      RxDSync2 <= RxDSync1;
      end
  end

  // 低通滤波器
  always @(posedge PCLK or negedge PRESETn)
  begin
    if (~PRESETn)
      RxDLPF <= 3'b111;
    else if (RegBaudTick)
      RxDLPF <= {RxDLPF[1:0], RxDSync2};
  end

  // 平均值
  assign RxShiftIn = (RxDLPF[1] & RxDLPF[0]) |
                     (RxDLPF[1] & RxDLPF[2]) |
```

```
                    (RxDLPF[0] & RxDLPF[2]);

// -------------------------------------------
// 接收

// 递增计数器
assign NxtRxTickCnt = ((RxState==4'h0) & ~RxShiftIn) ? 4'h8 :
                        RxTickCnt + {{3{1'b0}},RegBaudTick};
// 状态递增
assign RxStateInc   = ((&RxTickCnt) & RegBaudTick);
// 移位计数器
assign NxtRxShiftBuf= (RxStateInc) ? {RxShiftIn, RxShiftBuf[6:1]} : RxShiftBuf;
// 缓冲区满状态
assign NxtRxBufFull = RxBufSample | (RxBufFull & ~RxDataRead);

// 采样 D7 时采样移位寄存器
assign RxBufSample  = ((RxState==4'h9) & RxStateInc);

// 采样接收缓冲区
assign NxtRxBuf     = (RxBufSample) ? {RxShiftIn,RxShiftBuf} : RegRxBuf;
// 读接收缓冲区（在 APB 传输的第一个周期设置，因为读多路复用器在输出前被寄存）
assign RxDataRead   = (PSEL & ~PENABLE & (PADDR[7:2]==3) & ~PWRITE);
// 生成接收溢出错误状态
assign RxOverrun = RxBufFull & RxBufSample & ~RxDataRead;

//接收状态机
// 0 = Idle, 1 = 已检测到起始位的开始
// 2 = 采样起始位, 3 = D0 .... 10 = D7
// 11 = 停止位
always @(RxState or RxShiftIn or RxTickCnt or RxStateInc or RegCTRL)
begin
case (RxState)
  0: begin
     NxtRxState = ((~RxShiftIn) & RegCTRL[1]) ? 1 : 0;  // 等待起始位
     end
  1: begin   // 等待起始位的中间
     NxtRxState = RxState + {3'b0,RxStateInc};
     end
  2,3,4,5,6,7,8,9: begin   // D0 - D7
     NxtRxState = RxState + {3'b0,RxStateInc};
     end
  10: begin // 停止位, 返回空闲状态
     NxtRxState = (RxStateInc) ? 0 : 10;
     end
  default: // 非法状态
     NxtRxState = 4'h0;
endcase
end

// 寄存
always @(posedge PCLK or negedge PRESETn)
begin
  if (~PRESETn)
    begin
    RxBufFull      <= 1'b0;
    RxShiftBuf     <= {7{1'b0}};
    RxState        <= {4{1'b0}};
    RxTickCnt      <= {4{1'b0}};
```

```
            RegRxBuf        <= {8{1'b0}};
            end
        else
            begin
            RxBufFull       <= NxtRxBufFull;
            RxShiftBuf      <= NxtRxShiftBuf;
            RxState         <= NxtRxState;
            RxTickCnt       <= NxtRxTickCnt;
            RegRxBuf        <= NxtRxBuf;
            end
    end

// --------------------------------------------
// 中断
  assign NxtTXINT = RegCTRL[2] & TxBufFull & TxBufClear; // 缓冲区满信号的上升沿
  assign NxtRXINT = RegCTRL[3] & RxBufSample; // 一个新接收到的数据被采样

  // 寄存输出
  always @(posedge PCLK or negedge PRESETn)
  begin
    if (~PRESETn)
      begin
      RegTXINT <= 1'b0;
      RegRXINT <= 1'b0;
      end
    else
      begin
      RegTXINT <= NxtTXINT|(RegTXINT & ~(WriteEnable14 & PWDATA[1]));
      RegRXINT <= NxtRXINT|(RegRXINT & ~(WriteEnable14 & PWDATA[0]));
      end
  end

  // 连接到外部
  assign TXINT = RegTXINT;
  assign RXINT = RegRXINT;

endmodule
```

8.3　ID 寄存器

大多数 Arm 外设和 CoreSight 调试组件在其 4 KB 存储空间末尾包含一系列只读 ID 寄存器。这些 ID 使调试工具能够自动识别调试组件（如 5.2.7 节所述），并且允许软件去确定设计的修订信息，这样调试组件就知道可使用哪些功能了。在某些情况下，如果可以通过软件来修复外设中的某些缺陷，那么此类信息有利于软件实施具体解决方案。

Arm 的外设 IP 通常使用表 8.4 所示 ID 格式。

表 8.4 外设 ID 格式

名称	偏移地址	类型	说明
PID4	0xFD0	RO	外设 ID 寄存器 4 [7:4] 计数模块 [3:0] jep106_c_code（参见 5.2.7 节）
PID5	0xFD4	RO	外设 ID 寄存器 5，通常固定为 0
PID6	0xFD8	RO	外设 ID 寄存器 6，通常固定为 0
PID7	0xFDC	RO	外设 ID 寄存器 7，通常固定为 0
PID0	0xFE0	RO	外设 ID 寄存器 0 [7:0] 零件号 [7:0]
PID1	0xFE4	RO	外设 ID 寄存器 1 [7:4] jep106_id[3:0]（参见 5.2.7 节） [3:0] 零件号 [11:8]
PID2	0xFE8	RO	外设 ID 寄存器 2 [7:4] 修订 [3] jedec_used [2:0] jep106_id[6:4]（参见 5.2.7 节）
PID3	0xFEC	RO	外设 ID 寄存器 3 [7:4] ECO 修订号 [3:0] 用户修改号
CID0	0xFF0	RO	组件 ID 寄存器 0
CID1	0xFF4	RO	组件 ID 寄存器 1
CID2	0xFF8	RO	组件 ID 寄存器 2
CID3	0xFFC	RO	组件 ID 寄存器 3

PID3 的高四位表示工程变更命令（Engineering Change Order，ECO），ECO 由输入信号产生，通常在芯片设计过程的后期进行设计的微小更改，例如在硅掩模层更改。通过外部输入来产生 ECO 输入字段，可以在某些外设输入端上使用 tie-off 单元来反映 ECO 的维护修订。

外设工作时并不一定要求使用 ID 寄存器，所以在超低功耗设计中，可以移除这些 ID 寄存器以减少芯片门控数量、降低功耗。

当修改 Arm 提供的外设时，建议更改外设的 JEDEC ID 值和 ID 寄存器的零件号，以表明该外设不再与 Arm 的原始版本相同，或者也可以移除这些 ID 寄存器。

8.4　外设设计的其他注意事项

8.4.1　系统控制功能的安全性

能够控制系统的外设单元（如时钟控制、电源控制等）应该只具有特权级访问权限。对于 Cortex-M23 和 Cortex-M33 等处理器，如果实现了 TrustZone 安全功能，那些外设单元应该只具有安全访问权限，并且安全固件需要为非安全软件提供 API 以请求系统控制配置更新，这可以防止不受信任的软件关闭重要的系统功能。

8.4.2　处理器暂停

当处理器暂停时，一些外设（如看门狗定时器）可能需要停止工作，否则在调试期间可能会意外触发复位操作。Cortex-M 处理器内的 SysTick 定时器也会在处理器暂停时自动停止计数，以允许应用程序单步运行。

8.4.3　64 位数据处理

在某些情况下，定时器可能需要处理 64 位的计数值，但外设的总线接口可能只有 32 位。在这种情况下，定时器需要：

- 增加一个 64 位采样寄存器，从而允许一次性采样 64 位计数值，如果要进行读操作，则需要进行两次总线访问。
- 增加一个 64 位传输寄存器，从而可以通过多次访问来配置这个 64 位寄存器值，然后使用单独的控制寄存器将该值传输到计数器中。

更多信息可以访问 Arm 公司的网站。

第 9 章
内核系统集成

9.1 搭建简单的微控制器系统

在完成了总线基础组件和片内外设的设计后，便可对处理器系统进行集成和仿真验证。本章将基于前两章设计的组件和 DesignStart 项目的 Cortex-M3 处理器来完成一个微控制器系统设计，如图 9.1 所示。

该微控制器系统包含以下四个层次的设计：

- 处理器子系统（cm3-processor-subsystem），它包含处理器和总线基础组件，以及数字片内外设所在的 APB 子系统。
- APB 子系统（apb-subsystem），它包含 AHB to APB 总线桥和数字片内外设。此实例中包含：
  - 两个 8 位 GPIO 端口；
  - 两个定时器；
  - 一个 UART；
  - 用于系统控制的寄存器。
- 行为级存储器模型，位于数字设计的上一层（cm3_system_top），该层还包含引脚复用设计。
- 微控制器的顶层（cm3_mcu），它包含 Cortex-M3 系统的顶层时钟复位控制（如时钟门控、复位同步器）和 I/O 引脚。

本章的实例系统比较简单，仅用于演示和教学，实际的产品化微控制器设计要更加复杂，具体体现在：

- 大部分商用微控制器中集成了更多的片内外设，包括模拟片内外设。

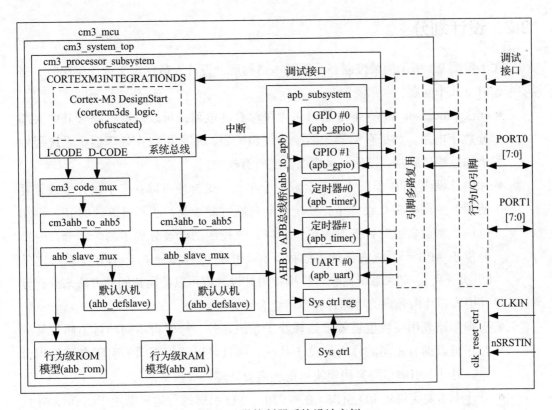

图 9.1　微控制器系统设计实例

- 实际的微控制器中可能还包含一些额外的总线主机，如 DMA 控制器。
- 在 SoC 系统设计中，RAM、ROM 或嵌入式闪存宏可能具备电源管理 / 控制特性。
- 如果使用嵌入式闪存，那么闪存编程的控制需要额外的控制寄存器和电平转换器，如 DC-DC 转换器。
- 许多微控制器还带有片上 DC-DC 转换器，可以给数字电路提供较低的电压（1～1.2 V），而芯片的电源电压通常在 1.8～3.6 V 之间。
- 系统中还需要添加一些额外的电路用于芯片流片后的测试，这样的技术被称为可测试性设计（Design for Testing，DFT），DFT 将在后面介绍。
- 现代微控制器中的电源管理非常复杂，比如系统中可能存在多个电源域、时钟域和运行时功耗模式配置选项。此外，有些微控制器还可能存在一些单独的 SRAM，用于在低功耗的睡眠模式下保存关键数据。
- 基于应用场景和应用需求，可能会添加多种安全特性。

9.2　设计划分

在了解图 9.1 所示的微控制器系统基本结构后，设计人员在定义设计层次时，需要考虑以下几个问题：

- cm3_processor_subsystem 层只包含可综合的电路，可以一次性综合其中大部分数字电路。如果存储器宏需要总线包装器，那么可以在处理器子系统层中添加总线包装器，以便一次性综合完所有模块。
- 片内外设或 APB 子系统被整合成一个单元，这样便可以在多个设计中被重复使用。在许多 SoC 设计中，系统控制功能可能涉及一些不可综合的 IP，例如电压控制逻辑或时钟控制逻辑，所以系统控制功能被分成了两个部分：一部分位于 APB 子系统内部的可编程寄存器中，另一部分位于 APB 子系统之外（层次更高）。如果系统内包含模拟片内外设，也可以使用相同的方法来分离设计中模拟片内外设的可综合和不可综合部分。
- 引脚多路复用模块也被置于处理器子系统之外。这使得不同项目不同封装的芯片可以拥有相同的片内外设子系统，而且可以使用不同的引脚多路复用设计。另外，引脚多路复用模块可能还需要处理一些模拟信号。
- 设计中需要实例化 I/O 引脚（在本例中，I/O 引脚的行为模型用于仿真），并且在 SoC 系统设计中必须根据引脚功能的电气特性来实例化 I/O 引脚。通常情况下，不同工艺节点下的输入、输出和三态门引脚拥有不同的驱动强度和速度。I/O 引脚的行为模型可以直接用于 FPGA 综合，因为 FPGA 开发工具可以使用工程的配置文件来定义 I/O 特性。
- 时钟门控设置在系统顶层（cm3_mcu），有利于简化时钟树综合时的设置，此时时钟门控设计在名为 clk_reset_ctrl 的单元。
- 如果 SoC 系统设计需要支持多个电源域，则基于电源域对设计进行划分也很重要。在包含多个电源域模块的设计层中，最好不要有任何逻辑功能，以简化实现流程中的电源域处理。

9.3　仿真环境的内容

业内有很多 Verilog 仿真工具，大多数 Arm Cortex-M 处理器都支持以下仿真工具：Mentor 的 Modelsim/QuestaSim、Cadence 的 NC Verilog 和 Synopsys 的 VCS。

设计人员也可以使用其他仿真工具，但本书的设计资源只包括以上提及的工具的仿真脚本。

为了对 MCU 进行仿真，还需要一个测试平台，这个测试平台是微控制器系统工作的仿真环境。除了被称为 DUT(Device-Under-Test，待测设计) 的处理器系统以外，仿真环境通常还包含以下部分：

- 时钟和复位信号生成器。
- Trickbox，它是一个可选的模块，用于向 DUT 提供输入激励，并可能与 DUT 输出接口交互。在测试微控制器系统的情况下，可以使用一些回环信号来测试外设接口。
- 在某些情况下，可能还需要外部存储器或外围设备的仿真模型来测试 DUT 上的某些接口。如果系统支持外部存储器，那么需要在测试平台中添加外部存储器模型来测试外部存储器的访问。
- 处理器测试平台还需要添加一些其他的机制，以在处理器软件的控制下显示一些信息。例如，当处理器执行 printf("Hello world\n") 语句时，可以在仿真平台的控制台中显示 "Hello world" 消息。
- 其他验证组件——有一种验证技术是在仿真中添加一系列验证组件，如总线协议检查器（其中一些组件可以包含在 DUT 内）。如果验证出现错误，例如检测到非法总线行为时，仿真就会停止并报告错误信息。

在图 9.2 所示的仿真测试平台实例中，UART 监视器（uart_mon.v）用于显示软件生成的文本消息（使用 printf 函数），该单元也用于在接收到特殊字符时结束仿真。

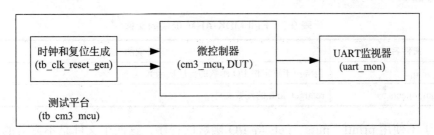

图 9.2　微控制器测试平台实例

要进行系统级的仿真，处理器系统的程序储存器必须包含有效的程序，因此我们还需要准备一些小型的软件代码以及编译设置才能进行基本的仿真。

9.4　仿真用基础软件支持库及代码

9.4.1　基于 CMSIS-CORE 的示例代码概述

仿真示例将基于 CMSIS-CORE 软件框架来创建示例代码。CMSIS-CORE 头文件广泛应用于微控制器行业，可以使软件开发更加容易。尽管如此，仿真时还是需要创建一系列文件，如表 9.1 所示。

表 9.1　基于 CMSIS-CORE 的最小规模软件源文件

文件名称	文件说明
cm3_mcu.h	基于 CMSIS-CORE 的设备的特定头文件。它包含片内外设寄存器定义和中断分配方案
startup_cm3_mcu.s	汇编启动文件，它包含复位处理程序、默认处理程序和向量表
uart_util.c	用 UART 函数来配置 UART 并设置基本的发送和接收功能，可用于在仿真期间显示一些消息
system_cm3_mcu.c	提供 SystemInit(void)，通常用于系统时钟初始化
system_cm3_mcu.h	声明在 system_cm3_mcu.c 中可用函数的头文件
hello.c	"Hello world" 文本显示和演示模块

汇编启动代码（startup_cm3_mcu.s）与使用的特定工具链有关。该演示模块使用的是 Arm Compiler 5 中的 Arm 汇编器 [这是 Arm Development Studio 以及 Keil Microcontroller Development Kit（MDK-ARM）的一部分]。

为了支持可重定向到 UART 的 printf 函数，Arm 软件开发工具链 Keil MDK-ARM 提供表 9.2 所示的文件。

表 9.2　Keil MDK-ARM 提供的文件

文件名称	文件说明
retarget_io.h	包含用于重定位 I/O 函数的低层次函数
RTE_Components.h	retarget_io.h 的配置文件

对于不使用 printf、puts、gets 等 I/O 函数的程序，这两个文件是不需要的。

9.4.2　MCU 的设备头文件

在 CMSIS-CORE 软件框架下，每个微控制器都有自己的设备头文件，文件名由芯片厂商定义。可以通过修改 Arm 的实例文件（例如 Cortex-M DesignStart 文件夹包含的实例文件）来创建这个文件。

头文件包含中断数量定义（Interrupt Number Definition）。在 MCU 实例中，它只有 6 个中断，其定义如下：

```
/*
 * ============================================================================
 * ---------- 中断数量定义 ----------------------------------------------------
 * ============================================================================
 */

typedef enum IRQn
{
/****** Cortex-M3 处理器异常数量 ********************************************
*/
  NonMaskableInt_IRQn      = -14,   /*!<  2 Cortex-M3 不可屏蔽中断
*/
  HardFault_IRQn           = -13,   /*!<  3 Cortex-M3 硬件故障中断
*/
  MemoryManagement_IRQn    = -12,   /*!<  4 Cortex-M3 内存管理中断
*/
  BusFault_IRQn            = -11,   /*!<  5 Cortex-M3 总线故障中断
*/
  UsageFault_IRQn          = -10,   /*!<  6 Cortex-M3 使用故障中断
*/
  SVCall_IRQn              = -5,    /*!< 11 Cortex-M3 SV CALL 中断
*/
  DebugMonitor_IRQn        = -4,    /*!< 12 Cortex-M3 调试器中断
*/
  PendSV_IRQn              = -2,    /*!< 14 Cortex-M3 挂起 SV 中断
*/
  SysTick_IRQn             = -1,    /*!< 15 Cortex-M3 系统定时器中断
*/

/****** CM3MCU 具体中断数量 ************************************************
  GPIO0_IRQn               = 0,           /*!< 端口 0 组合中断
*/
  GPIO1_IRQn               = 1,           /*!< 端口 1 组合中断
*/
  TIMER0_IRQn              = 2,           /*!< TIMER0 中断
*/
  TIMER1_IRQn              = 3,           /*!< TIMER1 中断
*/
  UARTTX0_IRQn             = 4,           /*!< UART0 发送中断
*/
  UARTRX0_IRQn             = 5,           /*!< UART0 接收中断
*/
} IRQn_Type;
```

头文件还需要定义寄存器。在 CMSIS-CORE 中，片内外设寄存器被定义为 C 结构体，并使用指针声明来创建片内外设定义。APB 定时器的 C 结构体实例如下：

```
*------------- Timer (Timer) -----------*/
/** @addtogroup Timer
  Timer 的存储器映射结构
  @{
```

```
*/
typedef struct
{
    __IO    uint32_t    CTRL;           /*!< Offset: 0x000 控制寄存器 (R/ ) */
    __IO    uint32_t    CURRVAL;        /*!< Offset: 0x004 当前值寄存器 (R/w) */
    __IO    uint32_t    RELOAD;         /*!< Offset: 0x008 重载值寄存器 (R/w) */
    __IO    uint32_t    IRQSTATE;       /*!< Offset: 0x00C 中断状态寄存器 (R/w) */
} CM3MCU_TIMER_TypeDef;
```

/*@}*/ /* Timer 结构体结束 */

还可以添加 C 宏定义来声明寄存器中的位域：

```
#define CM3MCU_TIMER_CTRL_EN_pos         0                                       /*!<
CM3MCU_TIMER_CTRL_EN_Pos: 使能位置 */
#define CM3MCU_TIMER_CTRL_EN_Msk        (0x1ul << CM3MCU_TIMER_CTRL_EN_pos)      /*!<
CM3MCU_TIMER ENABLE : 定时器使能屏蔽 */
#define CM3MCU_TIMER_CTRL_ExtENSel_pos  1                                        /*!<
CM3MCU_TIMER_CTRL_ExtENSel_Pos: Ext 使能选择位置 */
#define CM3MCU_TIMER_CTRL_ExtENSel_Msk(0x1ul << CM3MCU_TIMER_CTRL_ExtENSel_pos)/*!<
CM3MCU_TIMER ExtENSel : 定时器 Ext 使能选择屏蔽 */
#define CM3MCU_TIMER_CTRL_ExtClkSel_pos 2                                        /*!<
CM3MCU_TIMER_CTRL_ExtClkSel_Pos: Ext 时钟选择位置 */
#define CM3MCU_TIMER_CTRL_ExtClkSel_Ms(0x1ul << CM3MCU_TIMER_CTRL_ExtClkSel_pos)
/*!< CM3MCU_TIMER ExtClkSel : 定时器 Ext 时钟选择屏蔽 */
#define CM3MCU_TIMER_CTRL_IRQEN_pos     3                                        /*!<
CM3MCU_TIMER_CTRL_IRQEN_Pos: 中断使能位置 */
#define CM3MCU_TIMER_CTRL_IRQEN_Msk     (0x1ul << CM3MCU_TIMER_CTRL_IRQEN_pos)   /*!<
CM3MCU_TIMER ENABLE : 定时器中断使能屏蔽 */
#define CM3MCU_TIMER_CURRVAL_pos        0                                        /*!<
CM3MCU_TIMER_CURRVAL_pos: 当前值位置 */
#define CM3MCU_TIMER_CURRVAL_Msk        (0xFFFFFFFFul << CM3MCU_TIMER_CURRVAL_pos) /*!<
CM3MCU_TIMER CURRVAL : 当前值屏蔽 */
#define CM3MCU_TIMER_RELOAD_pos         0                                        /*!<
CM3MCU_TIMER_RELOAD_pos: 重载值位置 */
#define CM3MCU_TIMER_RELOAD_Msk         (0xFFFFFFFFul << CM3MCU_TIMER_RELOAD_pos)/*!<
CM3MCU_TIMER RELOAD : 重载值屏蔽 */
#define CM3MCU_TIMER_IRQSTATE_pos       0                                        /*!<
CM3MCU_TIMER_IRQSTATE_pos: 中断状态位置 */
#define CM3MCU_TIMER_IRQSTATE_Msk       (0x1ul << CM3MCU_TIMER_IRQSTATE_pos)     /*!<
CM3MCU_TIMER IRQSTATE : 中断状态屏蔽 */
```

文件的最后一部分需要添加存储器映射和片内外设定义：

```
/*******************************************************************************/
/*                          外设存储器映射                                      */
/*******************************************************************************/
/** @addtogroup CM3MCU_MemoryMap CM3MCU Memory Mapping
  @{
*/

/* 外设和 SRAM 基地址 */
#define CM3MCU_FLASH_BASE       (0x00000000UL) /*!< (FLASH     ) Base Address */
#define CM3MCU_SRAM_BASE        (0x20000000UL) /*!< (SRAM      ) Base Address */
#define CM3MCU_PERIPH_BASE      (0x40000000UL) /*!< (Peripheral) Base Address */
#define CM3MCU_RAM_BASE         (0x20000000UL)

/* APB 外设                                                                    */
```

```
#define CM3MCU_GPIO0_BASE        (CM3MCU_PERIPH_BASE + 0x0000UL)
#define CM3MCU_GPIO1_BASE        (CM3MCU_PERIPH_BASE + 0x1000UL)
#define CM3MCU_TIMER0_BASE       (CM3MCU_PERIPH_BASE + 0x2000UL)
#define CM3MCU_TIMER1_BASE       (CM3MCU_PERIPH_BASE + 0x3000UL)
#define CM3MCU_UART0_BASE        (CM3MCU_PERIPH_BASE + 0x4000UL)

/*@}*/ /* CM3MCU_Memorymap 结束 */


/****************************************************************************/
/*                          外设声明                                        */
/****************************************************************************/
/** @addtogroup CM3MCU_PeripheralDecl CM3MCU_CM3 Peripheral Declaration
  @{
*/

#define CM3MCU_GPIO0             ((CM3MCU_GPIO_TypeDef    *) CM3MCU_GPIO0_BASE )
#define CM3MCU_GPIO1             ((CM3MCU_GPIO_TypeDef    *) CM3MCU_GPIO1_BASE )
#define CM3MCU_TIMER0            ((CM3MCU_TIMER_TypeDef   *) CM3MCU_TIMER0_BASE )
#define CM3MCU_TIMER1            ((CM3MCU_TIMER_TypeDef   *) CM3MCU_TIMER1_BASE )
#define CM3MCU_UART0             ((CM3MCU_UART_TypeDef    *) CM3MCU_UART0_BASE )

/*@}*/ /* end of group CM3MCU_PeripheralDecl */
```

9.4.3 MCU 的设备启动文件

设备启动文件（startup_cm3_mcu.s）是基于汇编语言或 C 语言编写的，如果使用汇编语言，其需求和语法是特定于工具链的。本小节使用 Arm 汇编器的汇编语法。当修改现有的启动代码来适配其他处理器时，需要对两个部分进行修改：

- 向量表的定义；
- 默认处理程序的定义。

实例微控制器的向量表如下：

```
; Vector Table Mapped to Address 0 at Reset

                AREA    RESET, DATA, READONLY
                EXPORT  __Vectors
                EXPORT  __Vectors_End
                EXPORT  __Vectors_Size

__Vectors       DCD     __initial_sp            ; Top of Stack
                DCD     Reset_Handler           ; Reset Handler
                DCD     NMI_Handler             ; NMI Handler
                DCD     HardFault_Handler       ; Hard Fault Handler
                DCD     MemManage_Handler       ; MPU Fault Handler
                DCD     BusFault_Handler        ; Bus Fault Handler
                DCD     UsageFault_Handler      ; Usage Fault Handler
                DCD     0                       ; Reserved
                DCD     0                       ; Reserved
                DCD     0                       ; Reserved
                DCD     0                       ; Reserved
                DCD     SVC_Handler             ; SVCall Handler
```

```
                        DCD     DebugMon_Handler            ; Debug Monitor Handler
                        DCD     0                           ; Reserved
                        DCD     PendSV_Handler              ; PendSV Handler
                        DCD     SysTick_Handler             ; SysTick Handler
                        DCD     GPIO0_Handler               ; GPIO 0 Handler
                        DCD     GPIO1_Handler               ; GPIO 1 Handler
                        DCD     TIMER0_Handler              ; TIMER 0 handler
                        DCD     TIMER1_Handler              ; TIMER 1 handler
                        DCD     UARTTX0_Handler             ; UART 0 TX Handler
                        DCD     UARTRX0_Handler             ; UART 0 RX Handler
        __Vectors_End
```

类似于设备头文件（cm3_mcu.h）中的中断数量分配，中断向量分配需要与
Verilog RTL 文件中的 IRQ 分配相匹配。中断处理程序的名称也必须匹配启动代码中
默认处理程序的名称，默认处理程序是要修改的第二部分：

```
Default_Handler PROC
                        EXPORT GPIO0_Handler              [WEAK]
                        EXPORT GPIO1_Handler              [WEAK]
                        EXPORT TIMER0_Handler             [WEAK]
                        EXPORT TIMER1_Handler             [WEAK]
                        EXPORT UARTTX0_Handler            [WEAK]
                        EXPORT UARTRX0_Handler            [WEAK]
        UARTRX0_Handler
        UARTTX0_Handler
        GPIO0_Handler
        GPIO1_Handler
        TIMER0_Handler
        TIMER1_Handler
                        B       .    ; dead loop
                        ENDP
```

9.4.4   UART 应用程序

在头文件（cm3_mcu.h）中进行片内外设定义后，可以创建一个 C 程序文件来提
供 UART 的功能函数，包含配置、发送和接收的简单功能。

```
#include "cm3_mcu.h"

void uart_config(void);
void uart_putc(char c);
char uart_getc(void);
int stdout_putchar (int ch);

void uart_config(void)
{
 CM3MCU_UART0->BAUDDIV = 32;
 CM3MCU_UART0->CTRL = 1; // 使能发送功能

 return;
}


void uart_putc(char c)
```

```
{
 while (CM3MCU_UART0->STATE & 1); // 如果发送 FIFO 满，则等待
 CM3MCU_UART0->TXD = (uint32_t) c;
 return;
}

char uart_getc(void)
{
 while ((CM3MCU_UART0->STATE & 2)==0); // 如果接收 FIFO 空，则等待
 return ((char) CM3MCU_UART0->RXD);
}

// retarget_io.c 使用的函数
int stdout_putchar (int ch)
{
 uart_putc(ch);
 return (ch);
}
```

将这个 C 程序文件和测试平台上的 UART 监视器联合使用，就可以显示出要发送的文本消息。

9.4.5 系统初始化函数

文件 system_cm3_mcu.c 提供了一个系统初始化函数（SystemInit(void)），该函数由启动代码中的复位处理程序调用。这个函数通常用于配置锁相环（PLL）和时钟，但也可能包含其他初始化步骤。

在 system_cm3_mcu.c 的实现中，SystemInit 只定义了用于配置系统时钟频率的变量，这些变量可以被下面的应用程序代码调用：

```
#include <stdint.h>
#include "cm3_mcu.h"

/*----------------------------------------------------------------------------
  定义
 *----------------------------------------------------------------------------*/

/*----------------------------------------------------------------------------
  定义时钟
 *----------------------------------------------------------------------------*/

#define XTAL    (50000000UL)          /* 晶振频率                            */

/*----------------------------------------------------------------------------
  可变时钟定义
 *----------------------------------------------------------------------------*/
uint32_t SystemCoreClock = XTAL;    /*!< 处理器时钟频率                      */


/*----------------------------------------------------------------------------
  时钟函数
 *----------------------------------------------------------------------------*/
```

```
void SystemCoreClockUpdate (void)              /* 获取内核时钟频率              */
{
SystemCoreClock = XTAL;
}

/**
* Initialize the system
*
* @param  none
* @return none
*
* @brief  Setup the microcontroller system.
*         Initialize the System.
*/
void SystemInit (void)
{
SystemCoreClock = XTAL;

   return;
}
```

文件 system_cm3_mcu.h 仅用于提供 system_cm3_mcu.c 中可用函数的函数原型。如果应用程序需要在运行时更新时钟配置，那么程序可能会调用这些函数。

9.4.6　重定位目标

准备好所有这些文件后，就可以创建一个应用程序来利用片内外设执行一些基本的控制操作，例如创建 Hello world 应用程序。

```
#include "cm3_mcu.h"
#include <stdio.h>

extern void uart_config(void);
extern void uart_putc(char c);

int main(void)
{
  uart_config();
  printf ("Hello world\n");
  uart_putc(4);// 结束仿真
  while(1);
}
```

当使用 printf 函数时，编译器需要知道将消息定向到哪里。这些消息的重定向可以通过以下方式处理：

- 调试器中的半托管支持（注意，Keil MDK-ARM 不支持此功能）。
- 片内外设（如 UART）。
- 通过跟踪连接（如串行线输出）在 Armv7-M 或 Armv8-M 架构处理器上的仪器跟踪宏单元（ITM）。

以上列出了支持多个重定向方法的 retarget_io.c 文件。将 UART 作为标准输出（stdout），文件 RTE_Components.h 定义了 retarget_io.h 使用的宏。

```
#define RTE_Compiler_IO_STDOUT            /* Compiler I/O: STDOUT */
#define RTE_Compiler_IO_STDOUT_User       /* Compiler I/O: STDOUT User */
```

当定义这些宏时，retarget_io.c 会为标准输出选择用户定义的 stdout_puchar(int ch) 函数。

```
/**
  把一个字符放到 stdout 文件

  \param[in]  ch  输入要输出的字符
  \return         返回写入的字符，如果写入错误，则返回 −1
*/
#if    defined(RTE_Compiler_IO_STDOUT)
#if    defined(RTE_Compiler_IO_STDOUT_User)
extern int stdout_putchar (int ch);
...
```

通过在 uart_util.c 中定义这个 stdout_puchar(int ch) 函数来将字符输出到 UART，这将能够在仿真中收集和显示输出的消息。

9.4.7 其他的软件支持包

在创建了基本的软件支持文件之后，可以进行一系列系统级仿真。然而，对于 SoC 设计者来说，想让客户更容易地使用产品还有更多的工作要做：

- **设备驱动程序**：芯片供应商提供一系列设备驱动程序来访问片内外设功能，这可以帮助软件开发人员快速创建应用程序。CMSIS 中的一个产品是 CMSIS-Driver，它为一系列通信片内外设提供设备驱动程序 API 定义，这可以帮助软件开发人员将他们的应用程序移植到其他设备上。
- **设备和开发板支持包**：芯片供应商需要将相关软件包整合在一起，以使用户能够快速、轻松地下载所有重要文件。为了使它变得更容易，CMSIS 团队创建了一个与开发工具链集成的 CMSIS-PACK 框架，该框架基于 Eclipse IDE 的 Eclipse 插件，如果有相应需要，软件开发人员能够下载软件包和依赖包。CMSIS-PACK 标准还指定了 XML 描述文件，这些文件提供有关包的基本信息，比如所支持的设备。Arm 公司提供用于创建 CMSIS-PACK 的程序，网址为 https://arm-software.github.io/CMSIS_5/Pack/html/createPackUtil.html。想了解更多信息，请访问 https://arm-software.github.io/CMSIS_5/Pack/html/index.html。

- CMSIS-SVD：CMSIS 的另一个有用的部分是系统视图描述（System View Description，SVD），它是一个基于 XML 的文件，用于描述芯片中片内外设的编程模型。使用这个文件，调试工具可以可视化外设寄存器的状态，以便软件开发人员更容易地分析系统的状态。

- 闪存编程：如果芯片内包含嵌入式闪存，那么需要准备闪存编程支持，CMSIS-Pack 中已提供，可以在 https://arm-software.github.io/CMSIS_5/Pack/html/flashAlgorithm.html 找到关于创建 CMSIS-PACK 兼容的闪存编程算法的更多信息。

9.5　系统级仿真

9.5.1　编译 Hello world 程序

创建完软件文件后，可以使用 Keil MDK-ARM 或 DS-5 进行文件编译工作。对于许多使用 Linux 环境的芯片设计人员来说，通常在 shell 环境中创建 makefile 来进行编译更容易。面向 Arm Compiler 5 的 makefile 文件如下：

```
# Arm Compiler 5 的 makefile 文件
INC_DIR1 = cmsis_include
INC_DIR2 = .
USER_DEF =
ARM_CC_OPTS  = --cpu Cortex-M3 -c -O3 -g -Otime -I $(INC_DIR1) -I $(INC_DIR2)
ARM_ASM_OPTS = --cpu Cortex-M3 -g
ARM_LINK_OPTS = "--keep=startup_cm3_mcu.o(RESET)" "--first=startup_cm3_mcu.o(RESET)" \
    --rw_base 0x20000000 --ro_base 0x00000000 --map

all: hello.hex hello.lst
hello.o: hello.c
 armcc $(ARM_CC_OPTS) $< -o  $@

system_cm3_mcu.o: system_cm3_mcu.c
 armcc $(ARM_CC_OPTS) $< -o  $@

uart_util.o: uart_util.c
 armcc $(ARM_CC_OPTS) $< -o  $@

retarget_io.o: retarget_io.c RTE_Components.h
 armcc $(ARM_CC_OPTS) $< -o  $@

startup_cm3_mcu.o: startup_cm3_mcu.s
 armasm $(ARM_ASM_OPTS) $< -o  $@

hello.elf: hello.o system_cm3_mcu.o uart_util.o retarget_io.o startup_cm3_mcu.o
 armlink hello.o system_cm3_mcu.o uart_util.o retarget_io.o startup_cm3_mcu.o $
(ARM_LINK_OPTS) -o $@
```

```
hello.hex : hello.elf
 fromelf --vhx --8x1 $< --output $@


hello.lst : hello.elf
 fromelf -c -d -e -s $< --output $@

clean:
 rm *.o
 rm *.elf
 rm *.lst
 rm *.hex
```

为了向行为级 ROM 模型中加载程序，首先需要生成一个包含 8 位十六进制机器
码的 hex 文件，该文件是由 fromelf 语法生成的。如果使用 Keil MDK，可以将其添
加到工程选项中，以便在编译完成后执行 fromelf，如图 9.3 所示。

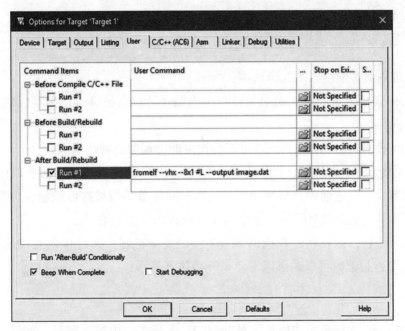

图 9.3　Keil MDK-ARM 编译后需要执行的额外步骤

注意，符号 #L 是指生成的可执行文件的文件名。

9.5.2　使用 Modelsim/QuestaSim 对设计进行编译和仿真

设计中通常有相当多的 Verilog 文件，为了更容易地处理编译流程，可以创建一
个 Verilog 命令文件（tbench_cm3.vc）：

```
// Cortex-M3 仿真的 Verilog 命令文件
// ============= Verilog 库扩展 ==============
+libext+.v+.vlib

// ============= 模块搜索路径 ==============
-y ../cortex_m3/cortexm3integration_ds_obs/verilog/
-y ../mcu_system
-y .

// ============= 包含文件搜索路径 ==============
//+incdir+dirname
+incdir+../cortex_m3/cortexm3integration_ds_obs/verilog/

../cortex_m3/cortexm3integration_ds/verilog/cm3_code_mux.v
tbench_cm3.v
```

这个 Verilog 命令文件包含搜索路径，以及编译中所需的其他设计文件。使用 Verilog 命令文件可以通过以下命令来启动编译流程：

```
vlib work    # 创建 work 库——只需创建一次
vlog -incr -lint +v2k -f tbench_cm3.vc -novopt
```

编译过程通常使用以下几个选项：

- -incr 表示增量编译，如果文件自上次编译后没有被修改，则可以跳过该文件的编译。

- -lint 表示启用 lint 检查，这可以标记可能出现的各种设计错误。

- -novopt 用于维护设计的所有内部信息，以帮助分析其在波形窗口中的行为。如果没有这个选项，将删除大量内部信号细节，虽然这可以加快仿真的速度，但调试可能会相对困难。这个选项不应该用于回归测试。

编译成功后，假设软件映像的 hex 文件已经准备好，并且在当前目录下保存为 image.dat 文件，此时可以通过以下命令开始仿真工作：

```
vsim -novopt -gui tbench_cm3
```

可使用 -gui 选项来启动仿真工具的 GUI，并添加一个波形窗口。如果一切正常，则可以使用 run -all 来启动仿真，测试平台中会显示"Hello world"消息，并且当程序向 UART 监视器发送一个特殊字符（0x4）时，仿真将自动停止。

```
# Reading pref.tcl
# // Questa Sim
# //    Version 10.6e linux Jun 22, 2018
# //
# //    Copyright 1991-2018 Mentor Graphics Corporation
# //    All Rights Reserved.
# //
# //    QuestaSim and its associated documentation contain trade
```

```
# //   secrets and commercial or financial information that are the property of
# //   Mentor Graphics Corporation and are privileged, confidential,
# //   and exempt from disclosure under the Freedom of Information Act,
# //   5 U.S.C. Section 552. Furthermore, this information
# //   is prohibited from disclosure under the Trade Secrets Act,
# //   18 U.S.C. Section 1905.
# //
# vsim -novopt -gui tbench_cm3
# Start time: 22:31:20 on Apr 12,2019
# ** Warning: (vsim-8891) All optimizations are turned off because the -novopt
switch is in effect. This will cause your simulation to run very slowly. If you
are using this switch to preserve visibility for Debug or PLI features please
see the User's Manual section on Preserving Object Visibility with vopt.
# Loading work.tbench_cm3
# Loading work.tb_clk_reset_gen
# Loading work.cm3_mcu
# Loading work.clk_reset_ctrl
# Loading work.behavioral_clk_gate
# Loading work.cm3_system_top
# Loading work.cm3_processor_subsystem
# Loading work.CORTEXM3INTEGRATIONDS
# Loading work.cortexm3ds_logic
# Loading work.cm3_code_mux
# Loading work.cm3ahb_to_ahb5
# Loading work.ahb_decoder_code
# Loading work.ahb_slavemux
# Loading work.ahb_defslave
# Loading work.ahb_decoder_system
# Loading work.apb_subsystem
# Loading work.ahb_to_apb
# Loading work.apb_gpio
# Loading work.apb_timer
# Loading work.apb_uart
# Loading work.ahb_rom
# Loading work.ahb_ram
# Loading work.sys_ctrl
# Loading work.behavioral_input_pad
# Loading work.behavioral_input_pullup_pad
# Loading work.behavioral_tristate_pullup_pad
# Loading work.behavioral_output_pad
# Loading work.behavioral_tristate_pad
# Loading work.uart_mon
run -all
# ** Warning: (vsim-8233) ../mcu_system/ahb_ram.v(111): Index 1zzzzzzzzzzzzzzzz into
array dimension [0:65535] is out of bounds.
#    Time: 0 ns Iteration: 0 Instance: /tbench_cm3/u_cm3_mcu/cm3_system_top/u_ahb_ram
# ** Warning: (vsim-8233) ../mcu_system/ahb_ram.v(112): Index 1zzzzzzzzzzzzzzzx into
array dimension [0:65535] is out of bounds.
#    Time: 0 ns Iteration: 0 Instance: /tbench_cm3/u_cm3_mcu/cm3_system_top/u_ahb_ram
# ** Warning: (vsim-8233) ../mcu_system/ahb_ram.v(113): Index 1zzzzzzzzzzzzzzxz into
array dimension [0:65535] is out of bounds.
#    Time: 0 ns Iteration: 0 Instance: /tbench_cm3/u_cm3_mcu/cm3_system_top/u_ahb_ram
#            563700 UART: Hello world
#            579700 UART:
#            579700 UART: Simulation End
# ** Note: $finish    : ./uart_mon.v(119)
#    Time: 579700 ns  Iteration: 1  Instance: /tbench_cm3/uart_mon
# 1
# Break in Module uart_mon at ./uart_mon.v line 119
# End time: 22:32:37 on Apr 12,2019, Elapsed time: 0:01:17
# Errors: 0, Warnings: 4
```

9.6　高级处理器系统和 Corstone 基础 IP

本节介绍的简单系统设计对于小型项目来说足够了，然而商业产品开发中的系统设计可能要复杂得多。例如：

- 总线系统可能需要支持多个总线主接口，包括 DMA 控制器和高速通信接口等，如可以给 USB 控制器和以太网控制器等片内外设配置总线主接口。
- 为了延长电池寿命，需要采用额外的电源管理方案，如可以使用多个总线系统，每个系统以不同的时钟频率运行以减少功耗。
- 通常情况下系统需要额外的安全特性，在处理 IoT 应用程序时这点尤为重要。可以在片内外设总线桥中添加安全控制特性以允许将片内外设分配给特定的任务，并使某些片内外设仅具有特权级访问权限。如果系统基于 Armv8-M 处理器设计，那么使用 TrustZone 安全扩展功能时还需要采用额外的系统 IP 来将存储器划分为安全空间和非安全空间。
- 许多商业产品都需要保护固件 IP，因此需要额外的 IP（包括某种形式的非易失性存储器）来启用产品的生命周期状态（Life Cycle State，LCS）管理和调试认证功能。

为了帮助缩短产品的上市时间，Arm 公司已经生产并交付了一系列系统组件和系统设计产品。Corstone 基础 IP 便是一种系统设计包，其中包括：

- 基于 Arm Cortex 处理器的子系统，其可以作为独立的系统使用，也可以作为复杂 SoC 设计中的子系统使用；
- 大量的总线基础组件，包括总线桥、TrustZone 安全管理组件（用于 Corstone-20x 和 Corstone-7xx）；
- 总线片内外设的选择；
- 软件支持。

这些 IP 是经过验证的，系统设计人员可以将这些子系统集成到设计中以加速项目的实现。Corstone 基础 IP 系列包含多个产品：

- Corstone-050/100/102——用于 Cortex-M3 处理器的 IoT 子系统，包括以前 Cortex-M 系统设计套件（CMSDK）中的设计资源；
- Corstone-200/201——用于具有 TrustZone 安全性的 Cortex-M33 处理器的 IoT 子系统，也包括 CMSDK；
- Corstone-700——简易 IoT 子系统，用于小型的 Cortex-A 处理器和可选的 Cortex-M 子系统。

对于那些更喜欢简单系统设计的设计者来说，上一版 CMSDK 包含在 Corstone 基础 IP 的完整版本中，这为 Cortex-M0、Cortex-M0+、Cortex-M3 和 Cortex-M4 处理器提供了系统设计示例。

Corstone-050 包含在 Cortex-M3 处理器 DesignStart 项目的设计资源中。

9.7　验证

系统级仿真对于系统集成（单元之间的连接）和设计单元基本功能的测试非常有效。在商业项目中，系统级仿真只是验证工作的一部分。SoC 设计还需要使用其他验证方法，特别是：

- LINT 检查。LINT 检查工具用于分析设计的源代码（Verilog/VHDL），标记语法错误，如敏感列表中缺失信号。术语"lint"源于一个 C 代码检查工具的名称。有些 Verilog/VHDL 仿真工具包含 LINT 检查功能。例如在 9.5 节的仿真实例中，我们在 vlog 命令中添加 -lint 选项来启用 Modelsim/QuestaSim 中的 LINT 检查。
- 形式验证。由于系统级仿真的目标是整个系统，不能体现出所有模块的细节，因此可以使用形式验证来进行组件级（较小的设计单元）的验证。使用形式验证需要定义 DUT 的输入约束和期望输出规则。然后，形式验证工具会分析所有可能的输入和场景，以确定 DUT 是否真正遵循期望输出规则。以 DUT 为总线桥组件为例，形式验证环境可能如图 9.4 所示。由于形式验证运行时间很长，因此通常不在系统级使用形式验证。

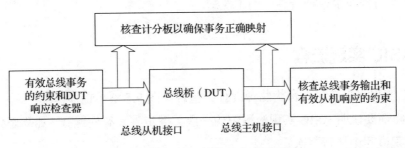

图 9.4　总线桥组件的形式验证环境

- CDC 检查。许多 SoC 系统设计包含多个异步时钟域，所以应该有合适的同步逻辑。时钟域交叉（Clock Domain Cross，CDC）检查用于检测丢失的同步逻辑，如双触发器同步器。当使用 CDC 检查器时，可能需要在特定的情况下添加一系列约束，例如，在某些情况下，添加约束：从一个时钟域到另一个时钟域的信号只能在目标域的时钟停止时才能更改。

- 网表仿真。在设计完成综合并经过布局布线流程后，通常需要对网表（netlist）进行时序反标，以便进行网表仿真来检查网表的功能和时序。由于 SDF（Standard Delay Format，标准延迟格式）文件包含额外的时序信息，因此网表仿真比 RTL 仿真慢得多，在网表上重新运行所有验证通常是不可行的。

  虽然静态时序分析可以检查时序违例情况，但网表仿真有助于检查缺失或错误的时序约束。网表仿真也需要验证由 ATPG（Automatic Test Pattern Generation，自动测试模式生成，参见 9.9 节）工具生成的扫描链，因为网表仿真验证的扫描链通常在扫描测试开始时包含用户自定义的一些设置。

- FPGA 原型验证。除了用于演示之外，FPGA 原型对于调试连接和引脚复用等方面的验证非常有效。由于软件开发人员可以像在实际环境中一样在 FPGA 平台上创建应用程序并执行它（可能速度较慢），因此软件开发人员可以使用 FPGA 原型来开发应用程序测试，这比在 RTL 仿真中运行测试更加省时。

- 如果设计包含多个电源域，则需要进行额外的验证，例如：
  - 电源功能仿真——可以仿真进入睡眠模式和唤醒模式的功能，并在处于睡眠模式期间关闭某些电源域；
  - 电源规划验证——验证电源的规划是否与预期的相同，如 UPF；
  - 低功耗形式验证——如果一个逻辑操作由于综合优化从一个电源域转移到另一个电源域，那么在掉电期间可能会导致不正确的行为。低功耗等效检查可以识别这种行为上的不匹配。

9.8 ASIC 实现流程

ASIC 实现流程有时也称为物理设计，包含如图 9.5 所示的步骤。

下面将简要说明 ASIC 实现流程中的一些关键步骤，有些检查（如静态时序分析）可能在实现流程中执行多次：

- 综合——将 RTL 转换为网表。除了 RTL 之外，ASIC 综合工具还需要用到单元库和时钟、复位及接口信号的各种时序约束。综合过程中可能会自动生成门控时钟，这样有利于实现低功耗优化。

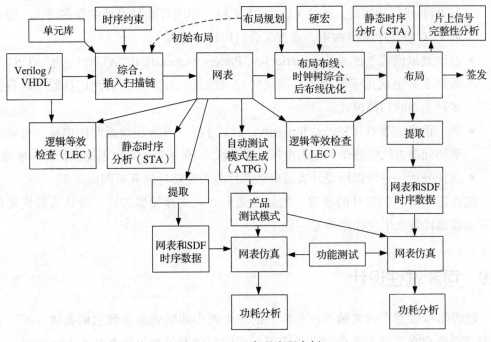

图 9.5　ASIC 实现流程实例

- 插入扫描链——将扫描链添加到芯片制造测试的网表中，更多信息请参阅 9.9 节。

- 静态时序分析（Static Timing Analysis，STA）——STA 工具根据单元库的时序模型计算网表的时序，并检查设计是否满足时序约束要求。该分析涉及多个"工艺角"以检测潜在的故障，如时序违例（电路运行太慢）和保持时间违例（信号变化如此之快，以至于寄存器无法捕获正确的值）。

- 布局布线——该工具将逻辑门排布在芯片布局中，连接逻辑门之间的信号。这种布局可以分为两个阶段：初始布局提供逻辑门的大致位置以便在综合过程中实现更好的时序优化，第二阶段布局确定逻辑门的具体位置。

- 时钟树综合（Clock Tree Synthesis，CTS）——CTS 插入时钟树缓冲区，确保时钟信号在正确的时间到达不同的寄存器。在 SoC 系统设计中，由于时钟信号的传播延迟，如果接收到相同时钟信号的两个寄存器位于芯片的不同区域，那么它们可能在不同的时间接收到时钟边沿。CTS 可以平衡时钟树，使寄存器之间的信号路径在布局后仍能正常工作。

- 逻辑等效检查（Logic Equivalence Checking，LEC）——确保设计单元的功能

与 RTL 代码相匹配。如果 LEC 检查失败，原因可能是设计中存在错误，综合或 LEC 设置中缺少约束，或者综合时出现了错误。

- 自动测试模式生成（Automatic Test Pattern Generation，ATPG）——ATPG 分析网表并生成用于芯片制造测试的扫描模式，针对不同的测试目的可以提供多种类型的扫描模式。
- 片上信号完整性（Signal Integrity，SI）分析——防止导线间的串扰、电路活动期间电力轨中静态和动态电压波动（称为 IR 下降）等原因造成的芯片故障。
- 功耗分析——可以使设计人员确认芯片能否在功耗预算范围内工作。

或许还需要一些额外的步骤，例如在处理嵌入式存储器宏时，设计人员需要使用存储器编译器来生成存储器宏。

9.9 可测试性设计

随着晶体管变得越来越小，芯片上的一个微小缺陷就会导致它们失效，所以芯片制造商需要在产品发布前对芯片进行全面的测试。虽然可以在芯片上运行程序来进行某种程度的测试，但这种测试方法不太可能获得很高的测试覆盖率，而且可能需要很长时间。为了使测试效果更好，现代数字芯片设计经常引入额外的测试电路来辅助测试。

前面提到了在实现流程中插入扫描链和 ATPG，这是当今测试数字电路最常用的方法之一。为了支持扫描测试，电路设计中的触发器预留了用于扫描测试操作的额外端口，如图 9.6 所示。

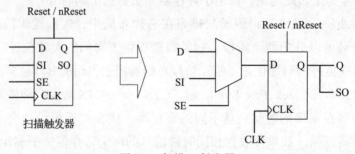

图 9.6 扫描 D 触发器

扫描 D 触发器包括一些额外的信号：

- SI——扫描输入信号；

- SO——扫描输出信号；
- SE——扫描使能信号。

打开扫描使能（使用扫描寄存器）之后进行综合，可以使用综合工具来创建扫描链。一个设计中可以有多条扫描链（见图 9.7），但不能太多，因为芯片测试器中有许多限制，扫描链越多，每条链就越短，这样可以缩短运行扫描测试的时间。

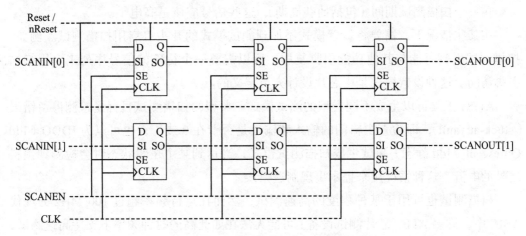

图 9.7 插入两个扫描链（未显示功能逻辑）

有了扫描链就可以使用自动测试设备（Automatic Test Equipment，ATE）硬件，它应用一系列带有扫描使能的时钟脉冲将所有测试模式转换到逻辑层上，它还能使扫描链失效，以执行正常功能逻辑（捕获周期），如图 9.8 所示。

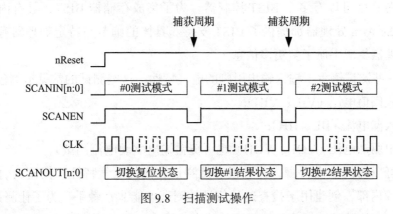

图 9.8 扫描测试操作

在扫描测试期间，通常必须绕过内部门控时钟和内部复位电路以允许 ATE 直接控制时钟和复位。因此，在 Arm IP 设计中可能会看到下面这样的信号：

- CGYPASS——时钟门控旁路；
- RSTBYPASS——内部复位生成旁路；
- SCANMODE——扫描模式指示 / 控制，强制组件以某种方式工作，从而提高测试覆盖率。例如，存储器宏的包装器可以打通写数据到读数据的通路，这可以更加轻松地测试数据路径。

在整个扫描测试期间（包括捕获周期），这些信号应该是高电平。

在某些情况下，需要将设置模式添加到测试模式的开头以启用扫描测试。例如，扫描测试引脚可能与其他功能引脚复用，所以需要一个特殊的信号序列来启用扫描引脚访问。这种设置模式是由芯片设计人员定义的。

ATPG 工具可以生成不同类型的测试模式。典型的扫描测试目标是检测停留错误（stuck-at fault），即检查逻辑门的输入和输出是否卡在 0 或 1；也可以为 IDDQ（Idd Quiescent，Idd 静态）测试生成扫描测试模式，当达到某个逻辑状态时会检测到预料之外的电流，这种情况用来提示出现制造错误。

扫描测试也可用于某种程度的高速测试，然而在运行频率超过 100 MHz 的现代 ASIC 中，许多 ATE（芯片测试设备）可能无法在如此高的时钟频率下支持高速测试，这种情况下传统的功能测试可能会更加适合。

另一种类型的制造测试是存储器内建自测（Built-In Self-Test，BIST）。BIST 控制器可以由 EDA 工具插入并通过 JTAG 或其他测试接口进行控制。当启用 BIST 时，BIST 控制器会自动创建测试模式来访问存储器宏，以验证它们的功能。当有多个存储器时，芯片中可以有多个 BIST 控制器。为了集成存储器 BIST，具有内部 SRAM（如缓存）的 Arm 处理器都提供了 BIST 支持。具体的细节与特定处理器有关，因此请参阅处理器集成手册了解更多信息。

还有一些测试侧重于输入输出引脚的电气特性，这些测试的常见示例包括：

- 输入阈值电压（VIL、VIH）；
- 输入漏电流（IIL、IIH）；
- 输出驱动电压（VOL、VOH）（也可覆盖输出驱动电流测试）。

虽然可以访问输出引脚，并且很容易测量它们的电气特性，但输入引脚的输出信号在芯片内部，创建用于检查这种信号的测试可能非常棘手。为了让测试更简单，可以添加一个简单的逻辑将输入引脚的输出连接在一起并同时进行测试。

假设所有输入引脚具有相同的电气特性，当输入电压在某个有效范围内时，它们应该具有相同的输出。因为已知 XOR 树（见图 9.9）中有多少输入引脚，所以可以很容易地确定预期的测试结果。通过缓慢地将输入电压调整到更接近输入阈值电压，这时如果任何一个输入引脚不能提供正确的信号，VIL/VIH 测试引脚都将会切换。当然，如果有两个输入引脚在某个阈值电压下同时出现故障（虽然概率很低，但有可能发生），那么 VIL/VIH 测试结果信号将保持不变，无法检测到问题。

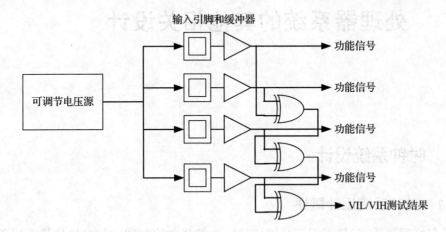

图 9.9　VIL/VIH 测试 XOR 树

根据芯片设计中的其他组件，可能会有额外的 DFT 集成需求。例如，片上锁相环（PLL）模块通常有一些测试引脚，可以用来测试 PLL。

第 10 章
处理器系统的其他相关设计

10.1 时钟系统设计

10.1.1 时钟系统设计概述

所有处理器系统[⊖]都离不开时钟信号，大部分微控制器中的时钟信号可以通过以下方式产生：

- 带有外部晶体的内部晶体振荡器；
- 内部振荡器，如 R-C 振荡器；
- 内部锁相环（PLL）。

在设计时钟系统时，通常要考虑以下因素：

- 精度——许多片内外设和外部通信接口需要相当高的时钟频率精度。对于外部晶体，时钟频率精度通常表示为百万分之一（Part Per Million，PPM），商业产品通常需要采用百万分之四十以上精度的晶体振荡器，而内部 R-C 振荡器一般没那么高精度，有些误差可能超过 20%。
- 占空比——一般情况下，时钟源应提供占空比为 50% 的方波。对于 Cortex-M 系统来说，由于处理器和总线系统中的所有寄存器都在系统时钟的上升沿触发，时钟占空比存在小误差不太可能出现问题，但在使用具有双倍数据速率（Double Data Rate，DDR）操作的接口时，时钟占空比的精度就变得非常重要。

⊖ 注意：有些处理器采用异步逻辑设计，但它们的总线系统仍然需要时钟信号来允许它们与片外单元和片内外设相连接。

- 低功耗——以高时钟频率运行的晶体振荡器会增加功耗，因此如果需要高时钟频率，通常可以使用较慢的晶体振荡器生成参考时钟，并使用 PLL 基于参考时钟生成高频时钟，当系统不需要高时钟频率时，可以关闭 PLL 以降低功耗。低功耗系统的另一个要求是为实时时钟（Real Time Clock，RTC）提供超低功耗时钟源，以及为实时操作系统（Real-Time Operating System，RTOS）提供周期性中断源。因此，微控制器通常具有用于系统时钟的晶体振荡器和用于 RTC 的 32 kHz 晶体振荡器。

- 芯片内部的时钟分配——在许多系统设计中，需要使时钟信号能够同时到达处理器系统的不同单元，这与第 9 章中提到的时钟树有关，设计者为了达到这种目的，需要在时钟树综合期间平衡时钟树。除了时钟信号传播延迟之外，时钟树平衡还必须考虑由门控时钟单元引起的额外延迟，以及其他潜在的不确定时钟偏差和时钟抖动。在关注上述问题的同时，设计者不应过度增加时钟树设计的复杂度，否则会产生大量的功耗，这个问题更加尖锐。

在某些情况下，特定应用的 IC 设计可能需要额外的时钟源，比如带有 USB 接口的芯片设计可能需要 12 MHz 或 48 MHz 时钟源。

10.1.2　时钟切换

当系统中有多个时钟源时，如何从一个时钟源切换到另一个时钟源是一个设计难题。在微控制器应用中，可能有多种使用不同时钟源的场景，例如：

- 当处理器系统运行后台代码时，处理器的时钟可能由晶体振荡器驱动；
- 当处理器系统需要处理一定的工作量时，它需要更高的性能，因此需要从晶体振荡器的时钟切换到 PLL 产生的高频时钟；
- 当没有任何工作需要处理时，处理器进入睡眠模式，在此期间只有 RTC 运行（关闭 PLL 和其他振荡器，使功耗最小化）。此时，处理器系统可能需要在收到中断请求后使用 RTC 时钟来唤醒存储器控制器。

因此，设计时钟系统时需要考虑如何从一个时钟源切换到另一个时钟源，并且切换过程应顺滑，无毛刺产生。如果时钟毛刺进入处理器系统，某些寄存器可能会受到亚稳态问题的影响并进入未定义状态，系统将无法恢复正常操作。

实现无毛刺时钟切换的一种方法是在每个时钟域中实现时钟切换 FSM（有限状态机），并且仅在其他时钟域输出 FSM 都没有输出时才启用当前时钟输出。图 10.1 展示了一个支持三个异步时钟源的时钟切换器。

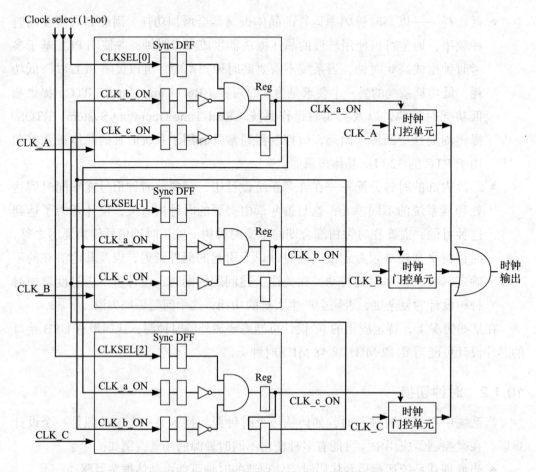

图 10.1   支持三个异步时钟源的时钟切换器

时钟门控单元和合并时钟源的"或"（OR）门需要在 RTL 中进行实例化，不能通过综合生成，这可以防止综合过程因重新排序逻辑门而产生毛刺。如果希望系统在时钟运行时就开始启动，则可能需要自定义触发器的复位值。

10.1.3   低功耗考虑

晶体振荡器和 PLL 硬件通常作为硬宏和仿真模型交付给芯片设计人员。为了在应用层实现低功耗优化，许多设计都包括电源控制接口以便在不使用 PLL 时关闭它们。

在睡眠期间关闭振荡器和时钟源产生的一个问题是，在许多情况下，仍然需要存在时钟源为各种电源管理硬件提供时钟（如可能具有内部状态机为存储器提供上电序列）。因此，芯片设计人员必须确保任意一个活动的时钟源保持活动状态，或者振荡器的控制设计为——在产生唤醒事件后，振荡器可以自启动以支持上电序列。

需要注意的是振荡器和 PLL 所需的唤醒时间，以及各种工作温度和电压的影响，通常这需要一个有限状态机（FSM）来确保处理器系统的时钟信号被关断，直到它完全稳定。这就是 32 kHz 时钟通常在睡眠模式期间保持运行的原因，这可以让 FSM 可以依靠该时钟来运行。

10.1.4　DFT 考虑

时钟系统设计的一个重要方面是可测试性设计（Design for Testing，DFT）。在扫描测试期间，时钟信号需要由 ATE 控制，这意味着必须绕过内部时钟开关、时钟门控和内部时钟源（例如 PLL）。一些 PLL 设计还具有需要连接的扫描链，并且可能具有额外的扫描模式控制信号。

此外，一些 PLL 设计提供了测试模式，可以帮助芯片设计人员分析所实现芯片中 PLL 的性能。要使用这些功能，可能需要启用测试模式，允许在芯片的顶层观察某些 PLL 信号。

10.2　多电源域和电源门控

在低功耗系统设计中，通常需要在芯片中定义多个电源域，并允许在不需要时关闭一些电源域，这种技术称为电源门控。

与时钟门控（它只是减少了动态漏电流）不同，电源门控还消除了静态漏电流。但是，由于断电可能会丢失系统状态，因此需要在保存和恢复必要的状态信息以及断电和恢复电源可能需要时间之间进行一些权衡。可以使用一种称为状态保持电源门控（SRPG）的特殊形式的电源门控，但 SRPG 触发器比标准触发器大，动态电流略高，并且需要额外的电源轨来支持保持功能。

为了处理电源门控和状态保持电源门控，需要采用特殊物理 IP（见图 10.2）：

- Header cells；
- Footer cells；
- Isolation cell；
- 仅适用于 SRPG 的状态保持触发器（寄存器）。

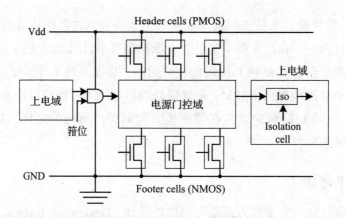

图 10.2   用于电源门控的各种特殊单元

Footer cells 和 Header cells——片上电源门控通常涉及将大型、高 V_t（阈值电压）、低泄漏 PMOS（在电源侧）与 NMOS（在接地侧）睡眠晶体管插入芯片的电源网络，这意味着器件的电源网络包括：一个永久开启的连接到外部电源的电源网络，以及多个可以关闭电源的电源岛。

Isolation cell——一种特殊的单元，可将电源门控模块与设计中保持通电的其他部分隔离开。这些 Isolation cell 是用于防止短路电流和其他模块的输入浮动（当断电模块的输出被隔离时，"箝位"将强制此类输入变为逻辑 0 或 1）。

在某些情况下，如果使用多个电源域，可能会有不同的电压电平，此时还需要电平转换器。

为了支持电源门控设计，Arm 公司 IP 产品具有电源管理套件（Power Management Kit，PMK），其中包含一系列用于多电源域设计的特殊组件，不同的流程节点需要不同的 PMK 库。有关 PMK 的更多信息，请访问 Arm 公司网站 https://www.arm.com/products/silicon-ip-physical/logic-ip。

此类电源门控的加入给物理设计带来了一系列复杂性：

- IR-drop——由于片上电源网络内的损耗，提供给各个功能块的电压将低于提供给芯片的电压。为了减少 IR-drop，电源门控晶体管需要很大。在许多情况下，需要使用一些 Header cells 和 Footer cells 来避免这种情况。
- 涌浪电流——如果电压岛很大并且所有 Header cells 和 Footer cells 同时开启，则会导致较大的"涌浪电流"（in-rush current），从而导致器件电源网络的完整性出现问题。为了防止这种问题，Header cells 和 Footer cells 通常具有缓冲的控制输出以允许链接电源切换序列，这虽然使得切换电源域所需的时间更长，但可以防止产生对芯片造成物理损坏的大"涌浪电流"。

- **电源门控控制压摆率**——另一个潜在问题是电源门控本身可能存在漏电流，尤其是在当门控控制信号没有得到很好的缓冲并且没有达到最佳电压的情况下。因此，需要仔细考虑电源门控操作的时序，以确保电源门控控制信号的压摆率（slew late）不会太大。

电源门控对芯片面积和芯片布线也有影响。它需要专业的 EDA 工具，并且可能会使时序收敛更加困难。

如第 6 章所述，有多种方案可以在关闭模块之前保留模块的状态。虽然状态保持电源门控（SRPG）可以在睡眠期间保持处理器系统中的状态，但是如果片内外设和其他系统组件中的状态在睡眠期间丢失，那么 SRPG 将不起作用。因此，如果使用状态保持电源门控，则系统中需要在睡眠模式下断电的组件也应具有状态保持电源门控（SRPG），以确保软件能够充分利用 SRPG 功能。

另一种方法是在断电之前将需要保存的应用程序部分的状态存储到状态保持 RAM 中。当电源恢复供电时，软件可根据需要恢复应用程序的状态，需要保存的状态可能包括处理器的寄存器和片内外设配置。当然，也可以在需要时断电并重新启动系统。

10.3 混合信号 Arm 处理器

10.3.1 微控制器和混合信号设计的融合

许多微控制器大多采用数字设计，仅带有少量模拟元件，例如 ADC（Analog to Digital Converter，模数转换器）和 DAC（Digital to Analog Converter，数模转换器）。在过去 10 年中，越来越多的模拟元件被集成到微控制器中，例如：

- PLL（锁相环）和振荡器；
- ADC；
- DAC；
- 参考电压；
- 掉电检测器；
- 模拟比较器；
- LCD 驱动器；

- 触摸感应器 /CAP 感应；
- 无线接口等。

与此同时，模拟元件也变得越来越智能化，例如，传统传感器 IC 集成了越来越多的数字逻辑，处理器正在成为"智能"传感器。通过实现以下功能可以带来众多优势：

- 更好的校准；
- 可以进行故障检测并报告给与其相连的设备；
- 更好的电源管理。

由于 Cortex-M 处理器体积小、能效高且易于使用，因此它们被广泛应用于微控制器和智能模拟 IC 设计。一系列混合信号设计可以凭借各种睡眠模式功能和智能软件控制达到更高的能效水平，同时可以提供比以前更多的功能。

在处理混合信号设计时，项目会更加复杂，例如：

- 模拟元件的设计流程可能与数字元件的非常不同。在某些情况下，可以使用 Verilog-AMS，而在其他情况下，一些模拟元件需要手动布局，通常需要进行系统级混合信号仿真和验证。
- 在某些情况下，CMOS 制造技术不适合诸如电力电子、射频电路等模拟应用。在许多情况下，通常将 BiCMOS 用于混合信号设计，即在同一芯片上同时使用 CMOS 和双极晶体管技术。
- 许多模拟元件需要独立的电源域（与数字逻辑分离）。在设计芯片的电源轨和平面规划时需要考虑其他因素，以减少敏感模拟元件的噪声，例如，可采用保护环和阱隔离等常用布局实现技术来防止产生由数字电路通过硅衬底耦合到模拟电路的开关噪声。
- 模拟元件有不同的制造测试要求。

许多 EDA 工具厂商都有特定的产品来协助处理混合信号设计流程。

10.3.2 模数转换

市面上有多种类型的 ADC，根据应用场景，选择 ADC 时可能采用不同的标准，例如：

- 转换速度和采样率——处理频率小于 X Hz 的输入信号时，所需的最小采样率为 $2X$ Hz，但在许多情况下，由于质量和可靠性的原因，即使是 $2X$ Hz 也是不够的。例如，假设以 8 kHz 采样 4 kHz 正弦波，有可能始终以 0 电平对输入信号进行采样。因此，通常需要让采样率达到输入信号的 4 倍以上。需要注意的是，ADC 的输入带宽可能远低于采样率的一半。

- 分辨率——表示为转换结果中的位数。对于片上 ADC，典型的分辨率范围为 8 位到 14 位。实际值与测量值之间的差异通常称为量化误差，理想情况下为 ADC LSB 的 ½，如图 10.3 所示。（请注意，许多片上 ADC 的测量范围小于电源电压范围。）

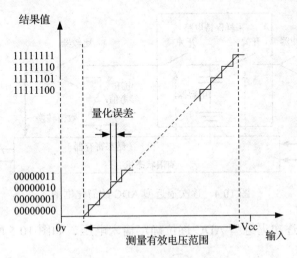

图 10.3　ADC 分辨率和量化误差

- 信噪比（Signal-to-Noise Ratio，SNR）——通常使用结果中的位数计算。假设噪声水平为 ±LSB，SNR 通常以分贝表示，即：

$$SNR_{db} = 10\log_{10}(P_{signal}/P_{noise})$$

鉴于 ADC 结果是电压值的形式，需要通过输入值的平方来转换公式，因此：

$$SNR_{db} = 20\log_{10}(V_{signal}/V_{noise})$$

假设 ADC 为 8 位（256 级），则 SNR 计算公式如下：

$$SNR_{db} = 10\log_{10}((256)^2) = 48\ db$$

在某些情况下，可以使用过采样和过滤技术来降低噪声，但是，即使 ADC 噪声水平较低，在许多情况下，来自集成电路其他部分和电路板上的噪声也会降低信噪比。

- 目标工艺节点的适用性——混合信号设计的难题之一是模拟电路设计不能很好地扩展到小晶体管几何结构。
- 面积和功率——芯片面积和 ADC 的类型直接影响成本和功率。出于这些原因，结合项目要求，某些 ADC 类型可能并不适合。

- 操作条件——如果正在设计用于工业（甚至是汽车行业）应用程序的芯片，则需要注意设计中所有 IP（不仅是 ADC、DAC，还有振荡器、存储器等）的工作温度范围。某些 ADC 和 DAC 可能无法在高温下工作。

在各种类型的 ADC 中，逐次逼近型 ADC 在微控制器中非常流行。逐次逼近型 ADC 包含几个部分，如图 10.4 所示。

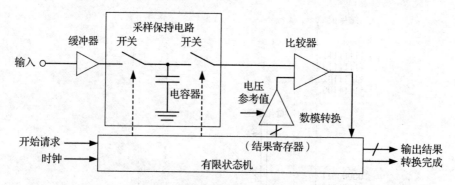

图 10.4　逐次逼近型 ADC 的简化框图

使用二分法，逐次逼近型 ADC 逐位确定输入电压，如图 10.5 所示。

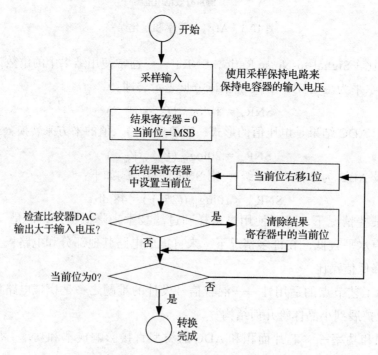

图 10.5　逐次逼近型 ADC 的工作原理

使用 14 位 ADC，有限状态机将迭代操作 14 次。虽然它不是转换速度最快的 ADC，但其转换速度对于大多数应用来说是可接受的并且精度相对较高。

如果需要非常快的转换速度，则可以使用闪存 ADC。闪存 ADC 使用一组电压比较器来检测电压，然后将结果转换为二进制值，如图 10.6 所示。

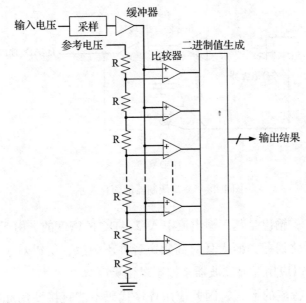

图 10.6　闪存 ADC 的概念表示

在 ASIC 设计中，电阻网络很可能被开关电容网络取代，因为集成电路中电阻在精度方面可能会较难实现。

鉴于其属性，闪存 ADC 的芯片面积通常较大，耗电量大，并且只能提供有限的分辨率，如 8 位。它们通常用于视频信号处理，因为其他 ADC 无法达到所需的速度，并且 8 位的分辨率足以满足视频处理的需求。

对于音频处理，可以使用 Δ–Σ ADC。Δ–Σ ADC 包含以下几个组件（见图 10.7）：

- Δ–Σ 调制器；
- 数字低通滤波器；
- 抽取滤波器（decimation filter）。

Δ–Σ 调制器以几兆赫兹的频率运行，可以生成带有反馈回路的比特流（bitstream）。反馈回路中的 1 位 DAC 只是一个开关，它根据 1 位 ADC 输出在 $+V_{ref}$ 和 $-V_{ref}$ 之间切换。差分放大器将输入信号与 1 位 ADC 进行比较，积分器作为低通滤波器对结果进行滤波，如图 10.8 所示。

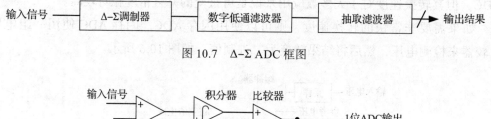

图 10.7   Δ–Σ ADC 框图

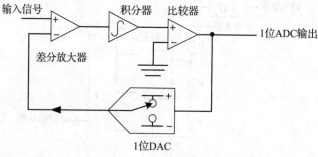

图 10.8   Δ–Σ 调制器的简化表示

对于 Δ–Σ ADC，输出是基于输出流中 Δ–Σ ADC 的密度的。由于其性质，高频输入将产生更大的量化误差，而人耳对高频声音并不敏感，所以对于音频处理，这并不是问题，因此可以应用低通滤波器来抑制量化噪声。

由于输出是比特流的形式，因此应用程序代码不能直接使用此结果。通过抽取滤波器，可以用较低的采样率将比特流信息转换为多位二进制值。

Δ–Σ ADC 的可用带宽略低于前面提到的其他 ADC。此外，Δ–Σ ADC 被设计用于周期性采样，而逐次逼近型 ADC 和闪存 ADC 可随时打开和关闭，以在不需要时跳过采样或在特定基础上执行转换。

对于采样率非常低的应用，例如在智能传感器中，当每秒只需要采样几次，甚至每小时采样一次时，可以使用速率较慢的 ADC，如双斜率 ADC。

双斜率 ADC 可以使用运算放大器、电压比较器、二进制计数器和有限状态机来实现，如图 10.9 所示。

在工作时，双斜率 ADC（工作原理见图 10.10）将输入电压应用于积分器电路，并在固定的时间内对电压进行积分。然后，将极性相反的参考电压施加到积分器上并允许其逐渐上升，直到积分器输出返回到零，然后根据参考电压、固定时间长度和测得的放电周期的函数计算出输入电压：

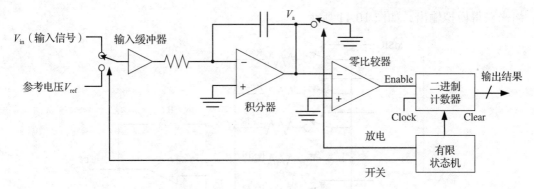

图 10.9　双斜率 ADC 的概念表示

$$V_{in} = V_{ref} \times (放电时间 / 固定充电时间)$$

更长的积分时间允许更高分辨率的测量，这种 ADC 特别适合用于非常精确地测量变化缓慢的信号。

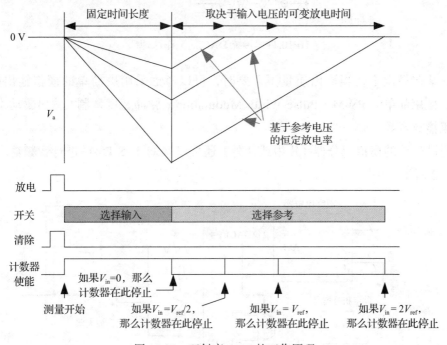

图 10.10　双斜率 ADC 的工作原理

10.3.3　数模转换

有多种方法可以将数字信号转换为模拟信号，传统 DAC 将使用放大器和电阻网络来获得模拟输出，如图 10.11 所示。

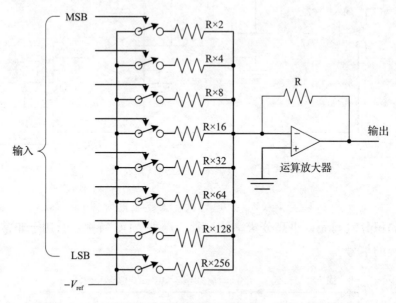

图 10.11   传统 DAC 的工作原理

在某些情况下，当输出质量不重要时，可以考虑采用更简单的模拟输出机制。例如，使用简单的 PWM（Pulse Width Modulation，脉冲宽度调制）输出驱动小型扬声器以播放音频。

通过简单的模拟积分器（片内或片外）还可以调配 Δ–Σ DAC 进行音频输出，如图 10.12 所示。

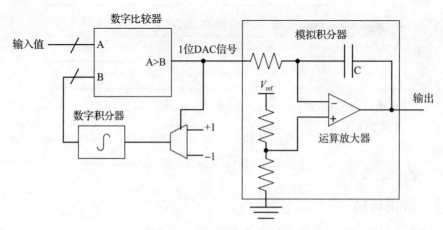

图 10.12   Δ–Σ DAC

10.3.4　其他模拟接口

还有如下几种不同的方式可以将音频 / 模拟接口连接到数字 IC：

- **I2S 接口**——对于基于微控制器的产品，使用外部 I2S 音频编解码 IC 是常见的选择。I2S 是数字串行接口，因此它们可以作为数字外设处理，也可以在 FPGA 开发板上实现音频数据传输。

- **I2C/I3C/SPI 接口**——外部 ADC 和 DAC 芯片通常使用 I2C/I3C（Inter-IC 总线）或 SPI（Serial Peripheral Interface，串行外设接口）等串行通信协议，这种设计适用于传感器和控制应用程序。I2C 和 SPI 外设可从各种外设 IP 供应商处获得，APB 接口通常适用于这些外设解决方案。

- **脉冲密度调制**（Pulse Density Modulation，PDM）——近年来，带有 PDM 接口的数字麦克风因成本低、接口简单而变得越来越普遍。与 Δ–Σ DAC 类似，麦克风的输出采用串行比特流的形式，其中 "1" 的密度用于表示更高的模拟电压值。PDM 信号可以使用数字滤波器转换为模拟值，并作为数字外设接口实现。

10.3.5　将 ADC 和 DAC IP 产品连接到 Cortex-M 系统

在许可 ADC 或 DAC IP 的情况下，这些元件通常提供简单的数字接口，要将它们连接到 Cortex-M 系统，通常需执行以下步骤：

- 为各种数据和控制寄存器添加 APB 总线包装器（需要注意的是，总线包装器设计中可能需要额外的电平转换器）。
- 添加中断处理逻辑（和寄存器）以处理转换完成或错误的情况。
- 创建软件驱动程序代码并为系统级仿真创建测试代码。

为了帮助进行系统级验证，许多 EDA 工具供应商都提供了混合信号验证解决方案，包括可以处理 Verilog 和 Verilog-AMS 协同仿真的模拟器，如 Cadence Virtuoso 可以处理 RTL、Verilog-AMS 和 wreal 的协同仿真，如图 10.13 所示。

要获取更多信息，可访问 Cadence 的网站 https://community.cadence.com/cadence_blogs_8/b/ms/posts/arm-based-micro-controllers-using-cadence-s-mixed-signal-solution 和 https://community.cadence.com/cadence_blogs_8/b/ii/posts/easing-mixed-signal-design-with-the-arm-cortex-m0。

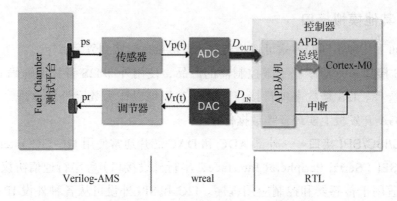

图 10.13   包含基于 Cortex-M0 系统和混合信号 IP 的 Cadence Virtuoso 演示
（图由 Cadence Design Systems 提供）

10.4   SoC 案例——Beetle 测试芯片案例研究

10.4.1   Beetle 测试芯片概述

Arm 公司虽然不生产芯片，但是会开发用于验证新技术的测试芯片。对于 Arm 的工程师来说，由于大部分时间都用在处理器和 IP 开发上，因此通常无法掌握客户所面临的系统设计问题的全部细节。测试芯片项目提供了将完整的 SoC 设计组合在一起的第一手经验，这使得 Arm 工程师能够研发贴近于客户真正需求的 IP，以便为给定的设计做最好的工作准备。

测试芯片项目既令人兴奋又充满挑战。作者参与的其中一个测试芯片项目是 Beetle，它使用了 Cortex-M3 处理器和 CoreLink SDK-100 物联网子系统（已更名为 Corstone-100）。此外，它还包括一系列片内外设、物联网安全所需的真随机数生成器（True Random Number Generator，TRNG）、嵌入式闪存、片上 PLL 和集成蓝牙接口（Arm Cordio），具体请参见图 10.14。

该项目的芯片封装选择的是 QFN 80 引脚封装（7 mm × 7 mm），Beetle 测试芯片照片如图 10.15 所示。选择时需考虑几个因素，特别是：

- 低成本物联网端点的典型封装；
- 适用于蓝牙无线设计。

虽然"80 引脚"听起来像是 Beetle 芯片中有很多引脚可用，但实际上，由于以下因素，引脚的使用有非常严格的规范：

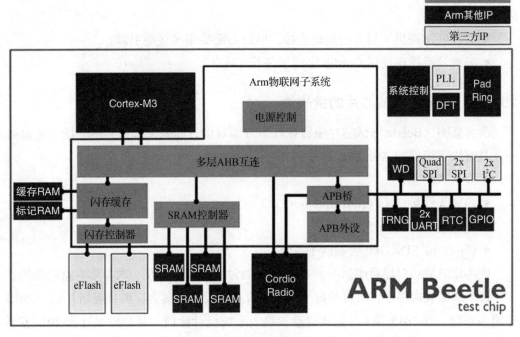

图 10.14　Beetle 测试芯片概览

- 用于多电压电源的附加引脚——由于没有集成片内 DC-DC 电压转换器，因此需要为芯片不同部分使用的不同电压电平分配多个电压电源引脚；
- Cordio IP 需要许多专用引脚用于电源、振荡器、天线和 RF 接口；
- 为了能够随时使用所有调试功能，因此没有将调试引脚与功能引脚复用；
- 需要几个引脚来控制测试模式，这些测试模式会引出内部信号以进行测试。

图 10.15　Beetle 测试芯片照片

从好的方面来看，有限的引脚情况并不像最初看起来的那样是一个问题，这是因为：

- 芯片底部提供了很大的接地连接，所以不需要很多接地引脚；
- 处理器系统也使用 Cordio 宏的振荡器（共享）。

10.4.2　Beetle 测试芯片的挑战性

事实证明，Beetle 测试芯片项目在许多方面对设计师来说都极具挑战性。它是第一款具有以下组件的 Arm 测试芯片：

- 嵌入式闪存；
- 内置无线接口（Cordio Bluetooth 4.2）；
- 台积电 55ULP 工艺节点；
- CoreLink SDK-100 物联网子系统。

该芯片的成功对项目团队和参与 Beetle 的每个人来说都是一次非常有益的经历。

这个团队规模很小，项目的每个阶段只有几个设计师负责。项目规划开始于 2015 年第一季度，在 2015 年 3 月正式启动，进入系统设计阶段。其物理设计于 2015 年 5 月中旬开始，Beetle 于当年 8 月初流片。2015 年在 Arm TechCon 上进行了芯片的工作演示（在此要感谢台积电团队的帮助，使得该项目能快速运转）。

在设计层面，一大挑战是处理电源电压的问题。在这个设计中，Beetle 芯片的不同部分需要不同的电源电压，例如：

- 逻辑单元标称电压为 0.9 V；
- 由于时间压力和性能要求，使用 1.2 V SRAM；
- 闪存——1.2 V/2.5 V 用于读 / 写操作；
- Cordio 蓝牙硬宏模块——低于 1 V。

嵌入式闪存宏模块对断电程序有严格的要求，不满足要求可能会对芯片造成永久性损坏。这也导致了对 PCB 的额外设计要求，因为它必须提供指示电源电压正在下降的输入信号，该信号连接到片上电源管理控制单元，该控制单元触发内部电源控制 FSM 启动关机过程。由于 32 kHz 振荡器被设计为始终开启，因此 FSM 可以依靠它在电源电压切断之前安全地关闭芯片。

10.4.3　Beetle 测试芯片的系统设计

使用即用型 CoreLink SDK 物联网子系统的一个主要好处是可以缩短上市时间，

Beetle 测试芯片项目毫无疑问地证明了这一点。CoreLink SDK-100 物联网子系统包括 Cortex-M3 处理器的基本系统设计，此外，它还封装了以下存储器系统功能：

- 适用于台积电 55ULP 嵌入式闪存的嵌入式闪存控制器；
- AHB 闪存缓存，用于在从闪存运行代码时优化系统性能。

系统设计也考虑到了物联网安全要求，mbedTLS 等安全通信协议栈可以借助 TRNG IP 来生成熵，从而在加密的物联网传输过程中生成会话密钥时提供更好的安全性。物联网安全要求的另一个重要方面是安全固件更新，封装中包含两个嵌入式闪存（每个 128 KB）来帮助支持该更新。

为了让我们的软件支持开发尽早启动，Beetle 测试芯片大部分功能被移植到了 FPGA 上，这使软件团队能够创建软件支持，包括软件封装和 mbedOS 支持。

虽然 CoreLink SDK-100 在设计过程提供了很大帮助，但是在此阶段仍有多项系统设计任务需要完成，包括：

- 外设系统集成；
- 芯片级时钟和复位控制，包括 PLL 集成；
- 芯片级电源管理控制；
- 顶层引脚分配，引脚复用；
- Cordio IP 集成；
- DFT。

得益于 Arm 公司多地工程团队（英国的剑桥和谢菲尔德、匈牙利的布达佩斯、中国台湾的新竹、美国的奥斯汀）的大力支持与合作，系统设计任务进展迅速，并按计划开始实行。

10.4.4　Beetle 测试芯片的实现

Beetle 测试芯片是使用标准数字设计流程和工具实现的。虽然该芯片包含无线支持，但蓝牙 IP 是一个硬宏，有详细的技术文档可以提供系统级集成的指导。无线硬宏的存在给芯片的布局规划增加了额外的约束，如使用的硬宏必须放置在芯片的角落，需要让其他会引起噪声的 IP（如 PLL 和用于嵌入式闪存的电荷泵）远离使用的硬宏。Beetle 测试芯片裸片照片如图 10.16 所示。

10.4.5　其他相关任务

Beetle 测试芯片项目的目标之一是创建一个开发板（见图 10.17），作为评估项目的一部分。因此，在设计和制造测试芯片后，项目并没有结束。

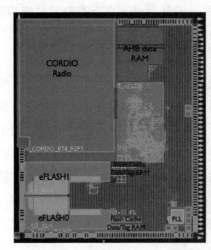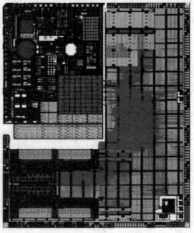

图 10.16   Beetle 测试芯片裸片照片

图 10.17   Beetle 开发板

在等待测试芯片交付时，另一个项目团队已经在忙于 PCB 设计，其他团队也开始致力于软件支持方面的开发。因此，当芯片制造完成后，它可以焊接在 PCB 上开始软件测试。与此同时，一些工程师将测试芯片样品带到了 ATE（自动测试设备）实验室，对芯片中实现的 DFT 支持进行测试（使用 ATE 进行扫描测试），以查看设计是否正常工作，而另一个小型工程团队正忙于测试 Cordio 无线接口和蓝牙软件支持。

当从制造商那里拿到 Beetle 测试芯片时，我们一开始无法让它工作，尽管测试芯片在 ATE 扫描测试期间都可以正常工作。经过几天的研究，我们发现问题出在扫描使能（用于启动扫描测试）的浮动引脚，虽然测试模式引脚与某些逻辑电平相连以抑制扫描测试逻辑，但是与 GPIO 引脚共享的扫描使能引脚是浮动的，因此会导致亚稳态问题。最终，通过在 PCB 上添加一个下拉电阻，芯片成功启动了！（对于不同团队的所有人来说，那是非常令人伤脑筋的一周！）

　　Beetle 测试芯片并不是 Arm 公司开发的唯一的 Cortex-M 测试芯片，但从那时起，我们使用 Cortex-M33 处理器和更新的 CoreLink 子系统设计并制造了一系列名为 Musca 的 Cortex-M 测试芯片。这些测试芯片和开发板已被证明对 Trusted Firmware-M 开发项目非常有用，它们也是 Arm 工程师了解其他芯片设计人员所面临的设计难题的重要途径，Arm 产品在此过程中得到了进一步优化。

第 11 章
软件开发

11.1　Cortex 微控制器软件接口标准

9.4 节和 9.5 节介绍了进行系统级仿真所需的最少软件资源。在为此创建的项目中，我们使用了 CMSIS-CORE 项目中的许多 C 语言头文件，这些文件为应用程序、RTOS、中间层提供底层的软件接口，用以实现以下处理器功能：

- 处理器硬件模块中的寄存器定义；
- 对处理器内部硬件模块（包括 ITM、NVIC、SysTick 定时器）的访问功能；
- 对处理器内部特殊寄存器的访问；
- 使用一些内部函数来执行特殊指令。

与 Cortex 微控制器软件接口标准（Cortex Microcontroller Software Interface Standard, CMSIS）中的其他项目一样，CMSIS-CORE 是一个由 Arm 开发的开源项目，它可以为微控制器的设备驱动设计提供一个模板，包括标准化中断定义、系统异常名称和系统初始化代码，如 system_<device>.c 中的 SystemInit()。

CMSIS 作为多个项目的集合，在嵌入式软件行业中被广泛使用。CMSIS 项目在基于 Cortex-M3 的微控制器问世后不久就开始了（Cortex-M3 是第一款 Cortex-M 系列处理器）。基于 Arm Cortex-M 处理器的产品取得巨大成功，从而在软件开发领域产生了一种标准化的需求。工程师希望在产品工艺迁移时，可以使用相同或相似的软件开发指南。

为了满足行业需求，Arm 制定了 CMSIS，它能够为各种软件开发工具和微控制器提供一致的软件层和设备支持。CMSIS 是一个精简的低成本软件层，可以使设备制造商灵活地定义各种标准外设。因此，SoC 开发者可以使用该通用标准开展基于各种 Cortex-M 处理器的应用开发。

CMSIS 项目具有以下优点：

- 减少开发人员的学习时间、产品开发成本和上市时间，开发人员可以通过各种易于使用、标准化的软件接口更快地编写软件。
- 通过定义标准的软件接口，提高了软件的可移植性和可复用性。CMSIS 基于通用软件库和接口，提供了一致的软件框架。
- 提供了调试连接性、调试外设视图、软件交付和设备支持等接口。
- 因为 CMSIS 的编译独立于软件层，所以允许使用不同的编译器（如 Arm、GCC 和 IAR 等）对其进行编译。

制造厂商和软件供应商密切合作，一起定义了 CMSIS，并提供了一种通用接口方法，用于外设、RTOS 和中间件组件的连接。多年来，CMSIS 已拓展到多个领域，如图 11.1 所示。

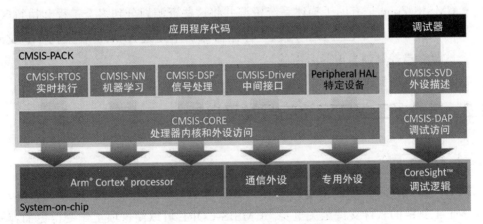

图 11.1　当前的 CMSIS 项目

为了便于使用各种工具链进行设计，SoC 设计人员必须了解以下 CMSIS 组件：

- CMSIS-CORE 是 Cortex-M 处理器内核和外设的标准化 API。
- CMSIS-SVD（System View Description，系统视图描述）描述了如何在 IDE 中显示外设信息。创建基于 XML 的文件，以便工具在调试器中显示外设信息，并创建带有外设寄存器和中断定义的头文件。
- CMSIS-PACK 是一种用于处理器支持和软件组件的交付机制。开发工具通过网络从远程服务器主机中获取目标处理器的设备参数、软件组件、评估板配置等数据。

- CMSIS-DAP 是用于调试探针单元（通常在单独的芯片上）的标准化固件，该调试探针单元连接到 SoC 的 Arm CoreSight 调试访问端口。CMSIS-DAP 非常适合在低成本评估板上集成。

还应该注意的其他组件有：

- CMSIS-RTOS 是一种用于实时操作系统的通用 API。它提供了一个可移植到其他 RTOS 的标准化编程接口，并使软件组件能够跨多个 RTOS 工作。

- CMSIS-Driver 定义了 USB、以太网、SPI 以及其他类型的常见外设驱动程序接口。使用此驱动程序接口，中间件可以在受支持的设备间重复使用。

- CMSIS-DSP 是集成了 60 多种信号处理功能的库。

- CMSIS-NN 是高效的神经网络内核集合，用于最大限度地提高 Cortex-M 处理器内核性能，并最大限度地减少 Cortex-M 处理器内核上神经网络占用的内存。

- CMSIS-Zone 是有助于描述系统资源并将这些资源划分到多个工程和执行区域的工具。这对于包含多个内核、存储器保护单元或 Armv8-M 架构 TrustZone 的复杂微控制器来说是必需的。

11.2　搭建多工具链支持的开发平台

11.2.1　准备工作

如果你正在开发微控制器产品，那么客户可能会使用一系列软件开发工具，因此对多个工具链的软件支持至关重要。CMSIS-CORE 可以使这项工作变得更加容易，为了支持多个工具链需要进行以下几项工作：

- 为不同工具链创建启动代码——许多工具链使用汇编启动代码，并且不同工具链的汇编语法不同。

- 为各种工具链创建编译设置——可以是用于集成开发环境（Integrated Development Environment，IDE）的项目工程文件或在 Linux 环境下用于 Arm 编译器 /gcc 的简单脚本文件（makefile）。

- 在开发可移植源代码时，避免使用某些编译器 / 工具链的特性，例如特定编译器的内在函数 / 属性。CMSIS-CORE 包含了一系列被多个工具链支持的内在函数，并且这些函数可以被替代使用。如果需要使用编译器的特性，可以添加预处理宏将此类特性设置为可选的，以便其他工具链仍然可以编译源代码。

芯片项目的设计环境通常为 Linux，在命令行界面或脚本文件中使用工具链是非常常见的。接下来将研究用于 Arm Compiler 6 和 gcc 的简单脚本文件示例。

11.2.2　使用 Arm Compiler 6 进行编译

第 9 章提供的项目实例演示了使用 Arm Compiler 5 进行软件编译的方法。目前，Arm 工具链——包括 Keil 微控制器开发套件（MDK-Arm）和 Arm Development Studio，也支持 Arm Compiler 6。如果使用的是 Armv8-M 架构处理器，比如 Cortex-M23 和 Cortex-M33，那么就需要使用 Arm Compiler 6。需要注意的是，Arm Compiler 5 不支持 Armv8-M 架构处理器。

如果使用 Arm Compiler 6，编译命令行需要修改：

- 命令由 armcc 修改为 armclang。
- 处理器选项 --cpu Cortex-M3 改为 --target=arm-arm-none-eabi -mcpu=cortex-m3。
- 优化选项可能需要更新，例如，Arm Compiler 5 中的 Otime 在 Arm Compiler 6 中无效。

Arm Compiler 6 的 makefile 文件示例如下：

```
# 使用 Arm Compiler 6 的 makefile
INC_DIR1 = cmsis_include
INC_DIR2 = .
USER_DEF =
ARM_CC_OPTS  = --target=arm-arm-none-eabi -mcpu=cortex-m3 -c -O3 -g -I $(INC_DIR1)
    -I $(INC_DIR2)
ARM_ASM_OPTS = --cpu Cortex-M3 -g
ARM_LINK_OPTS = "--keep=startup_cm3_mcu.o(RESET)" "--first=startup_cm3_mcu.o(RESET)" \
    --force_scanlib --rw_base 0x20000000 --ro_base 0x00000000 --map

all: hello.hex hello.lst
hello.o: hello.c
 armclang $(ARM_CC_OPTS) $< -o  $@

system_cm3_mcu.o: system_cm3_mcu.c
 armclang $(ARM_CC_OPTS) $< -o  $@

uart_util.o: uart_util.c
 armclang $(ARM_CC_OPTS) $< -o  $@

retarget_io.o: retarget_io.c RTE_Components.h
 armclang $(ARM_CC_OPTS) $< -o  $@

startup_cm3_mcu.o: startup_cm3_mcu.s
 armasm $(ARM_ASM_OPTS) $< -o  $@

hello.elf: hello.o system_cm3_mcu.o uart_util.o retarget_io.o startup_cm3_mcu.o
```

```
    armlink hello.o system_cm3_mcu.o uart_util.o retarget_io.o startup_cm3_mcu.o $
    (ARM_LINK_OPTS) -o $@

    hello.hex : hello.elf
     fromelf --vhx --8x1 $< --output $@
    hello.lst : hello.elf
     fromelf -c -d -e -s $< --output $@

    clean:
    rm *.c
    rm *.elf
    rm *.lst
    rm *.hex
```

从 Arm Compiler 5 迁移到 Arm Compiler 6 时，汇编启动代码、汇编命令行和链接器命令行可以保持不变。但是，当使用 Arm Compiler 6 中的新增优化功能［例如 LTO（Link Time Optimization，链接时间优化）］时，编译和链接选项都需要更新。

11.2.3　使用 gcc 进行编译

另一种常用的工具链是 gcc。可以从 Arm 的开发者网站（https://developer.arm.com/tools-and-software/open-source-software/developer-tools/gnu-toolchain/gnu-rm）下载适用于 Cortex-M 和 Cortex-R 处理器的 gcc 工具链（GNU Arm 嵌入式工具链）。

该工具链仅提供命令行工具，但对于芯片设计人员编译仿真项目来说已经足够。芯片供应商还可以通过提供围绕 gcc 工具链构建的 IDE 为其客户创建工具链包。

与使用 Arm Compiler 5/6 时不同，使用 gcc 时通常合并编译和链接阶段，或者使用 gcc 同时进行编译和链接，因为 gcc 可以使用合适的链接选项自动调用链接器（ld）。不建议直接使用 GNU 链接器（ld）链接编译对象，因为这很容易出错。

与之前的 Arm Compiler 5/6 示例中使用命令行来控制存储器映射布局不同，使用 gcc 时需要使用链接器脚本来指定链接阶段的存储器映射布局。示例链接器脚本如下：

```
    /* Linker script to configure memory regions.
     * Need modifying for a specific board.
     *   FLASH.ORIGIN: starting address of flash
     *   FLASH.LENGTH: length of flash
     *   RAM.ORIGIN: starting address of RAM bank 0
     *   RAM.LENGTH: length of RAM bank 0
     */
    GROUP(libgcc.a libc.a libm.a libnosys.a)

    MEMORY
    {
      FLASH (rx) : ORIGIN = 0x0,          LENGTH = 0x10000 /* 64KB */
```

```
    RAM (rwx)  : ORIGIN = 0x20000000, LENGTH = 0x8000   /* 32KB */
}

INCLUDE "sections.ld"
```

该链接器脚本还引入了一个默认的链接器脚本 sections.ld，它定义了程序映像内的存储器映射布局。

由于 Arm 工具链和 GNU 汇编器的汇编语法不同，还需要为 gcc 创建启动代码：

```
startup_cm3_mcu.S
    .syntax unified
    .arch armv7-m

    .section .stack
    .align 3

/*
// <h> Stack Configuration
//   <o> Stack Size (in Bytes) <0x0-0xFFFFFFFF:8>
// </h>
*/

    .section .stack
    .align 3
#ifdef __STACK_SIZE
    .equ    Stack_Size, __STACK_SIZE
#else
    .equ    Stack_Size, 0x200
#endif
    .globl    __StackTop
    .globl    __StackLimit
__StackLimit:
    .space    Stack_Size
    .size __StackLimit, . - __StackLimit
__StackTop:
    .size __StackTop, . - __StackTop


/*
// <h> Heap Configuration
//   <o>  Heap Size (in Bytes) <0x0-0xFFFFFFFF:8>
// </h>
*/

    .section .heap
    .align 3
#ifdef __HEAP_SIZE
    .equ    Heap_Size, __HEAP_SIZE
#else
    .equ    Heap_Size, 0
#endif
    .globl    __HeapBase
    .globl    __HeapLimit
__HeapBase:
    .if    Heap_Size
    .space    Heap_Size
    .endif
```

```
    .size   __HeapBase, . - __HeapBase
__HeapLimit:
    .size   __HeapLimit, . - __HeapLimit


/* 向量表 */

    .section .isr_vector
    .align 2
    .globl __isr_vector
__isr_vector:
    .long   __StackTop              */ 栈顶
    .long   Reset_Handler           */ 复位处理程序
    .long   NMI_Handler             */ NMI 处理程序
    .long   HardFault_Handler       */ 硬件故障处理程序
    .long   MemManage_Handler       */ MPU 故障处理程序
    .long   BusFault_Handler        */ 总线故障处理程序
    .long   UsageFault_Handler      */ 用法错误处理程序
    .long   0                       */ 保留
    .long   0                       */ 保留
    .long   0                       */ 保留
    .long   0                       */ 保留
    .long   SVC_Handler             */ SV Call 处理程序
    .long   DebugMon_Handler        */ 漏洞监测处理程序
    .long   0                       */ 保留
    .long   PendSV_Handler          */ 挂起 SV 处理程序
    .long   SysTick_Handler         */ SysTick 处理程序

    /* 处部中断 */
    .long   GPIO0_Handler           /* 16+ 0: GPIO 0 处理程序
    .long   GPIO1_Handler           /* 16+ 1: GPIO 1 处理程序
    .long   TIMER0_Handler          /* 16+ 2: Timer 0 处理程序
    .long   TIMER1_Handler          /* 16+ 3: Timer 1 处理程序
    .long   UARTTX0_Handler         /* 16+ 4: UART 0 TX 处理程序
    .long   UARTRX0_Handler         /* 16+ 5: UART 0 RX 处理程序

    .size   __isr_vector, . - __isr_vector

/* 复位处理程序 */
    .text
    .thumb
    .thumb_func
    .align 2
    .globl  Reset_Handler
    .type   Reset_Handler, %function
Reset_Handler:
/* 循环将数据从只读存储器复制到 RAM 中
 * 复制范围的起点和终点由链接器脚本中计算的以下符号指定
 * __etext: 代码段的结束，即要复制的数据段的开始
 * __data_start__/__data_end__: 数据应复制到的 RAM 地址范围。两者必须与 4 字节边界对齐

    ldr     r1, =__etext
    ldr     r2, =__data_start__
    ldr     r3, =__data_end__

    subs    r3, r2
    ble     .LC1
.LC0:
    subs    r3, #4
```

```
        ldr     r0, [r1, r3]
        str     r0, [r2, r3]
        bgt     .LC0
.LC1:

#ifdef __STARTUP_CLEAR_BSS
/*      这部分工作通常在 C 库启动代码中完成。否则，请定义此宏，以便在此启动代码中启用它
 *
 *      循环以清空 BSS 部分，该部分使用以下符号作为链接器脚本：
 *      __bss_start__: BSS 部分的开始，必须和 4 字节对齐
 *      __bss_end__: BSS 部分的结束，必须和 4 字节对齐
 */
    ldr r1, =__bss_start__
    ldr r2, =__bss_end__

    movs    r0, 0
.LC2:
    cmp     r1, r2
    itt     lt
    strlt   r0, [r1], #4
    blt     .LC2
#endif /* __STARTUP_CLEAR_BSS */

#ifndef __NO_SYSTEM_INIT
    /* bl      SystemInit */
    ldr     r0,=SystemInit
    blx     r0
#endif

    bl      _start

    .pool
    .size Reset_Handler, . - Reset_Handler

/*   定义默认处理程序的宏，默认处理程序可以是弱符号和死循环，可以被其他处理程序覆写 */
    .macro      def_default_handler      handler_name
    .align 1
    .thumb_func
    .weak   \handler_name
    .type   \handler_name, %function
\handler_name :
    b       .
    .size   \handler_name, . - \handler_name
    .endm

/* 系统异常处理程序 */

    def_default_handler      NMI_Handler
    def_default_handler      HardFault_Handler
    def_default_handler      MemManage_Handler
    def_default_handler      BusFault_Handler
    def_default_handler      UsageFault_Handler
    def_default_handler      SVC_Handler
    def_default_handler      DebugMon_Handler
    def_default_handler      PendSV_Handler
    def_default_handler      SysTick_Handler

/* IRQ 处理程序 */
```

```
        def_default_handler       GPIO0_Handler
        def_default_handler       GPIO1_Handler
        def_default_handler       TIMER0_Handler
        def_default_handler       TIMER1_Handler
        def_default_handler       UARTRX0_Handler
        def_default_handler       UARTTX0_Handler

        /*
        def_default_handler       Default_Handler
        .weak     DEF_IRQHandler
        .set      DEF_IRQHandler, Default_Handler
        */
        .end
```

请注意，对于 GNU 工具链，文件扩展名 .S 和 .s 之间存在差异。文件扩展名需要为 .S，才能被正确处理。

gcc 和 Arm 工具链之间的重映射目标代码也不同，retarget.c 如下：

```
#include <stdio.h>
#include <sys/stat.h>

extern int stdout_putchar(int ch);

__attribute__ ((used))  int _write (int fd, char *ptr, int len)
{
  size_t i;
  for (i=0; i<len;i++)
{
    stdout_putchar((int) ptr[i]); // 调用字符输出函数
}
  return len;
}
```

要使用 gcc 编译简单的 Hello world 项目，可以通过将编译和链接阶段合并来简化脚本文件（makefile）：

```
# Makefile using gcc (Arm GNU Embedded toolchain)
INC_DIR1 = cmsis_include
INC_DIR2 = .
USER_DEF =
CC_OPTS  = -mthumb -mcpu=cortex-m3 -O3 -g -Otime -I $(INC_DIR1) -I $(INC_DIR2)
LINKER_SCRIPT_PATH = .
LINKER_SCRIPT = mem.ld
LINK_OPTS = -T $(LINKER_SCRIPT)

all: hello.hex hello.lst

hello.elf: hello.c system_cm3_mcu.c uart_util.c retarget.c startup_cm3_mcu.S
 arm-none-eabi-gcc $(CC_OPTS) hello.c system_cm3_mcu.c \
    uart_util.c retarget.c startup_cm3_mcu.S \
    -L $(LINKER_SCRIPT_PATH) $(LINK_OPTS) -o $@

hello.hex : hello.elf
 arm-none-eabi-objcopy -S hello.elf -O verilog  $@
```

```
hello.lst : hello.elf
 arm-none-eabi-objdump -S hello.elf > $@

clean:
 rm *.o
 rm *.elf
 rm *.lst
 rm *.hex
```

11.3　Arm Keil 微控制器开发套件

11.3.1　Keil MDK 概述

与芯片设计人员不同，微控制器软件开发人员经常使用集成开发环境（IDE）中的开发工具。IDE 提供了多种软件开发工具，Keil MDK 便是其中之一（Keil 于 2005 年被 Arm 收购）。对于芯片设计人员来说，IDE 原型（如 FPGA 原型或工程样本）测试是非常有必要的，这样可以确保调试和跟踪连接是正确的，并且与 Cortex-M 处理器建立调试连接时不会出现意外问题。

Keil MDK 是一个集成开发环境（IDE），包含编译器、编辑器、调试器以及各种实用工具，例如闪存编程工具。软件开发人员可以使用 MDK 为基于 Arm Cortex-M 处理器的设备创建嵌入式应用程序，并将应用程序映像编写到闪存中，最后使用集成调试器验证其是否正确工作。完整版的 Keil MDK 还包括一组中间件和两种 IDE 选择，如图 11.2 所示。

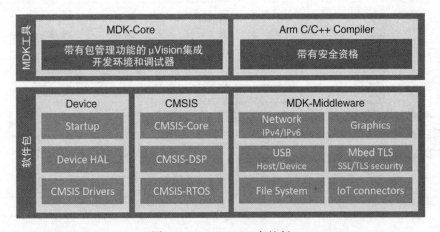

图 11.2　Keil MDK 完整版

大多数微控制器软件开发人员都熟悉 µVision IDE 用户界面。在该界面可以创建 / 修改项目、编辑源代码、编译代码、对处理器进行编程以及调试应用程序。本节将重点介绍大多数微控制器软件开发人员使用的 μVision IDE。

μVision IDE 集成了 CMSIS 支持，例如，在创建项目时，设计者可以利用 CMSIS-PACK 下载所需的软件包。软件包包含设备支持、CMSIS 库、中间件、电路板支持、代码模板和示例项目，并可以随时添加到工具链中。IDE 主要用于管理对应处理器的各种软件组件，并可用来编译应用程序代码。

需要注意的是，虽然需要从 IDE 开始设置项目，但之后可以使用命令行来自动构建、刷新和调试应用程序。

11.3.2　Keil MDK 的安装

Keil MDK 仅适用于 Windows 平台，并且有多个不同价位的版本。免费的 MDK-Lite 虽可用于商业开发，但存在处理器目标代码总量不超过 32 KB 的限制。如果想要在 PC 上安装该产品，可以从 www.keil.com/download 下载 MDK，并按照安装指南（www.keil.com/mdk5/install）进行安装。

CMSIS-PACK 安装程序将在安装 Keil MDK 后启动，设计者需要下载将要使用的目标处理器对应的软件包。如果芯片设计者要创建自己的 Cortex-M 器件，那么只需要安装基本的 CMSIS-CORE 包即可。CMSIS-PACK 安装程序启动界面如图 11.3 所示。

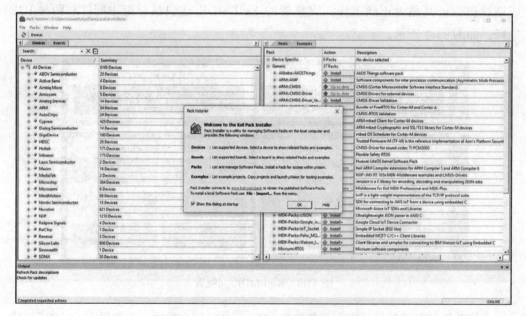

图 11.3　CMSIS-PACK 安装程序启动界面

设计者还可能用到以下软件实用程序：

- 调试探针驱动程序——根据所使用的调试探针，可能需要为其安装正确的设备驱动程序。默认情况下，Keil MDK 安装项包括 <installation_dir>\ARM<Segger/SiLabs/STLink/TI_XDS/ULINK> 中的许多此类驱动程序，仔细检查调试探针硬件随附的文档以查看驱动程序安装要求。

- UART 终端（或虚拟 COM 端口终端）——如果想将 printf 文本消息重定向到 UART 接口并在 PC 上显示，则需要一个 UART 终端程序，如 TeraTerm 或 Putty。由于大多数现代 PC 不再具有 RS232 端口，因此需要获得一个 USB-UART 的适配器，并且还需要安装硬件设备的驱动程序。需要注意，使用 Cortex-M 的 ITM 来显示 printf 消息不需要类似的驱动程序，Keil MDK 可以在调试 IDE 中显示 printf 消息。但请记住，ITM 功能在 Armv6-M 和 Armv8-M 架构的处理器中是不可用的。

USB-UART 适配器有两种类型：

- 提供 DB9 连接器并使用 RS232（C）信号协议的适配器。
- 提供跳线连接并使用逻辑电平信号（通常为 3.3 V，但也可以兼容 TTL）的适配器。

硅基芯片的顶层 I/O 电平通常为 3.3 V，如果需要 RS232 信号，则需要一个单独的信号转换芯片。当连接电路板时，请确保使用正确的 USB-UART 适配器，因为数字逻辑和 RS232 之间的直接连接可能会对电路造成永久性的损坏。

11.3.3 创建应用程序

本小节将在 FPGA 平台上创建一个基于 Cortex-M3 处理器的设计工程。与使用商业处理器芯片不同，FPGA 内部没有闪存，程序只能下载到 RAM 中，此外 FPGA 平台也没有提供完整的软件支持包，但是软件开发流程是相似的，可通过以下步骤来创建一个应用程序：

（1）创建一个工程并选择处理器内核类型以及相关的 CMSIS 组件；

（2）创建源代码文件并将其添加到项目中；

（3）编辑源文件并添加所需的代码；

（4）编译并链接应用程序以将其下载到片上闪存；

（5）调试应用程序并验证操作是否正确。

对于这个项目，需要创建以下应用程序文件：

- main.c 文件：包含 main() 函数，用于初始化基本硬件、外围设备，并启动 LED 闪烁执行。
- LED.c 文件：包含初始化和控制 GPIO 端口的函数。LED_Initialize() 函数初始化 GPIO 端口引脚。函数 LED_On() 和 LED_Off() 用于控制连接到 LED 的引脚。
- LED.h 头文件：包含 LED.c 中函数的函数原型，并包含在文件 main.c 中。

11.3.4　创建工程

要创建一个空白的 Cortex-M3 工程，可以使用工程向导（project wizard），从下拉菜单访问：Project → New μVision Project，如图 11.4 所示。

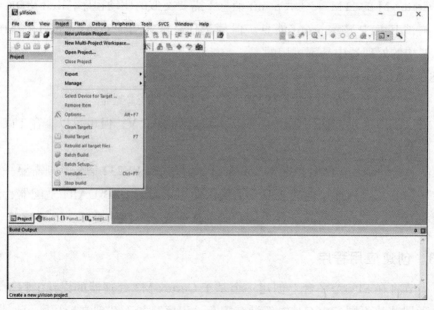

图 11.4　创建工程

选择名为"C:\work\CM3_Blinky_1"的空文件夹作为本例中的工程存放位置。

工程向导会询问此项目基于哪种处理器型号，本例选择基于 Cortex-M3 处理器（ARMCM3）的工程，如图 11.5 所示。

工程向导会打开 Run-Time Environment 窗口，允许在工程中包含一系列软件组件，如图 11.6 所示。对于正在创建的工程，需要 CMSIS-CORE 支持和设备启动文件。但是，由于我们使用了特定的向量表来创建启动代码，因此仅选择了 CMSIS-CORE 软件组件，并手动将启动代码添加到工程中。

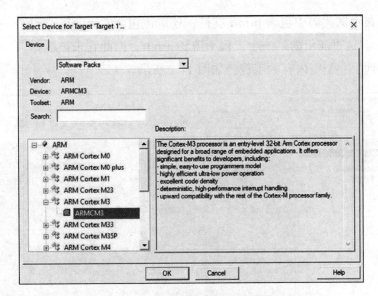

图 11.5　选择目标为 ARMCM3

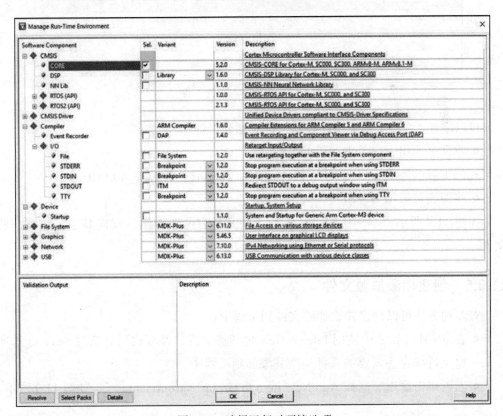

图 11.6　选择运行时环境选项

如果想在示例代码中包含 printf 支持，还应该包含 Compiler → I/O → STDOUT，如 ITM/User。这里演示的第一个工程不需要 printf，因此它未被选择。

现在得到了一个空内容的工程，如图 11.7 所示。

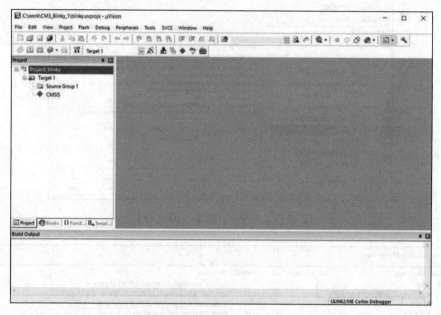

图 11.7　一个空内容的工程

可以添加 / 修改工程源组并将源文件添加到工程中：

- 重命名源组——单击源组的名称。
- 添加新的源组——右键单击目标名称（Target1）并选择 Add Group...。
- 将源文件添加到源组——双击源组。

如图 11.8 所示，本例中修改了工程，使其具有两个源组，并向其中添加了一些文件。

11.3.5　创建和添加源文件

有多种方法可以创建并添加源文件到工程中：

- 在 μVision IDE 中使用 File → New 创建源文件，编写代码并通过 Save as 选项将文件保存为需要的文件类型并添加到工程中。
- 右键单击源组，选择 Add New item to Group '<group name>'，如图 11.9 所示。

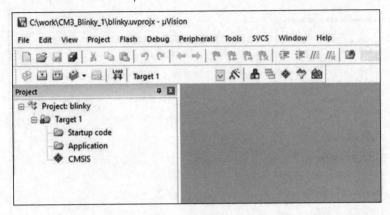

图 11.8　修改为具有两个源组的工程

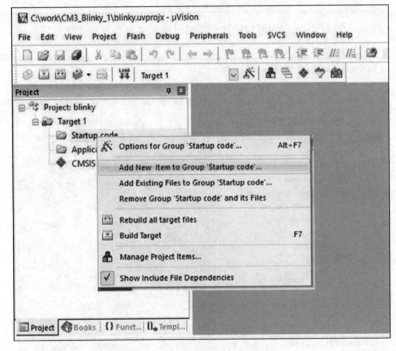

图 11.9　向源组添加新工程

使用第二种方法时，将出现以下窗口并需要定义文件类型和文件名，如图 11.10 所示。

可以复用之前创建的一些项目创建新的源文件（main.c、LED.c 和 LED.h），并将它们添加到工程中，如图 11.11 所示。

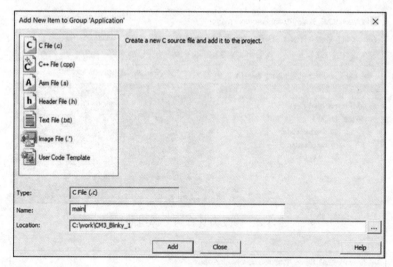

图 11.10   在向源组添加新项目时定义文件类型和文件名

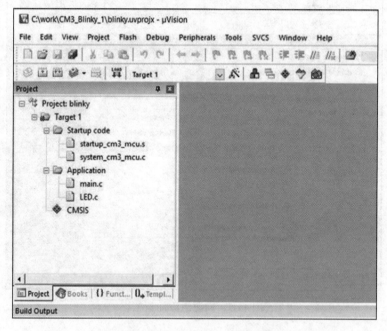

图 11.11   添加了源文件的工程

11.3.6   编辑源文件

可以使用 μVision 内置的编辑器来编辑源文件，也可以自己选择编辑器。源文件需要在项目的主目录中创建。μVision 编辑器包括代码补全、动态语法检查、代码导航或函数查找等功能。编辑器边距可以包含书签、断点、错误指示符、程序计数器、代码执行或性能指示符的标志。

编辑工作可以从最后一个文件 LED.c 及其相关的头文件 LED.h 开始。基于在前几章中创建的系统级头文件（cm3_mcu.h），LED 应用程序的源代码可以引用 cm3_mcu.h 中定义的外设来编写。LED.h 的示例代码如下：

```
#include "stdint.h"  // LED 初始化所需的返回类型
int32_t LED_Initialize (void); // LED 初始化的函数原型
void     LED_On        (void); // LED_On 的函数原型
void     LED_Off       (void); // LED_Off 的函数原型
```

这里定义了三个可供用户使用的函数，函数的实际内容可以在 LED.c 中找到。打开此文件并添加以下代码（假设 LED 引脚为 GPIO 0——引脚 0）。LED.c 如下：

```
#include "LED.h"
#include "cm3_mcu.h"

void     LED_On        (void)
{
  CM3MCU_GPIO0->DATAOUT |= (0x01UL); // 设置数据输出为 1
  return;
}
void     LED_Off       (void)
{
  CM3MCU_GPIO0->DATAOUT &= ~(0x01UL); // 设置数据输出为 0
  return;
}

int32_t LED_Initialize (void)
{
  CM3MCU_GPIO0->DATAOUT &= ~(0x01UL); // 设置数据输出为 0
  CM3MCU_GPIO0->OUTEN   |= 0x1UL; // 使能第 0 位作为输出
  return (0);
}
```

文件 main.c 包含一个无限循环，该循环通过调用 LED 函数控制 LED 切换。切换延迟使用 SysTick 实现，它以 1 kHz 的频率递增整数变量 SysTickCntr。main.c 如下：

```
#include "cm3_mcu.h"
#include "LED.h"

volatile  uint32_t SysTickCntr=0;
void       TickDelay(int32_t);

int main(void)
{
  LED_Initialize();
```

```
SysTick_Config((SystemCoreClock/1000)-1); // 1 kHz 的滴答时钟
while(1){
  LED_On();
  TickDelay(500);
  LED_Off();
  TickDelay(500);
}; // while 循环结束
}

void TickDelay(int32_t tnum)
{
  uint32_t LastTick=0, NewTick=0, DivideCntr=0;
  LastTick = SysTickCntr;
  NewTick = LastTick;
  DivideCntr = tnum;
  while (DivideCntr>0) {
    NewTick = SysTickCntr;
    if (NewTick!=LastTick) { // SysTickCntr 改变
      LastTick = NewTick;
      DivideCntr--;
    }
  }
  return;
}

void SysTick_Handler(void)
{ // 1 kHz 触发器
  SysTickCntr++;
  return;
}
```

11.3.7 配置工程参数选项

在编译和测试应用程序之前，需要先定义工程选项。可以通过右键单击工程层次结构窗口上的目标名称（Target1），或者单击工程选项按钮来访问工程选项，如图 11.12 所示。

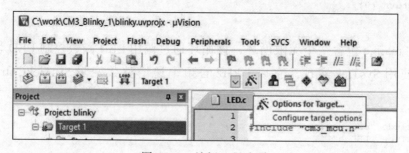

图 11.12 访问工程选项

由于这个工程是针对自定义系统设计的，因此需要先定义存储器映射。因此，在工程选项的 target 选项卡中，定义了系统的存储器大小，如图 11.13 中的示例值所示。

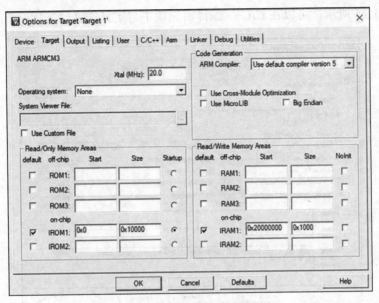

图 11.13　工程选项中的存储器地址和大小

除此之外，还需要确定使用该存储器映射布局进行链接操作，在链接器选项卡中选择 " Use Memory Layout from Target Dialog"（默认情况下未设置此选项），如图 11.14 所示。

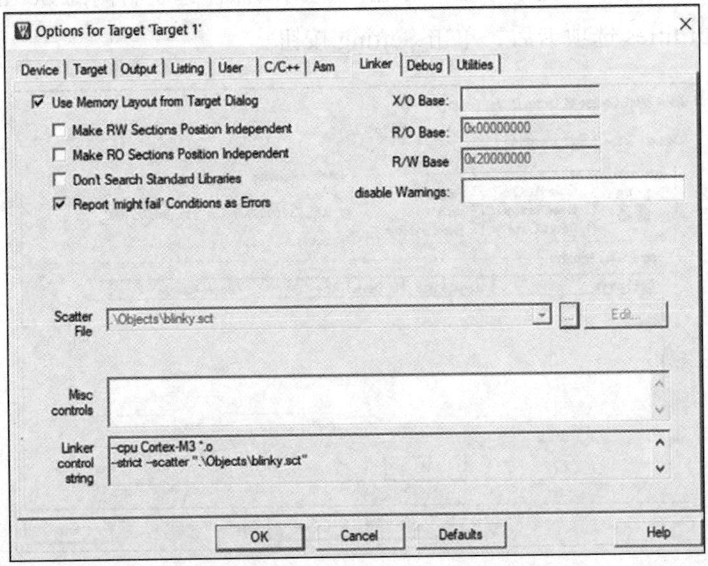

图 11.14　链接器选项

如图 11.15 所示，可以在 C/C++ 编译器选项中自定义编译器选项。

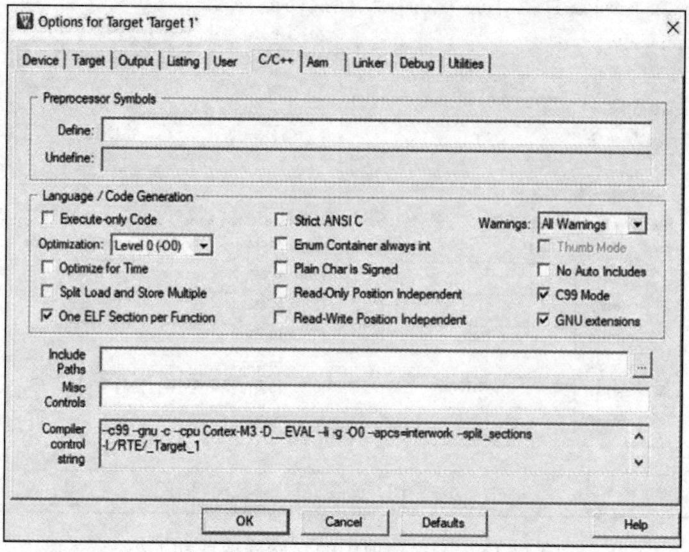

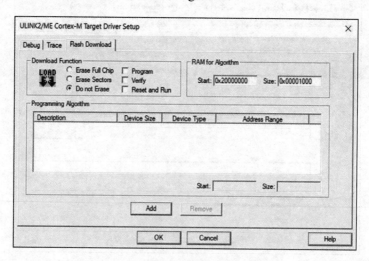

图 11.15　编译器选项，包括优化选项、预处理标志、包含路径和 C/C++ 编码规则

如果使用的是 FPGA，则没有闪存编程算法，下载选项需要相应地设置，如图 11.16 所示。要访问此对话框，请执行以下任意一个操作：

- 单击"调试选项"选项卡后，单击所选调试探针选项右侧的 Setting 按钮；
- 单击 Utilities 选项卡后，单击 Setting 按钮。

图 11.16　为 FPGA 项目指定无闪存下载

11.3.8 编译工程

一切准备好后，便可以开始对工程进行编译和测试了。通过 Project–Build Target 和快捷键 <F7> 编译应用程序，同时编译并链接所有相关的源文件，如图 11.17 所示。Build Output 窗口会显示有关编译过程的信息，包括程序大小、零错误和零警告等消息。

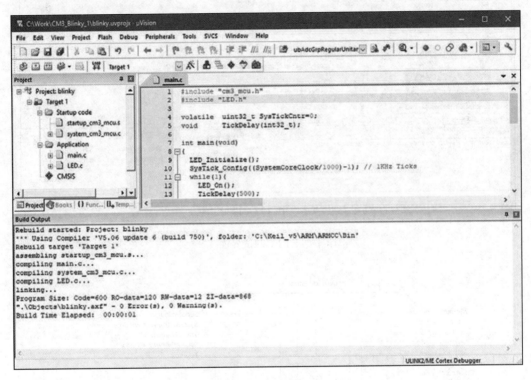

图 11.17 工程编译界面

11.3.9 应用程序的烧录与调试

调试界面（见图 11.18）可以通过快捷键 <Ctrl+F5>、下拉菜单（Debug → Start/Stop debug session）或下拉菜单正下方工具栏中的" (d)"按钮启动。默认情况下，当调试过程开始时，代码在 main() 的开头停止（此行为可通过调试选项控制）。

请注意，在调试界面中，工具栏中的按钮与编码界面不同，如图 11.19 所示。可以通过将鼠标光标移到按钮上来查看按钮的描述说明。

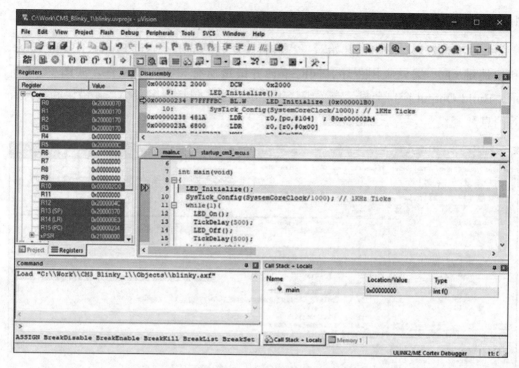

图 11.18   调试界面

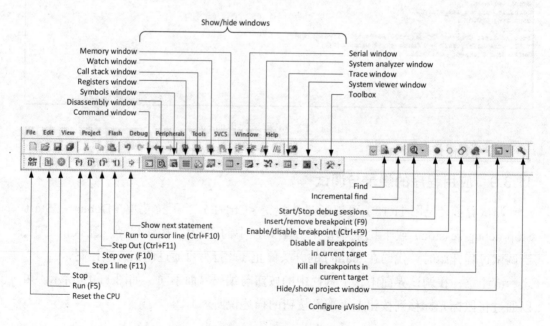

图 11.19   调试界面的工具栏

μVision 调试器可以连接各种调试 / 跟踪适配器，并支持简单和复杂断点、查看窗口以及执行控制等功能。使用跟踪模式，还支持事件 / 异常查看器、系统分析器、执行分析器和代码覆盖等附加功能。另外，组件查看器和事件记录器可帮助深入了解第三方软件，如 Keil RTX 的运行情况。

在 Registers 窗口中，可以看到 Cortex-M 处理器的寄存器。Disassembly 窗口以汇编代码与源代码混合（如果可用）的形式显示程序执行情况，当该窗口是活动窗口时，所有调试步进命令将在汇编层中显示如何执行。Call Stack + Locals 窗口显示当前程序位置的函数嵌套和变量，可以使用 Command 窗口输入调试命令。

当应用程序已运行到主程序时，说明程序已准备好运行。如果现在开始运行，将看到 LED 以 2 Hz 的频率切换（即以 1 Hz 的频率闪烁）。如果想详细查看切换操作，可以在循环中加断点，比如在 main.c 的第 12 行（LED_On()）加断点。这可以通过简单地左键单击该行旁边的灰色区域来完成，此时会出现一个显示断点集的红点。接着转到 Debug-Run 或按 <F5> 运行到此断点，使用 Step 功能（<F11>）单步执行代码，下一行将由两个箭头突出显示，再次单步执行会进入 LED_On 函数，此时文件的显示发生变化，LED.c 文件会进入前台，可以单步执行两次以查看 LED 是如何熄灭的。

如果不希望多次进行单步执行，则可以使用单步跳过（Step Over）（<F10>）功能单步跳过函数，并在 LED-Off 处停止。

11.3.10 使用 ITM 输出文本消息

9.4.6 节演示了如何将 printf 输出消息重定向到 UART 接口。可以在 FPGA 平台或微控制器设计上执行相同的操作，并使用 USB-UART 适配器捕获输出消息。

可以使用 ITM 来处理 printf 文本消息，而不是使用 UART，因为芯片可能只有一个可用的 UART，而应用程序可能也需要它。跟踪消息输出可以通过跟踪连接（如 SWO 引脚或跟踪数据引脚）传输，然后由调试主机收集并实时显示。

要使用 ITM 功能，需要满足以下几个条件：

- 处理器需要是 Armv7-M 或 Armv8-M 架构处理器（Cortex-M0/M0+/M1/M23 处理器不支持 ITM）。
- 需要有针对 ITM 的跟踪连接，例如，当使用串行线调试（SWD）时，TDO 引脚可以切换到 SWO 以实现低成本的引脚连接。
- 调试探针和调试环境必须支持 ITM 跟踪，例如，使用 Keil MDK 和 ULINK2 调试探针以通过 TDO 引脚收集跟踪消息。

为此，之前演示的项目需要进行一些小的更改。首先，在 Run-Time Environment 中包含 STDOUT 支持。可以通过单击工具栏上的按钮打开 Manage Run-Time Environment 对话框，如图 11.20 所示。

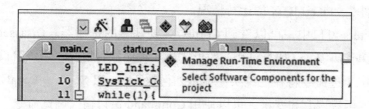

图 11.20　打开 Manage Run-Time Environment 对话框

在 Manage Run-Time Environment 对话框中，将 STDOUT 重定向到 ITM，如图 11.21 所示。

Software Component	Sel.	Variant	Version	Description
⊞ ◆ CMSIS				Cortex Microcontroller Software Interface Components
⊞ ◆ CMSIS Driver				Unified Device Drivers compliant to CMSIS-Driver Specifications
⊟ ◆ Compiler		ARM Compiler	1.6.0	Compiler Extensions for ARM Compiler 5 and ARM Compiler 6
◆ Event Recorder	☐	DAP	1.4.0	Event Recording and Component Viewer via Debug Access Port (DAP)
⊟ ◆ I/O				Retarget Input/Output
◆ File	☐	File System	1.2.0	Use retargeting together with the File System component
◆ STDERR	☐	Breakpoint	1.2.0	Stop program execution at a breakpoint when using STDERR
◆ STDIN	☐	Breakpoint	1.2.0	Stop program execution at a breakpoint when using STDIN
◆ STDOUT	☑	ITM	1.2.0	Redirect STDOUT to a debug output window using ITM
◆ TTY	☐	Breakpoint	1.2.0	Stop program execution at a breakpoint when using TTY
		EVR		
⊞ ◆ Device		ITM		Startup, System Setup
⊞ ◆ File System		User	6.11.0	File Access on various storage devices
⊞ ◆ Graphics		MDK-Plus	5.46.5	User Interface on graphical LCD displays
⊞ ◆ Network		MDK-Plus	7.10.0	IPv4 Networking using Ethernet or Serial protocols
⊞ ◆ USB		MDK-Plus	6.13.0	USB Communication with various device classes

图 11.21　在 Manage Run-Time Environment 配置中添加 STDOUT 支持

如果使用 SWO 跟踪连接，需要确保时钟频率设置正确，如图 11.22 所示。

如果使用与 TDO 引脚复用的 SWO，则必须在调试连接设置中选择 SW（Serial-Wire）调试模式，如图 11.23 所示。

通过单击调试探针设置的 Trace 选项卡启用跟踪，如图 11.24 所示。再次仔细检查时钟频率设置是否正确。

注意：

● 从 MDK 5.28 开始，内核时钟和跟踪时钟可单独进行设置。

● 如果发现丢失了一些跟踪消息，可以禁用时间戳包生成以减少跟踪输出的带宽，这可能有助于避免某些跟踪数据丢失。

现在，修改程序 main.c 以生成 printf 消息。

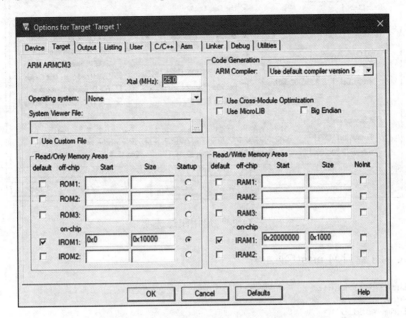

图 11.22 工程中的目标时钟频率设置

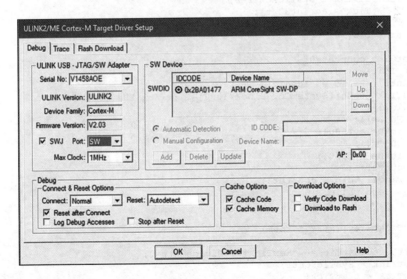

图 11.23 如果使用 SWO 信号进行跟踪，则选择 SW（Serial-Wire）调试模式，以便 TDO 引脚可用于 SWO

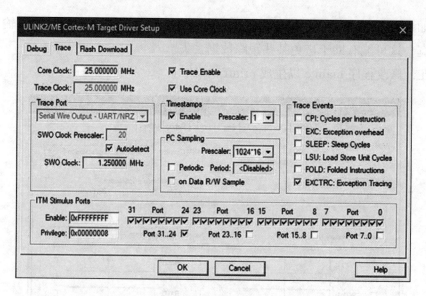

图 11.24　启用跟踪选项

main.c（用于 ITM printf 演示）：

```c
#include "cm3_mcu.h"
#include "LED.h"
#include <stdio.h>


volatile  uint32_t SysTickCntr=0;
void       TickDelay(int32_t);

int main(void)
{
  uint32_t counter=0;
  LED_Initialize();
  printf ("Hello world\n");
  SysTick_Config((SystemCoreClock/1000)-1); // 1 kHz 的滴答时钟
  while(1){
    LED_On();
    TickDelay(500);
    LED_Off();
    TickDelay(500);
    counter++;
    printf("%d\n", counter);
  }; // end while
}

void TickDelay(int32_t tnum)
{
  uint32_t LastTick=0, NewTick=0, DivideCntr=0;
  LastTick = SysTickCntr;
  NewTick = LastTick;
  DivideCntr = tnum;
  while (DivideCntr>0) {
    NewTick = SysTickCntr;
```

```
      if (NewTick!=LastTick) { // SysTickCntr 改变
        LastTick = NewTick;
        DivideCntr--;
        }
    }
  return;
}

void SysTick_Handler(void)
{ // 1 kHz 触发器
  SysTickCntr++;
  return;
}
```

现在可以再次编译项目并启动调试过程。在程序执行之前的调试界面中，需要打开 printf 显示控制台（见图 11.25）：通过在下拉菜单中选择 View → Serial Windows → Debug(printf) Viewer 即可打开显示控制台。

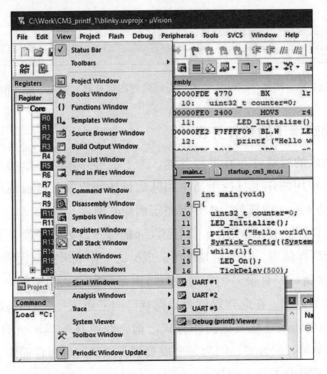

图 11.25　在调试界面中使用调试（printf）查看器

现在应该能够在 IDE 屏幕的右下角看到调试（printf）查看器。当程序启动时，可以看到此窗口中显示的 printf 消息，如图 11.26 所示。

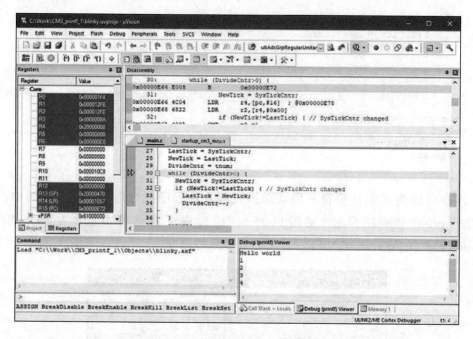

图 11.26　调试（printf）查看器显示通过跟踪连接接收的 printf 消息

11.3.11　协同环境下的软件开发

如今开发团队的成员分布在世界各地。为了能够处理同一个项目，无论他们身在何处，都可以使用协作工具授予每个团队成员访问权限。目前使用最广泛的工具是 Git，它是作为 Linux 内核的版本控制系统而建立的。

一些开发工具，如 Keil MDK，具有到 Git 的接口，因此开发人员可以有效地将他们的代码提交到存储库，并使用其他团队成员的工作成果更新代码库。

Git 现在非常流行，有很多优秀的教程可以帮助大家入门，但由于对 Git 的深入介绍超出了本章的范围，在此建议读者根据自己的需要选择合适的教程去自行学习。需要记住的是，在尝试寻找其他协作方式之前，即使对于非常小的开发团队而言，使用 Git 也是一个很好的方案，因为每个成员都有完整的可用存储库，以防原始存储库因某些原因失败并且被重新创建。

11.4　使用 RTOS

在展示 RTOS 示例之前，我们先探讨两个可用于创建嵌入式应用程序的软件概念。

11.4.1　RTOS 软件概念

在大多数情况下，程序被设计为在无限循环中运行。程序函数（线程）在循环内被调用，而中断服务程序（ISR）完成包括数据处理在内的对时间要求严格的任务。

简单的嵌入式应用程序可以安全地在无限循环中运行。通常由硬件中断触发的时间关键型函数在 ISR 中执行，该 ISR 还执行所需的数据处理任务。主循环仅包含在后台运行的非时间关键型基本操作。

在基于 RTOS 的设计中，多线程在实时操作系统（RTOS）提供的多任务环境中运行。RTOS 提供线程间通信和时间管理功能。因为高优先级线程可以执行时间关键型数据处理任务，所以抢占式 RTOS 降低了中断函数的复杂性。

RTOS 内核基于并行执行线程（任务）的思想。就像在现实世界中一样，一个应用程序通常必须完成多个不同的任务。基于 RTOS 的应用程序在软件中重建了此模型，并确保：

- 线程优先级和运行时调度由 RTOS 内核使用经过验证的代码库处理。
- 线程间通信使用 RTOS 提供的 API 处理。
- 多人团队可以安全地处理软件的各个方面。多任务概念简化了逐步迭代应用程序的过程，因为可以添加新功能，而不会危及更关键线程的响应时间。
- 不需要轮询中断。在无限循环软件的概念中，经常通过轮询来检测中断是否发生。相反，RTOS 内核本身是中断驱动的，可以在很大程度上消除轮询，这允许 CPU 更频繁地睡眠或处理线程。
- 可以满足硬实时要求，因为 RTOS 内核通常对中断系统是透明的。通信设施可用于 IRQ 到任务的通信，并且允许分层处理中断。

11.4.2　使用 Keil RTX

Keil RTX 实现了 CMSIS-RTOS API v2 作为 Cortex-M 处理器设备的本地 RTOS 接口。CMSIS-RTOS 是 CMSIS 的项目之一。它为应用程序和中间层提供了一个通用的 RTOS 软件接口。RTX 是由 Arm 实现的基于开放 RTOS API 标准的小型 RTOS 内核。

虽然 RTX RTOS 不是 CMSIS 的一部分，但它本身是一个开源项目，它内置在 Keil MDK 库中。注意，软件开发人员可以免费将 RTX 应用在自己的软件项目中。

一旦执行到 main()，就可使用推荐的顺序来初始化硬件并启动内核。我们至少应该按照给定的顺序在 main() 中实现以下内容：

（1）硬件（包括外设、存储器、引脚、时钟和中断系统）的初始化和配置。

（2）使用 CMSIS-CORE 函数 SystemCoreClock 更新系统时钟频率。

（3）使用 osKernelInitialize 初始化 CMSIS-RTOS 内核。

（4）可以选择使用 osThreadNew 创建新线程，如 app_main，在下面的示例中，它被用作主线程。除此之外，也可以在 main() 中直接创建线程，我们将在稍后的示例项目中使用此方法。

使用 osKernelStart 启动 RTOS 调度程序。

要将 RTX 添加到项目中，可以在 Manage Run-time Environment 对话框中启用 RTX 库，如图 11.27 所示。

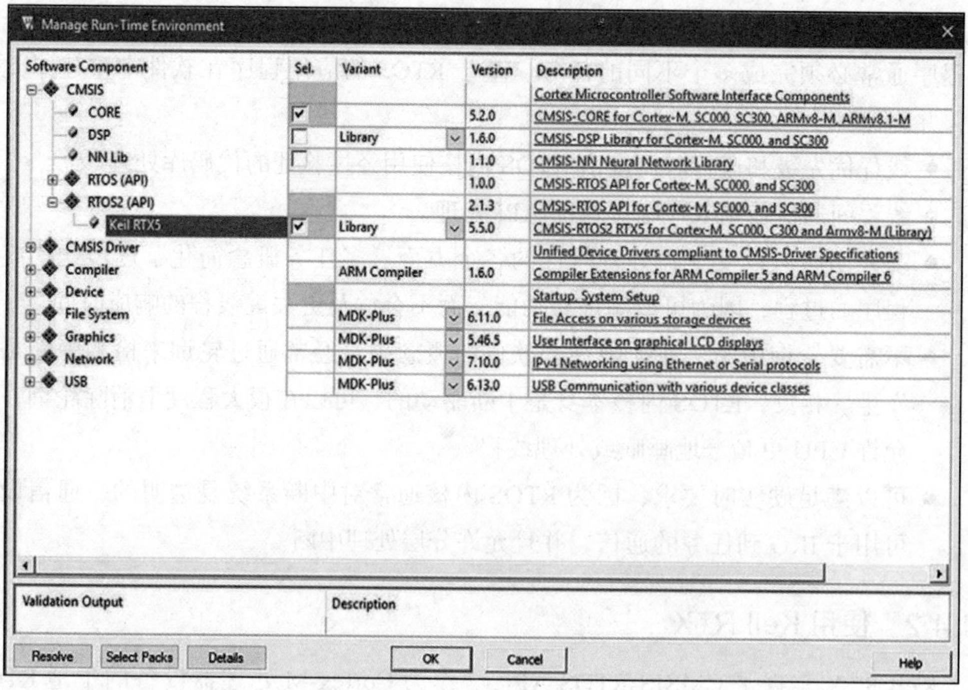

图 11.27　在 Manage Run-Time Environment 中添加 RTX 选项

当使用 Keil RTX5 时，工程向导指定必须使用默认设备启动代码和系统初始化功能。启用了该选项后，项目向导将默认的 Cortex-M3 启动代码和系统初始化代码添加到工程中。由于工程中不能有两个版本的启动代码，因此将删除原始启动代码，并将用户自定义向量表转换为新的默认启动代码。对系统初始化代码执行相同的操作。

接下来，利用 RTX 内核修改 main.c。在本例中，只有一个用于切换 LED 的线程。main.c 如下：

```
#include "cm3_mcu.h"
#include "LED.h"
#include "cmsis_os2.h"

void thread_led (void *arg);

int main(void)
{
  LED_Initialize();
  osKernelInitialize(); // 初始化 CMSIS-RTOS
  osThreadNew(thread_led, NULL, NULL); // 创建线程 thread_led
  osKernelStart();                     // 启动线程执行
  for (;;) {}
}

void thread_led (void *argument) {
  while(1){
    LED_On();
    osDelay(500);
    LED_Off();
    osDelay(500);
  }; // while 循环结束
}
```

现在可以对代码进行编译和测试，它应该会以与第一个示例相同的方式来切换 LED。

有关使用 RTX 和 CMSIS-RTOS v2 API 的更多信息，请访问 https://www.keil.com/pack/doc/CMSIS/RTOS2/html/index.html。

11.4.3 优化内存利用率

1. RAM 利用率分析的需求

虽然小型程序现在可以按预期运行，但软件开发人员可能会面临整体内存利用率过高的问题。在基于 RTOS 的系统中，每个线程需要有自己的堆栈，RTOS 本身也需要为各种对象（如信号量、邮箱等）分配内存。尽管工具链通常能够报告函数树的堆栈使用情况，但它也有局限性：

- 如果代码调用库函数，而库不提供堆栈使用情况，则 C 使用情况报告将无法分析库调用所需的堆栈使用情况。
- 如果代码包含对动态分配的函数指针的函数调用，则工具链无法确定用于堆栈使用情况分析的静态调用树。

即使工具链可以报告 RAM 利用率，也可能不清楚每个线程如何使用 RAM。最后一次构建输出应该显示 RW 内存使用量大约为 3 KB。对于一些只有少量 RAM 的处理器来说，这已经相当多了。怎样才能减少这一点呢？可以使用一些增强的调试功能来检查我们的代码。

2. 为堆栈水印配置 RTX

虽然 RTX 内核是以库的形式添加到工程中的，但它仍然是可配置的，并且一些设置可以在 RTX_Config.c 和 RTX_Config.h 中控制，这可以在工程层次窗口中看到。

RTX_Config.h 文件在其代码注释中包含了许多标记，以便通过配置向导轻松进行配置。在代码窗口下面，可以看到一个配置向导选项卡。单击它就可以轻松地浏览和编辑文件中的每个选项。在图 11.28 中，Stack Usage Watermark（堆栈使用水印）功能被启用以确保在重新编译项目之前保存此文件。

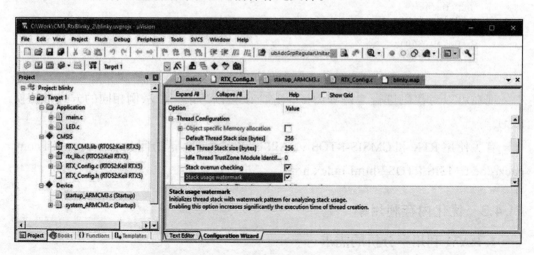

图 11.28　在 RTX 中启用 Stack Usage Watermark

编译完项目后，照常启动调试界面，程序应该会在 main() 的开头停止。

3. 查看窗口中的 RTX RTOS 查看器

在 RTX 中启用堆栈使用水印功能后，可以在调试界面使用 RTX RTOS 查看器报告每个线程的堆栈使用情况。

RTX RTOS 查看器可以在调试界面中通过下拉菜单 View → Watch windows → RTX RTOS 来启用，RTX RTOS 查看器会显示有关 RTX 内核的一些配置信息，包括内存配置参数（如线程的默认堆栈大小），以及堆栈溢出检测功能的状态。

　　如果 RTX RTOS 查看器在应用程序启动（操作系统启动前）时打开，此窗口不会
显示任何线程信息。但一旦程序运行了一段时间后停止，RTX RTOS 查看器将显示
有关线程和操作系统内核的信息。让程序运行一会儿再停止，在 RTX RTOS 窗口中，
展开 Threads，并展开标记为 thread_led 的线程。观察堆栈使用情况，如图 11.29
所示。

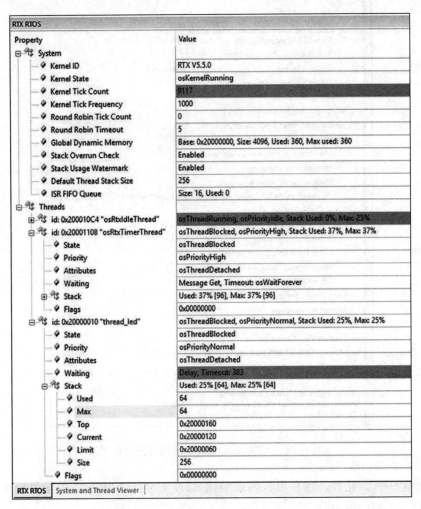

图 11.29　RTX RTOS 查看器中显示了每个线程的堆栈使用情况

　　堆栈值、（当前）使用的堆栈值和使用的最大堆栈值都以字节为单位显示。值得
注意的是，实际的堆栈使用率非常低。此外，定时器和空闲线程只需要很少的堆栈。
全局动态存储器显示只消耗了 360 字节。

之前，我们在 RTX_Config.h 文件中指定所有对象最多可以占用 4096 个字节（见图 11.30）。

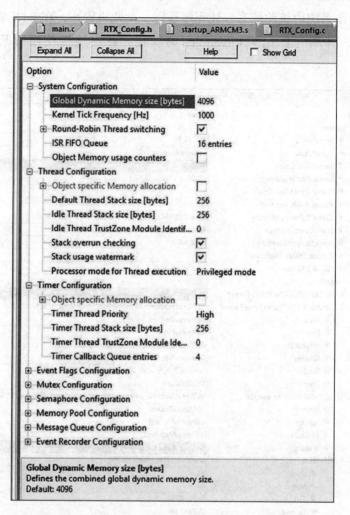

图 11.30　RTX_Config.h 上的内存使用配置

了解这些新信息后，现在可以通过编辑 RTX_Config.h 中的各种选项来减小 RTX 的内存大小，例如可以：

- 将全局动态存储器大小更改为 512 字节。
- 减小定时器线程和空闲线程的堆栈大小。

保存文件并重新编译，应该会看到工程中 RAM 使用量减少，之后不要忘记禁用堆栈使用水印功能，因为这可能会增加操作系统的使用资源。

11.5 其他工具链

上面的实例使用了 Arm 的工具链和集成开发环境 MDK 进行微控制器软件开发。市场上有多种工具链和 IDE 可以用于基于 Arm Cortex-M 处理器开发软件。11.2.3 节简要介绍了 GNU Arm 编译器，这是一个当前流行的开源工具链。Keil MDK 可以与此工具链一起使用。更多信息请参阅 Keil 文档。

MDK 的一个商业替代方案是 IAR Embedded Workbench for Arm(EWArm)，可以在网址 www.iar.com/arm 上找到。

如果你正在寻找基于 Eclipse 的 IDE 的开源实现，那么可以看看 GNU MCU Eclipse（https://gnu-mcu-eclipse.github.io/），你可以使用 Linux 甚至 Mac OS 机器开发软件。

技术术语表

术语	释意
ACE	AXI（Advanced eXtensible Interface）总线一致性扩展接口，ACE（AXI Coherency Extension）为 AXI 提供额外的通道和信令，以支持系统级缓存一致性
ADI	Arm 调试接口（Arm Debug Interface，ADI），该接口连接调试器和目标处理器，用于访问系统中存储器映射单元，如处理器和 CoreSight 组件。ADI 协议还定义了物理连接协议和逻辑编程模型
AHB，AHB5	先进高性能总线（Advanced High-performance Bus，AHB）是一种 AMBA 总线协议，支持流水线操作，地址区间和数据区间在不同的时钟周期内发生，即地址传输可以与前次数据传输重叠。AHB 是 AMBA AXI 协议规范的子集。AHB5 是 AMBA 5 中定义的 AHB 规范的特定版本，参见 AMBA 和 AHB-Lite
AHB-AP	AHB 访问端口（Access Port，AP）是调试访问端口（Debug Access Port，DAP）的可选组件，用于连接片上系统（SoC）的 AHB 总线。CoreSight（Arm 调试架构）支持通过 DAP 中的 AHB-AP 来访问系统总线设备。AHB-AP 通过 AHB 主机来直接访问系统内存。其他总线协议可以使用 AHB 桥来映射事务，例如使用 AHB to AXI 总线桥来提供 AHB 到 AXI 总线矩阵的访问。参见调试访问端口（DAP）
AHB-Lite	AMBA 2 AHB 协议的子集，提供了大多数 AMBA AHB 主从机设计所需的基本功能，尤其在多层 AMBA 互连设计时广泛使用
AMBA	先进微控制器总线架构（Advanced Microcontroller Bus Architecture，AMBA）是 Arm 公司片上总线的开放标准，包括一系列协议规范，是片上系统（SoC）功能模块互连和管理的标准方法。应用在涉及单个、多个处理器或信号处理器及外围设备的嵌入式系统开发中
APB	先进外设总线（Advanced Peripheral Bus，APB）是 AMBA 中通用的或其他辅助功能的外围设备（如定时器、UART、I/O 端口等）的总线协议。使用 APB 系统外设总线桥单元连接外设与主系统，能够减少系统功耗
API	应用程序接口（Application Programming Interface，API）
Arm Compiler for DS-5	Arm 家族处理器的应用开发工具，包含编译软件、代码和示例。DS-5 版本 Arm 编译器替代过去的 RealView 编译工具，DS-5 版本 Arm 编译器目前也被替代了。更多信息，请参见 Arm Development Studio、armasm、armcc、fromelf 等

（续）

术语	释意
Arm 指令	Arm 指令由处于 AArch32 执行状态和 A32 指令集状态的 Arm 处理器内核所执行。A32 是一个使用 32 位指令编码的固定宽度指令集。以前，这个指令集被称为 Arm 指令集。在 Cortex-M 处理器中不使用 Arm 指令
armasm	Arm 汇编器，将 Arm 汇编语言转换成机器代码
armcc	Arm Compiler 5 中 C/C++ 编译器，参见 Development Studio 5(DS-5) 和 Keil MDK
armclang	Arm Compiler 6 中 C/C++ 编译器，参见 Development Studio 5(DS-5) 和 Keil MDK
ATB	先进跟踪总线（Advanced Trace Bus，ATB）是 AMBA 规范中用于跟踪片上数据的总线协议。跟踪单元可以通过 ATB 来获取 CoreSight 捕获信息，首次必须使用 AMBA ATB，以后直接使用 ATB
ATPG	自动测试模式生成（Automatic Test Pattern Generation，ATPG）是基于扫描链硬件的芯片生产测试向量生成方法
AXI	先进可扩展接口（Advanced eXtensible Interface，AXI）是 Arm 公司推出的一种 AMBA 总线协议，建立了芯片上不同模块之间的通信规则，需要在传输之前进行类似握手的过程。这样的协议能够帮助搭建一个真正的"系统"，而不是一个通过协议连接的模块"集合"，并为芯片上现有组件之间的数据传输提供有效的媒介。参考 ACE
大端序模式	在某些 Arm 架构的存储中，采用大端序模式，即多字节数据最低地址有效字节存放在存储单元中最高地址有效字节位置。例如，字对齐模式下，1 字节或半字数据存储在该字地址最高有效字节或半字位置；半字对齐模式下，1 字节数据存储在该半字地址最高有效字节位置
BPU	断点单元（BreakPoint Unit，BPU）指 Cortex-M 处理器内部用于为断点功能提供硬件比较器的单元。在一些早期的 Cortex-M 处理器（如 Cortex-M3/M4）中，BPU 也被称为闪存补丁及断点单元（FPB）
断点	执行特定指令而触发的调试事件，它由指令的一个或两个地址以及执行指令时处理器的状态决定。参见观察点（Watchpoint）
总线主机多路复用器	总线主机多路复用器允许多个总线主机连接到单个总线从机。该单元通过仲裁逻辑选择总线主机来驱动下级总线。将地址和控制信号从最高优先级的主机转发到下级 AHB 从机，从而将输出信号多路复用到单个总线
总线矩阵	片上总线互连单元，允许多个总线主机同时与多个总线从机连接
总线从机多路复用器	总线从机多路复用器。通过多路复用其返回的读数据和响应信号到一个独立总线上，以实现对总线主机的回应
可缓存	片内存储器属性，用于定义是否允许缓存数据以实现更快的访问
时钟门控	一种降低集成电路功耗的设计方法。用控制信号锁存宏单元或功能模块的时钟信号，并使用修改后的时钟来控制宏单元或功能模块的工作状态
CMSIS	Cortex 微控制器软件接口标准（Cortex Microcontroller Software Interface Standard，CMSIS）是为处理器及其外围设备提供统一调用接口的软件包，具有规范统一、简单可重用的特点，能够降低产品开发难度和周期。CMSIS 核心组件 CMSIS-CORE 包含处理器内核和外围设备的应用程序接口（API）

（续）

术语	释意
内核	通常指独立处理器单元。在处理器范畴内，将内核定义为独占使用程序计数器（Program Counter，PC）的单元
CoreSight ECT	支持 SoC 多个触发事件交互和同步的模块化系统，包括交叉触发接口（CTI）和交叉触发矩阵（CTM）
CoreSight ETB	跟踪宏单元信息捕获功能扩展逻辑块
CoreSight ETM	跟踪处理器端口输出跟踪信息的硬件宏单元。ETM 通过符合 ATB 协议的跟踪端口提供处理器驱动的跟踪，ETM 始终支持指令跟踪，也能够支持数据跟踪
CPSR	当前程序状态寄存器（Current Program Status Register，CPSR）包含应用程序状态寄存器（APSR）标志、当前处理器模式、中断禁用标志、当前处理器状态、字节顺序状态（Armv4T 和更高版本）、IT 块的执行状态位（Armv6T 和更高版本）等
CTI	交叉触发接口（Cross Trigger Interface，CTI）是嵌入式交叉触发（Embedded Cross Trigger，ECT）设备的一部分。在 ECT 设备中，CTI 是处理器或嵌入式跟踪单元（ETM）与交叉触发矩阵（CTM）之间的接口。CTI 允许调试逻辑、嵌入式跟踪单元（ETM）和电源管理单元（PMU）之间交互并允许与其他 CoreSight 组件交互，因而称为交叉触发。例如，发生 ETM 触发事件时，可以配置 CTI 来产生一个中断
CTM	交叉触发矩阵（Cross Trigger Matrix，CTM）是用于控制触发请求分配的块
DAP	调试访问端口（Debug Access Port，DAP），外部调试器通过该硬件单元连接到系统总线，是总线主机设备。包括：处理 JTAG 或 SWD 协议的调试端口（DP）接口和访问端口（AP）接口
默认从机	AHB 系统中的一种总线从机，当检测到非法地址跳转时向总线主机发送总线错误响应，如果总线主机是处理器，则触发故障异常并处理该错误。
ADS	ADS（Arm Development Studio）是基于 Arm 处理器的嵌入式 C/C++ 专用软件开发工具解决方案。包括：① Arm 调试器和 Keil μVision 调试器；②嵌入式 C/C++ Arm Compiler 6；③针对 Linux、Android 或裸机系统优化的高效性能分析器；④用于 MCU 的免版权费 CMSIS 兼容中间组件；⑤面向 Armv7 和 Armv8 架构处理器的虚拟平台，用于无硬件仿真开发；⑥与 OpenGL ES、Vulkan 和 OpenCL 兼容的图形调试器
DFT	可测试性设计（Design for Testing，DFT），能够用于检测芯片制造过程中缺陷的各种设计手段及方法
DS-5 调试器	Arm 处理器软件开发工具，用来调试、检查和控制软件代码在目标处理器上的执行情况。DS-5 已被 ADS 开发工具所取代
DWT	数据观察点和跟踪（Data Watchpoint and Trace，DWT）是 Cortex-M 处理器中用于数据观察的组件，还用于支持跟踪的 Armv7-M 处理器以及具有 Main Extension 的 Armv8-M 处理器。DWT 用于支持数据跟踪、事件跟踪和分析跟踪等
Eclipse	通过配置同各种开发工具协同工作的开源集成开发环境（IDE），DS-5 已被 ADS 取代
Eclipse for DS-5	集成了 DS-5 Arm 开发工具的 Eclipse 集成开发环境。见 DS-5，DS-5 已被 ADS 取代
字节存储顺序	大块内存中存储数据时，连续字节数据存储顺序的方案

（续）

术语	释意
ETB	嵌入式跟踪缓冲区（Embedded Trace Buffer，ETB），该逻辑块用于扩展跟踪宏单元的信息捕获功能
ETM	嵌入式跟踪宏单元（Embedded Trace Macrocell，ETM）是跟踪处理器端口输出跟踪信息的硬件宏单元。ETM 通过符合 ATB 协议的跟踪端口提供处理器驱动的跟踪，ETM 始终支持指令跟踪，也能够支持数据跟踪
异常	一种处理故障、错误事件或外部通知的机制，例如，处理外部异常中断和未定义的指令等
异常向量	当异常发生时，处理器必须执行与异常对应的处理程序代码。处理程序在内存中的地址称为异常向量。在 Arm 处理器架构中，异常向量存储在一个称为异常向量表的表中
FPB	闪存补丁断点（Flash Patch and Breakpoint，FPB）是 Cortex-M 处理器中为断点功能提供硬件比较器的单元。除了被调试工具用来提供硬件断点机制外，在 Cortex-M3 和 Cortex-M4 处理器中，FPB 还提供了一种通过重定向内存访问请求来修补固件中不可变程序代码或文字常量的机制。见 BPU
FPGA	现场可编程门阵列（Field Programmable Gate Array，FPGA）指可以由设计人员根据需要使用硬件描述语言（Hardware Description Language，HDL）现场编程配置的集成电路，使用时类似于专用集成电路（ASIC）。FPGA 芯片内包含可编程逻辑块，可通过编程转化为复杂的组合逻辑电路，并可根据需要进行重新配置
FPU	浮点处理单元（Floating Point Unit，FPU）是处理器内部用于处理浮点数据的硬件单元
fromelf	Arm 处理器映像文件转换工具，可以将 ELF 格式的输入文件转换为其他映像格式输出。fromelf 还可以生成关于输入映像文件的文本信息，如代码及数据容量等
GIC	通用中断控制器（Generic Interrupt Controller，GIC）是用于执行中断管理、优先级管理和程序运行管理等关键任务的专用 IP 单元。GIC 主要用于提高处理器效率和支持中断虚拟化，是基于 Arm GIC 架构实现的，已从 GICv1 发展到 GICv3/v4。Arm 多集群 CPU 中断控制器，为 Arm Cortex-A 和 Cortex-R 处理器系统提供中断管理解决方案。Arm Cortex-M 处理器的通用中断控制器则是集成在处理器内部的 NVIC
主机	向其他目标设备提供数据和服务的计算机。在 Arm 处理器调试工作中，主机是指为调试运行的目标设备提供调试服务的计算机
IDAU	实现定义属性单元（Implementation-Defined Attribution Unit，IDAU）指 Armv8-M 处理器系统中与 TrustZone 相关的客户定义组件，采用硬件查找表的形式，与安全属性单元（Security Attribution Unit，SAU）密切协作，以确定地址空间中安全和非安全地址范围
IDE	集成开发环境（Integrated Development Environment，IDE）指在调试主机（例如 PC）上运行的应用程序，它提供代码编辑、软件项目管理、各种项目流程（例如编译）和调试控制等程序功能
IEEE 754	浮点数据格式和操作的标准

（续）

术语	释意
中断	一种由硬件或软件发送到处理器的信号，表明某一事件需要立即处理
IRQ	中断请求（Interrupt Request）。中断是设备通过硬件电路向微处理器发送的中断信号
ITM	仪器跟踪宏单元（Instrumentation Trace Microcell, ITM）指用于在具备 Main Extension 功能的 Armv7-M 与 Armv8-M 处理器中生成跟踪数据的组件，使用它可以重定向调试消息（比如调用 printf 函数）或者在调试中发出系统诊断信息
JTAG	联合测试行动小组（Joint Test Action Group, JTAG），一个研究硅芯片测试方法的 IEEE 小组。许多调试和编程工具都使用 JTAG 接口端口与处理器通信。参见 IEEE 标准 1149.1-1990 标准测试访问端口和边界扫描架构规范（可从 IEEE Standards Association 获得）
LEC	逻辑等效检查（Logic Equivalent Checking, LEC），一种形式验证方法，用以确保综合设计的输出网表与原来的 RTL 设计相符
小端序模式	在 Arm 架构中，它是一种数据存储结构，小端序模式指字中最高有效字节存放在高位字节地址、最低有效字节存放在低位字节地址的存储器数据组织形式，另见大端序模式
加载 / 存储架构	只能对寄存器数据进行操作，不能直接操作存储器数据的处理器架构，即先从存储器装载数据到寄存器、再对寄存器数据进行操作、最后将操作结果写回存储器的模式。Arm 处理器架构即为加载 / 存储架构
MBIST	存储器内建自检（Memory Built-In Self-Test, MBIST）是测试嵌入式存储器的行业标准。它写入和读取 RAM 的所有存储单元，以确保所有存储单元功能正常。存储器在自检过程中提供 MBIST 标准的地址和数据顺序以获得额外的测试覆盖率
MCU	微控制器单元（MicroController Unit, MCU），为各种控制应用设计的通用 SoC 芯片的总称
MDK / Keil MDK	微控制器开发套件（Microcontroller Development Kit, MDK），一种为微控制器软件开发而设计的工具链
MMU	存储器管理单元（Memory Management Unit, MMU），在 Arm Cortex-A 处理器中用于对存储系统进行复杂控制，大多数存储器控制功能需要通过保存在内存中的转换表进行转换。MMU 是 Arm 虚拟存储系统架构（Virtual Memory System Architecture, VMSA）的主要组成部分。在 Cortex-M 处理器中使用 MPU 管理存储器，而 MMU 不可用
MPU	存储器保护单元（Memory Protection Unit），一种可控制存储器内一些受保护区域的硬件单元，它是 Arm 保护存储系统架构（Protected Memory System Architecture, PMSA）的主要组成部分
MTB	微跟踪缓冲区（Micro Trace Buffer），具备对 Cortex-M 处理器提供简单跟踪执行的能力，通过对 MTB 的访问，可以低成本实现指令跟踪需求。与嵌入式跟踪宏单元（ETM）或程序跟踪宏单元（PTM）跟踪解决方案不同，MTB 不需要专门的跟踪接口，直接使用 JTAG 或 SWD 连接采集跟踪数据，但 MTB 提供的跟踪历史记录的数量受到分配给跟踪操作的 SRAM 大小的限制

（续）

术语	释意
NMI	不可屏蔽中断（Non-Maskable Interrupt，NMI），Cortex-M 处理器中特殊类型的中断请求，中断级别高、一定要被处理，如看门狗定时器、断电检测器等的关键中断事件
nTRST	测试访问端口（Test Access Port，TAP）复位信号的缩写，nTRST 是使目标系统 TAP 控制器复位的（物理）信号。在某些文档中，这个信号也被称为 nICERST。参见 nSRST 和 JTAG
NVIC	嵌套向量中断控制器（Nested Vectored Interrupt Controller，NVIC）是 Cortex-M 处理器中异常和中断处理的核心组件
OS	操作系统（Operating System，OS）是提供多任务处理能力的系统软件，在某些情况下，还可提供各系统功能的 API，参见 RTOS
PLL	锁相环（Phase-Locked Loop，PLL）是微处理器中能够通过寄存器编程配置与参考时钟特定的频率比来生成时钟信号的组件，因此软件开发人员可以在程序执行的不同阶段配置系统时钟频率
PTM	程序跟踪宏单元（Program Trace Macrocell，PTM），提供处理器指令跟踪的实时跟踪模块
寄存器	寄存器是处理器中与核心运算器、控制器相连接的少量超快访问存储器，以字节为单位。除了通用数据存取外，在某些设计中这些存储器也可分配给特定的硬件专用，并且可以配置为只读或只写。Arm 处理器提供通用寄存器和特殊寄存器两类，某些特殊寄存器仅在特权执行模式下使用
RTOS	实时操作系统（Real-Time Operating System，RTOS），能够在一个明确定义的时间段内快速响应事件（如由外设硬件引起的事件）的操作系统
SAU	安全属性单元（Security Attribution Unit，SAU）是具有 TrustZone 安全功能的 ArmV8-M 架构处理器中的组件。该单元与 IDAU（由 SoC 设计人员配置）一起定义安全和非安全地址范围
SDF 反标	标准延迟格式反标，在网表仿真过程中，使用从布局后数据（存储在 SDF 文件中）提取的时序延迟值来更新网表（对网表的时序信息进行反标）
SIMD	单指令、多数据（Single Instruction, Multiple Data，SIMD）。在 Arm 指令集中，支持的 SIMD 指令对 Arm 内核寄存器的字节或半字执行并行操作或向量操作，即它们对储存在多字寄存器中的向量执行并行操作。需要注意的是，不同版本的 Arm 架构支持并推荐不同的向量操作指令。更多信息，请参阅相应的 Arm 架构参考手册
SoC	片上系统（System-on-Chip，SoC）将计算机组件集成到一个完整的电子基板系统（芯片）上，该系统可以包含模拟电路、数字电路、混合信号电路、射频信号处理电路等。SoC 与基于主板的 PC 架构形成鲜明对比，后者将不同功能的子系统组件通过主板连接在一起构成完整计算机系统，而 SoC 是将所有的功能组件集成到一个同时包含硬件和软件的集成电路中。与同等的多芯片系统相比，SoC 具有低功耗、高性能、小尺寸和高可靠性等优点
SRPG	状态保持电源门控（State Retention Power Gating，SRPG），一种当系统处于空闲或非活动状态时，降低芯片漏电功耗的方法

（续）

术语	释意
STA	静态时序分析（Static Timing Analysis，STA）是用于验证综合后或布局布线后的设计是否满足时序要求的验证方法
SP	堆栈指针（Stack Pointer，SP），在 Arm 处理器内核中，SP 是指硬件管理堆栈的指针（地址），具体来讲：在 AArch32 状态下，SP 就是通用寄存器中的 R13 寄存器；在 AArch64 状态下，每个执行中的异常等级都有一个专门的堆栈指针（SP）
SWD	串行线调试（Serial Wire Debug，SWD）：调试器和 SoC 通信时，二者之间使用串行连接方式。这种连接包括一条双向数据信号线和一条独立时钟信号线，这不同于 JTAG 连接所需的 4～6 条信号连接线
SW-DP	串行线调试端口（Serial Wire Debug Port，SW-DP），串行线调试使用的接口
SWI	软中断（SoftWare Interrupt），SWI 指令导致 SWI 异常。这意味着处理器模式变为超级管理模式，CPSR 被保存在超级管理模式的 SPSR 中，程序转向 SWI 的向量指向的分支
SysTick 定时器	系统滴答定时器（System Tick timer），Cortex-M 处理器中为操作系统提供周期性中断的硬件单元。SysTick 定时器由软件控制，支持 Cortex-M 处理器的 CMSIS-CORE 函数库提供该定时器产生中断请求的接口函数。使用 SysTick 定时器及其中断的典型应用是允许操作系统进行（进程）上下文切换以支持多任务处理。在无操作系统的情况下，SysTick 可用于计时、测量时间，或作为需要定期执行任务的中断源
TAP 控制器	TAP 控制器指处理器上的逻辑单元，允许访问该处理器部分或全部功能的控制逻辑电路以进行芯片的测试或调试，该电路功能使用 IEEE 1149.1 标准定义，参见 JTAG
目标	在 Arm 调试器的范畴内，开发平台通过调试器连接到目标组件并进行调试工作。目标可以是可运行程序的处理器目标，如 Arm 内核处理器为核心、可以运行程序的目标板。开发平台通过调试器连接到目标板后，可以对该处理器程序执行相关调试操作，如单步执行、跟踪等。目标还可以是不可运行的 CoreSight 组件，CoreSight 组件为实时调试和跟踪提供了全系统解决方案
TCK	测试时钟（Test Clock），TAP 中伴随数据线 TMS、TDI 和 TDO 的时钟信号。参见 TDI 和 TDO
TCM	紧耦合存储器（Tightly-Coupled Memory，TCM）是一个低延迟的内存区域，在性能确定的情况下提供可预测的指令执行或数据加载时序。TCM 适合保存关键程序，例如用于可预测的实时处理（中断处理）、避免缓存分析（加密算法）或单纯的性能提高（处理器侧编解码）等场合。在中断处理方面，更适合使用紧耦合存储器（TCM）存储关键的中断处理代码（运行时速度更快），例如中断处理中间结果暂存数据，因为这些数据的位置不适合类似中断堆栈这样的关键数据缓存结构
TPIU	跟踪端口接口单元（Trace Port Interface Unit，TPIU）用于将来自 ETM 或其他跟踪源的跟踪数据转换为并行跟踪协议的硬件单元，转换后的跟踪数据便于跟踪探针通过顶层引脚收集

（续）

术语	释意
TrustZone 技术	支持在整个 SoC 中集成增强安全特性的硬件和软件。它广泛用于 Cortex-A 系列处理器，以及最新的 Cortex-M 系列处理器，如 Cortex-M23、Cortex-M33 和 Cortex-M35P
WIC	唤醒中断控制器（Wakeup Interrupt Controller，WIC）是置于 Cortex-M 处理器核心内部或外部的可选组件，可根据中断请求信号产生处理器唤醒请求，在处理器掉电，如使用状态保持电源门控（SRPG）或者处理器逻辑的所有时钟都停止时使用。WIC 的唤醒请求可以用来恢复上电和时钟信号

参考资料

本书的设计基于以下 AMBA 规范：

规范名称	Url
AMBA 5 AHB Protocol Specification (Arm IHI0033B)	https://developer.arm.com/docs/ihi0033/latest/arm-amba-5-ahb-protocol-specification
AMBA APB Protocol Specification (Arm IHI0024C)	https://developer.arm.com/docs/ihi0024/latest/amba-apb-protocol-specification

本书也涉及包括旧版本 AHB 和 APB 规范的其他一些 AMBA 规范：

规范名称	Url
AMBA 2 Specification (Arm IHI0011A, 1999)	https://developer.arm.com/docs/ihi0011/latest/amba-specification-rev-20
AMBA 3 AHB-Lite Protocol Specification v1.0 (Arm IHI0033A)	https://developer.arm.com/docs/ihi0033/a/amba-3-ahb-lite-protocol-specification-v10
AMBA 3 APB Protocol Specification (Arm IHI0024B)	https://developer.arm.com/docs/ihi0024/b
AMBA 4 ATB Protocol Specification (Arm IHI0032B)	https://developer.arm.com/docs/ihi0032/b
AMBA 3 ATB Protocol Specification (Arm IHI0032A)	https://developer.arm.com/docs/ihi0032/a
AMBA Low-power Interface Specification (Arm IHI0068C)	https://developer.arm.com/docs/ihi0068/latest/amba-low-power-interface-specification

Cortex-M3 处理器的实例系统设计基于：

Cortex-M	访问地址
Cortex-M3 评估版 DesignStart r0p0-02rel0 在功能上与 Cortex-M3 r2p1（可配置性和功能受限）相同	https://developer.arm.com/ip-products/designstart

第 11 章中的 Keil MDK-ARM 的介绍是基于 MDK-ARM 5.27 的。如果用于评估和教学，可以免费使用 Keil MDK Lite 版本（代码大小限制为 32 KB），可在网址 http://www2.keil.com/mdk5 找到最新版本。

本书也包含一些其他工具链：

Arm Compiler 6	https://developer.arm.com/tools-and-software/embedded/arm-compiler/downloads/version-6
Arm Compiler 5	https://developer.arm.com/docs/ihi0024/latest/amba-apb-protocol-specification
GNU Arm Embedded Toolchain (gcc)	https://developer.arm.com/tools-and-software/open-source-software/developer-tools/gnu-toolchain/gnu-rm

推荐阅读

嵌入式实时系统调试

作者: [美] 阿诺德·S.伯格 (Arnold S.Berger) 译者: 杨鹏 胡训强

书号: 978-7-111-72703-3 定价: 79.00元

嵌入式系统已经进入了我们生活的方方面面,从智能手机到汽车、飞机,再到宇宙飞船、火星车,无处不在,其复杂程度和实时要求也在不断提高。鉴于当前嵌入式实时系统的复杂性还在继续上升,同时系统的实时性导致分析故障原因也越来越困难,调试已经成为产品生命周期中关键的一环,因此,亟需解决嵌入式实时系统调试的相关问题。

本书介绍了嵌入式实时系统的调试技术和策略,汇集了设计研发和构建调试工具的公司撰写的应用笔记和白皮书,通过对真实案例的学习和对专业工具(例如逻辑分析仪、JTAG调试器和性能分析仪)的深入研究,提出了调试实时系统的最佳实践。它遵循嵌入式系统的传统设计生命周期原理,指出了哪里会导致缺陷,并进一步阐述如何在未来的设计中发现和避免缺陷。此外,本书还研究了应用程序性能监控、单个程序运行跟踪记录以及多任务操作系统中单独运行应用程序的其他调试和控制方法。